高等学校电子信息类专业系列教材

计算机网络技术与应用

主　编　孙健敏
副主编　蔚继承

西安电子科技大学出版社

内 容 简 介

本书依照教育部高等教育教学指导委员会关于大学信息技术的基本要求,系统地介绍了计算机网络的基础知识、基本理论、常用技术和应用,内容主要包括计算机网络基础知识、局域网技术、TCP/IP 协议、局域网组建、网络互联与广域网、网络操作系统与网络服务、Internet 基础与应用、网页制作和网络安全等。

本书以"理论知识够用,培养应用能力"为宗旨,以计算机网络技术与应用为主线,深入浅出地介绍了计算机网络的相关理论与知识,力求做到理论与实践紧密结合,在应用中深化对理论知识的理解。

本书适合作为高等学校本科非计算机专业计算机网络与应用公共课程的教材,也可作为各类网络技术与应用培训班的教材。

图书在版编目(CIP)数据

计算机网络技术与应用 / 孙健敏主编.
—西安:西安电子科技大学出版社,2010.9(2023.1 重印)
ISBN 978–7–5606–2472–3

Ⅰ. ① 计…　　Ⅱ. ① 孙…　　Ⅲ. ① 计算机网络—高等学校—教材　　Ⅳ. ① TP393

中国版本图书馆 CIP 数据核字(2010)第 173982 号

策　　划　毛红兵
责任编辑　雷鸿俊　孟秋黎　毛红兵
出版发行　西安电子科技大学出版社(西安市太白南路 2 号)
电　　话　(029)88202421　88201467　邮　　编　710071
网　　址　www.xduph.com　　　　电子邮箱　xdupfxb001@163.com
经　　销　新华书店
印刷单位　陕西天意印务有限责任公司
版　　次　2010 年 9 月第 1 版　　2023 年 1 月第 8 次印刷
开　　本　787 毫米×1092 毫米　1/16　印张 14.75
字　　数　344 千字
印　　数　13 801～14 800 册
定　　价　40.00 元
ISBN 978 – 7 – 5606 – 2472 – 3 / TP
XDUP 2764011–8

＊＊＊ 如有印装问题可调换 ＊＊＊

前　言

　　计算机网络技术的迅猛发展和广泛应用，改变了人们的学习、生活和工作方式，计算机网络已成为人们日常生活中不可缺少的工具，因此，掌握计算机网络应用技术是现代大学生必须具备的基本素质。近年来，很多高校不断加大"计算机网络技术与应用"课程的教学力度，并将该课程确定为必修课。

　　本书内容是根据《关于进一步加强高等学校计算机基础教学的意见》中关于网络技术与应用的基本要求而编写的，其目标是使学生掌握计算机网络基础知识、基本理论和应用技术，为以后更深入的学习和应用奠定基础。

　　本书共 9 章，主要内容包括：计算机网络基础知识、局域网技术、TCP/IP 协议、局域网组建、网络互联与广域网、网络操作系统与网络服务、Internet 基础与应用、网页制作和网络安全等。本书在内容上力求突出实用性并兼顾知识的系统性，语言表达力求通俗易懂，知识展现力求做到简洁明了。

　　本书参考学时为 40 学时，建议讲课 24 学时，实验 16 学时，适合作为高等学校本科非计算机专业计算机网络与应用公共课程的教材，也可作为各类计算机网络技术与应用培训班的教材。教师可以根据授课需要，有选择性地讲授书中的内容，特别是带 * 的部分。

　　本书第 1 章由武苏里编写，第 2 章由孙健敏编写，第 3 章由蔚继承编写，第 4 章由孙健敏、吴昊编写，第 5 章由王娟勤编写，第 6 章由邹青编写，第 7 章由张宏鸣编写，第 8 章由邹青、胡秋霞编写，第 9 章由吴昊、胡秋霞编写。吴昊、张宏鸣、胡秋霞参与了文稿的校对，胡秋霞补充了部分课后习题。全书由孙健敏、蔚继承统稿，最终由孙健敏定稿。

　　在本书的编写过程中，得到西北农林科技大学信息工程学院院长李书琴教授的悉心指导和大力支持，她在百忙之中进行了多次审校，并提出了许多宝贵的修改意见；赵永安研究员给予了大力指导，陈勇副教授给予了帮助。在此对上述同志一并表示最诚挚的感谢。

　　由于编者水平有限，书中不足和疏漏之处在所难免，敬请各位读者批评指正。

编　者

2010 年 6 月

目　　录

第 1 章　计算机网络基础知识

本章提示：本章概括介绍计算机网络的基础知识，涉及计算机网络的概念、系统组成、发展、分类、功能及工作模式，网络拓扑结构、传输介质，网络的体系结构以及数据通信技术基础知识等内容。

基本教学要求：

(1) 掌握计算机网络的基本概念、系统组成、功能和应用。

(2) 了解计算机网络的发展、分类和工作模式。

(3) 掌握网络拓扑结构及网络传输介质的相关知识。

(4) 理解并掌握网络体系结构的相关知识。

(5) 掌握数据通信基础知识。

1.1　计算机网络概述

计算机网络是计算机技术与通信技术相互渗透、密切结合而形成的一门交叉学科。随着计算机网络技术的快速发展和广泛应用，计算机网络已成为人们现代生活中的必备工具，无论是学习、生活、科学研究还是休闲娱乐，都离不开以计算机为核心的网络。计算机网络对人类社会发展产生了巨大的推动作用。

1.1.1　计算机网络的基本概念

计算机网络(Computer Network)是将分布在不同地理位置、具有独立功能的计算机系统，利用通信线路和设备，在网络协议和网络软件的支持下相互连接起来，进行数据通信，进而实现资源共享的系统。对计算机网络概念可以从以下四个方面进行理解：

(1) 建立计算机网络的主要目的是实现资源共享。这里的资源是指硬件资源、软件资源和数据资源等，资源共享是计算机网络的最基本特征。

(2) 互联的计算机都是独立的"自治计算机"。计算机网络包含了多台具有"自治"功能的计算机。所谓自治，是指这些计算机离开计算机网络之后，也能独立地工作和运行。人们通常将这类计算机称为"主机"(Host)，在计算机网络中又叫做节点或站点。计算机网络中的共享资源就是分布在这些计算机中的。

(3) 计算机之间的通信必须遵循共同的网络协议。计算机网络需要使用通信手段才能把计算机(节点)"有机"地连接起来。所谓"有机"地连接，是指连接时彼此必须遵循所规定的约定和规则，这些约定和规则称为网络协议。

(4) 数据通信是计算机网络应用的基本手段，通过数据通信可实现数据传输。数据通信是计算机网络各种服务和资源共享的前提与基础。

1.1.2　计算机网络的基本功能

计算机网络最主要的基本功能是资源共享和数据通信，除此之外还有负载均衡、分布式处理和提高系统安全性与可靠性等。

1．资源共享

资源共享是计算机网络的基本功能，其目的是使连接到计算机网络中的任何计算机均能够使用网络上的资源，这些资源可以是高性能计算机、大容量磁盘、高性能打印机、高精度图形设备、通信线路、通信设备等硬件设备，也可以是大型专用软件、各种网络应用软件等，还可以是各种形式的数据，包括文字、数字、声音、图形、图像、视频等形式的数据。资源共享的好处是既可方便网络用户的使用，又可提高软件、硬件和数据的利用率，从而有效地避免资源重复建设。

2．数据通信

数据通信主要实现计算机网络中计算机系统之间的数据传输，是计算机网络应用的基础，它可为网络用户提供强有力的通信手段。通过数据通信使分布在不同地理位置的网络用户之间能够相互通信、交流信息。数据通信是网络实现其他功能的基础，利用网络的通信功能，计算机网络可以传输数据、声音、图像、视频等多媒体信息，还可以发送电子邮件，实现网络视频会议、远程诊断和网上聊天等。

3．负载均衡与分布式处理

负载均衡也称负载共享，是指对系统中的负载情况进行动态调整，以尽量消除或减少系统中各节点负载不均衡的现象。具体实现方法是将过载节点上的任务转移到其他轻载节点上，从而提高系统综合处理效率。

分布式处理是指将一个大型的复杂处理任务，在控制系统的统一管理下，分配给网络上的多台计算机，进行协同工作，从而实现一台计算机无法完成的复杂任务。

4．提高系统的可靠性

网络系统中的计算机具有互为备份的特性，这样就提高了系统的可靠性。也就是说，当某台计算机出现问题时，其工作可以由网络上的其他计算机承担，不致因单机故障而导致系统瘫痪，同时，数据的安全性也得到了保障。

1.1.3　计算机网络的基本组成

计算机网络的基本组成可以从计算机网络的系统组成(即软、硬件系统组成)和计算机网络的逻辑组成(功能)两个角度来认识。计算机网络的系统组成主要包括计算机系统、数据通信系统、网络软件等部分；计算机网络的逻辑组成主要包括资源子网和通信子网两部分。

1．计算机网络的系统组成

1) 计算机系统

计算机系统是计算机网络的重要组成部分，是计算机网络不可缺少的硬件元素。计算机网络连接的计算机可以是巨型机、大型机、小型机、工作站(或微机)，以及其他包含计算机系统的数据终端设备。

计算机系统在网络中的主要作用体现在信息处理、提供网络资源与服务上。一方面，计算机系统(主机)要为本地用户访问网络中的服务和资源提供服务，完成数据信息处理；另一方面，它为网络中的远程用户提供网络资源和网络服务。

2) 数据通信系统

数据通信系统主要完成数据通信控制与处理，主要由网络适配器、传输介质和网络互联设备等组成。

网络适配器俗称网卡，它是构成计算机网络最基本和必不可少的连接设备。网卡通过与传输介质的连接，使计算机连入网络系统中，网卡除了起到物理接口的作用，还有控制数据传输的功能。传输介质是构成双方通信的信道，实现数据的传输。通常，传输介质有同轴电缆、双绞线、光缆、无线电、微波等。网络互联设备是用来实现网络中各计算机之间互联的设备，常用的互联设备有集线器、交换机和路由器等。

3) 网络软件

网络软件是在网络环境下运行、控制、管理网络的计算机软件，是网络系统的重要组成部分。根据软件的功能可分为网络系统软件和网络应用软件两大类型。

(1) 网络系统软件。网络系统软件是控制和管理网络运行、提供网络通信、分配和管理共享资源的网络软件，它包括网络操作系统、网络协议软件、通信控制软件和网络管理软件等。

网络操作系统是网络软件的重要组成部分，它是网络系统管理和通信控制的集合，负责整个网络的软硬件资源管理、网络通信和任务调度，并提供用户和网络之间的接口。网络操作系统是计算机网络软件的核心程序，是网络系统软件的基础。

网络协议软件是实现各种网络协议功能的软件。它是网络软件的核心部分，任何网络软件都要通过协议软件才能工作。

通信控制软件是实现网络中各节点之间通信处理的软件。

网络管理软件用来对网络资源进行管理，对网络进行维护。

(2) 网络应用软件。网络应用软件通常包括网络服务器软件和网络客户端应用软件。

网络服务器软件是运行在服务器计算机上并提供特定网络服务的软件，如 WWW 软件 Apache、文件传输服务 Serv-U 等。

网络客户端应用软件是能够与服务器进行通信，为用户提供网络服务、资源共享、信息传输等网络应用的软件，如 IE 浏览器、下载软件、QQ 软件等。

2. 计算机网络的逻辑组成

计算机网络从逻辑功能角度可划分为资源子网和通信子网两部分。

资源子网是计算机网络中实现资源共享功能的设备及其软件的集合，是面向用户的部分，它负责整个网络的数据处理，向网络用户提供各种网络资源和网络服务。资源子网通常由计算机系统、终端设备、网络连接设备、软件资源和信息资源组成。

通信子网是计算机网络中实现网络通信功能的设备(网卡、集线器、交换机)、通信线路(传输介质)和相关软件的集合，主要负责数据传输和转发等通信处理工作。通信子网是信息传输的主体，主要由通信线路和交换节点组成；通信线路用于连接网络节点，交换节点用于连接传输线路，进行信息交换。

1.1.4　计算机网络的基本应用领域

随着计算机网络技术的不断发展，计算机网络应用几乎渗透到了社会生活的各个领域，彻底改变了人们的学习、生活和工作方式，成为人们现代生活中的必备工具。

1. 在科研和教育中的应用

在科学研究中，科技人员通过计算机网络查询各种文献和资料，交流学术思想和共享实验数据，开展国际研究与合作。例如，利用远程医疗诊断网络系统，医学专家可在各自的实验室通过网络了解、观察病人的临床表现，分析病历及各种检查报告，进行远程会诊，共同研究治疗方案，从而提高医疗水平。

在教学方面，通过计算机网络，教师将教学讲义、教学视频、网络课程等学习资源发布到网络上，学生可通过网络获取所需的知识资源，为自主学习创造条件。另外，学生还可以通过网络教学交流平台随时提问和讨论，解决学习过程中遇到的问题，从而提高学习质量。

2. 在企事业单位中的应用

企事业单位通过建立单位内部计算机网络，可以实现资源和信息共享以及网络办公自动化。如果将企事业内部网络联入 Internet，还可以实现异地办公，方便地与分布在不同地区的企事业单位建立联系。例如，政府部门通过电子政务系统发布政务信息，可提高办事效率；企业可以发布产品信息，搜集市场信息，进行企业管理等。

3. 在商业中的应用

随着计算机网络的广泛应用，电子数据交换已成为国际商业往来的一个重要、基本的手段，它以一种被认可的数据格式，使分布在全球各地的商务伙伴可以通过计算机传输各种业务单据，代替了传统的纸质单据，节省了大量的人力和物力，提高了效率。电子商务可实现网上购物、网上支付等商务活动。现在几乎全世界的银行存款、取款等基本业务都是在网络上进行的，没有网络，银行将无法正常工作。

4. 在通信与娱乐中的应用

目前，计算机网络所提供的通信服务包括电子邮件、网络寻呼与聊天、BBS、网络新闻和 IP 电话等。基于网络的娱乐正在对信息服务业产生着巨大的影响，网络音乐、网络视频、网络游戏等已成为现代生活的基本内容。

随着网络技术的发展和各种网络应用需求的增加，计算机网络应用的范围不断扩大，应用领域越来越广，越来越深入，许多新的计算机网络应用系统不断地被开发出来，如工业自动控制、辅助决策、虚拟社区、管理信息系统、数字图书馆、信息查询、网上购物等，人类社会已经全面进入了网络时代。

1.2　计算机网络的产生与发展

计算机网络最早出现于 20 世纪 50 年代，当时的计算机网络仅能通过通信线路将远程终端上的数据传送给主计算机处理，称为简单的联机系统。随着计算机技术和通信技术的不断发展，计算机网络应用的发展经历了从简单数据传输到资源共享的实现，进而到标准化网络与互联网，最后发展到高速互联网的过程。其演变过程主要可分为面向终端的计算机网络、计算机通信网络、计算机互联网络和高速互联网络四个阶段。

1.2.1　面向终端的计算机网络

第一代计算机网络是面向终端的计算机网络(又称为联机系统)，由一台主机和若干个终端组成，其结构如图 1-1 所示。在这种联机方式中，主机是网络的中心和控制者，分布在不同地理位置的本地终端或者是远程终端，通过公共电话网及相应的通信设备与主机相连，使用该主机上的资源，实现了通信与计算机的结合，这种具有通信功能的单机系统称为第一代计算机网络——面向终端的计算机通信网。第一代计算机网络将计算机技术与通信技术结合，可以让用户以终端方式与远程主机通信，因此可看做计算机网络的雏形。

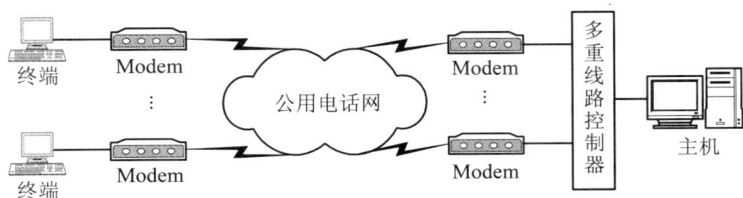

图 1-1　面向终端的计算机网络

1.2.2　计算机通信网络

第二代计算机网络是以共享资源为主要目的的计算机通信网络，其结构如图 1-2 所示。从 20 世纪 60 年代中期开始，出现了多个主机互联的系统，这是真正意义上的计算机网络，它实现了计算机与计算机的互联及计算机之间的通信。用户通过终端不仅可以利用本主机上的资源，还可共享网络上其他主机上的资源。

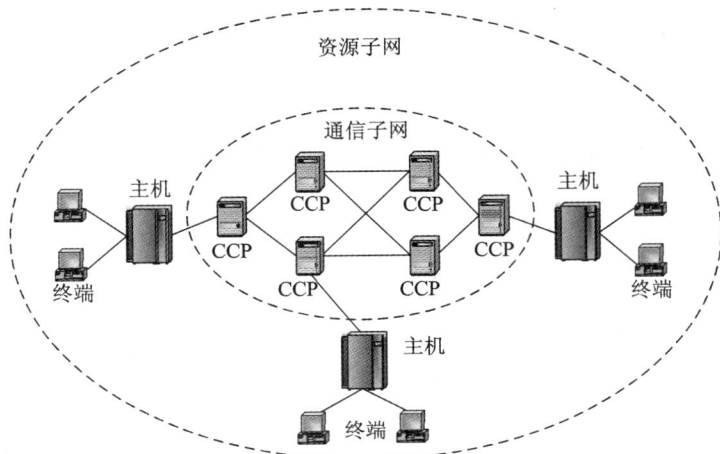

图 1-2　第二代计算机网络结构示意图

从图 1-2 可以看出，第二代计算机网络从功能上可划分为两个相对独立的部分：提供资源部分和实现数据通信部分，即通信子网和资源子网。计算机通信网络的最初代表是美国国防部高级研究计划署开发的 ARPANET，它是当今 Internet 的雏形。

1.2.3　计算机互联网络

第三代计算机网络又称互联网络或现代计算机网络，它是第二代计算机网络的延伸。20 世纪 70 年代中期，随着广域网与局域网的发展以及微型计算机的广泛应用，使用大型机与中型机的主机—终端系统的用户数不断减少，网络结构从此发生了巨大变化：微型计算机可通过局域网联入广域网，而局域网与广域网、广域网与广域网的互联通过路由器实现。用户计算机需要通过校园网、企业网或 Internet 服务提供商连接地区主干网，地区主干网通过国家主干网连接国家间的高速主干网，这样就形成一种以路由器为互联设备的大型、层次结构的现代计算机网络，即互联网络。计算机互联网络的简化结构示意图如图 1-3 所示。

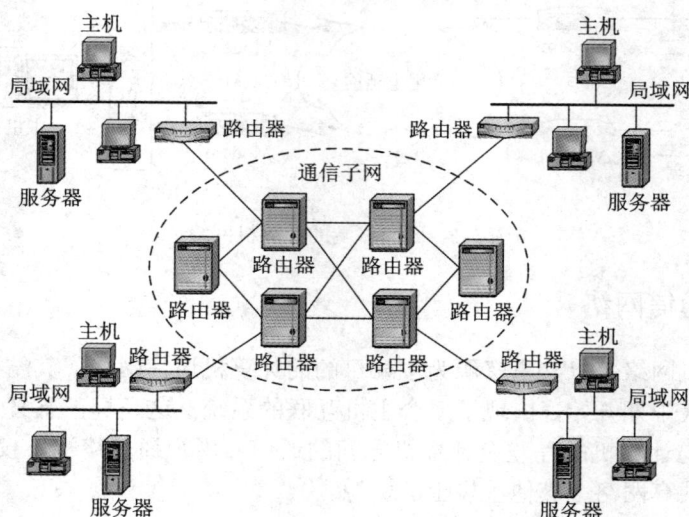

图 1-3　计算机互联网络结构示意图

第三代计算机网络的发展阶段也称为网络的标准化阶段，当时参与网络技术的公司、组织都各自提出了网络理论、技术体系，呈现出"诸侯割据"的局面。1984 年，国际标准化组织(ISO)正式颁布了"开放系统互连参考模型(OSI/RM)"，为网络的发展奠定了坚实的理论和技术基础。

1.2.4　高速互联网络

在 20 世纪 90 年代中期至 21 世纪初期，计算机网络与 Internet 向全面互联、高速和智能化的方向发展，并得到了广泛应用。各个国家都在建立本国的信息高速公路，从而极大地推动了计算机网络技术的发展，使计算机网络的发展进入一个崭新阶段，这就是第四代计算机网络，即高速互联网络阶段。

高速互联网络是通过数据通信网络实现数据通信和资源共享的，此时的计算机网络基本上以电信网作为信息的载体，即计算机通过电信网络中的 X.25 网、DDN、帧中继网等传输信息，如图 1-4 所示。

图 1-4　高速互联网络结构示意图

第四代计算机网络的发展阶段也称为网络的国际化阶段，网络技术由低速向高速、由共享到交换、由窄带向宽带方向迅速发展，网络应用更加广泛和深入。新一代的计算机网络将满足高速、大容量、综合性、数字信息传输等多方位的需求。

目前，全球以 Internet 为核心的高速计算机互联网络已形成，Internet 已经成为人类最重要的、最大的知识宝库。与第三代计算机网络相比，第四代计算机网络的特点是互联、高速、智能、业务综合化以及更为广泛的应用。

*1.2.5　计算机网络的发展趋势

计算机网络的发展方向是"IP 技术+光网络"。对于未来的计算机网络，从网络的服务层面上看，将是一个 IP 的世界，通信网络、计算机网络和有线电视网络将通过 IP 三网合一；从传送层面上看，将是一个"光"的世界；从接入层面上看，将是一个有线和无线的多元化世界。

1．三网合一

目前广泛使用的网络有通信网络、计算机网络和有线电视网络，随着网络技术的不断发展，新兴业务不断出现，新旧业务不断融合，各类网络也不断融合，而广泛使用的三种网络正逐渐向单一、统一的 IP 网络发展，即所谓的三网合一。在 IP 网络中可将数据、语音、图像和视频均归结到 IP 数据包中，通过分组交换和路由技术，采用全球性寻址，使各种网络无缝连接，IP 协议将成为各种网络、各种业务的"共同语言"。可以说"三网合一"是网络发展的一个最重要的趋势。

2．光通信技术

光通信技术的发展主要有两个大的方向：一是主干传输向高速率、大容量的光传送网发展，最终实现全光网络；二是接入向低成本、综合接入、宽带化光纤接入网发展，最终实现光纤到家庭和光纤到桌面。全光网络是指光信息流在网络中的传输及交换始终以光信号的形式实现，不再需要经过光/电、电/光变换，即信息从源节点到目的节点的传输过程始终在光域内。

3．IPv6 协议

目前 IP 协议的版本为 IPv4。IPv4 的地址位数为 32 位，理论上约有 42 亿个地址。随着互联网应用的日益广泛和网络技术的不断发展，IPv4 的问题逐渐显露出来，主要体现在地址资源枯竭、路由表急剧膨胀、对网络安全和多媒体应用的支持不够等方面。

IPv6 是下一代 IP 协议。IPv6 采用 128 位地址长度，几乎可以不受限制地提供地址。理论上约有 3.4×10^{38} 个 IP 地址，而地球的表面积以厘米为单位也仅有 5.1×10^{18} cm^2，即使按保守方法估算 IPv6 实际可分配的地址，每平方厘米面积上也可分配到若干亿个地址。IPv6 不仅解决了地址短缺问题，同时也解决了 IPv4 中存在的其他缺陷。其主要功能有端到端的 IP 连接、服务质量、安全性、多播、移动件、即插即用等。

4．宽带接入技术

计算机网络必须要有宽带接入技术的支持，各种宽带服务与应用才有可能开展。因为只有解决了接入网的带宽瓶颈问题，骨干网和城域网的容量潜力才能真正发挥。尽管当前宽带接入技术有很多种，但只要是不和光纤或光结合的技术，就很难在下一代网络中得以应用。目前光纤到家的成本已下降到可以为用户接受的程度。

5．3G 网络

3G 通信系统比现用的 2G 和 2.5G 通信系统传输容量更大，灵活性更高，它以多媒体业务为基础，已形成很多标准，并将引入新的商业模式。3G 以上包括后 3G、4G 乃至 5G 系统，它们将更是以宽带多媒体业务为基础，使用更高、更宽的频带，传输容量会更上一层楼，是构成下一代移动互联网的基础设施。

1.3　计算机网络的分类

计算机网络的种类很多，性能各异，为了便于认识、理解和描述计算机网络，根据不同的分类标准，可以将计算机网络划分为不同的类型。

按照计算机网络提供服务的方式可分为客户机/服务器网络与对等网络，具体内容将在 1.4 节中讲解。

按照计算机网络的拓扑结构分为总线型、星型、环型、树型(层次型)和网状，具体内容将在 1.5 节中讲解。

按照计算机网络的传输介质类型可分为有线网络和无线网络(参见 1.5 节)。

按照计算机网络的应用范围可分为公用网和专用网两种类型。

按照计算机网络的覆盖地理范围可分为局域网、城域网、广域网和互联网，本节主要介绍这四种类型的计算机网络。

1．局域网

局域网(Local Area Network，LAN)是指在某一区域内("某一区域"指的是同一办公室、同一建筑物、同一公司和同一学校等，一般是方圆几千米以内)，将各种计算机、打印机、存储设备等通过通信线路与网络相联，形成局部物理网络，在软件系统的支持下，实现局部网络中数据通信、资源共享和分布式处理的系统。

从资源共享角度看，局域网可以实现文件管理、应用软件共享、打印机共享、扫描仪共享、工作组内的日程安排、电子邮件和传真通信服务等功能。局域网规模可大可小，可以由办公室内的两台计算机组成，也可以由一个公司内成百上千的计算机组成。简单的局域网结构如图 1-5 所示。

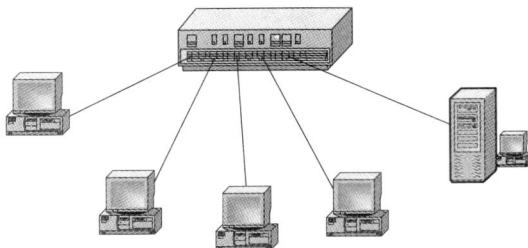

图 1-5　简单局域网结构示例

局域网可以通过数据通信网或专用的数字电路，与其他局域网、城域网等相联，构成一个更大范围的计算机网络。

归纳起来，局域网具有以下主要特点：

(1) 地理范围有限。由于局域网的范围一般为 0.1～2.5 km，其范围可以是一座建筑物、一个校园或者大至数千米直径的一个区域。整个网络为该单位或部门所有，仅供其内部使用。

(2) 通信速率较高。局域网通信传输率为 10～100 Mb/s，随着局域网技术的进一步发展，目前正在向着更高的速度发展，近年来已达到 1000 Mb/s，甚至 10 000 Mb/s。

(3) 通信质量较好，传输误码率低，误码率一般为 10^{-8}～10^{-11}。

(4) 支持多种通信传输介质。根据网络本身的性能要求，局域网中可使用多种通信介质，例如电缆(细缆、粗缆、双绞线)、光纤及无线传输等。

(5) 网络协议简单，网络拓扑结构灵活，便于管理和扩展。

(6) 技术成熟，便于安装、维护和扩充，建网成本低、周期短。

2．城域网

城域网(Metropolitan Area Network，MAN)是一种大型的局域网，它将位于一个城市之内不同地点的多个计算机局域网连接起来实现资源共享，通常使用与 LAN 相似的技术。城域网的覆盖范围介于局域网和广域网之间，一般为几千米至几万米，其覆盖范围在一个城市内。城域网所使用的通信设备和网络设备的功能要求比局域网高，以便有效地覆盖整个城市的地理范围。它能够满足政府机构、金融保险机构、大中小学校、公司企业等单位对高速率和高质量数据通信业务日益旺盛的需求，特别是快速发展起来的互联网用户群对宽带高速上网的需求。

3．广域网

广域网(Wide Area Network，WAN)也称远程网，覆盖几十千米到几千千米的地理范围，可跨越一个地区、国家、洲而形成国际性远程网络，实现广阔地域的数据通信和资源共享。覆盖区域大是其主要特点之一。

广域网的通信子网主要使用分组交换技术，可以利用公用分组交换网、卫星通信网和无线分组交换网，将分布在不同地域的计算机网络互联起来。

通常广域网的数据传输速率比局域网低，而信号的传播延迟却比局域网大得多。广域网的典型速率是从 56 kb/s 到 155 Mb/s，现在已有 622 Mb/s、2.4 Gb/s 甚至更高速率的广域网，传播延迟可从几毫秒到几百毫秒。

广域网的主要特点是：覆盖的地理区域大，广域网连接常借用公用电信网络，传输速率比较低，网络拓扑结构复杂等。

4．互联网

互联网因其英文单词"Internet"的谐音又称为"因特网"。从地理范围来说，它是一个全球范围最大的计算机网络，是将分布在世界各地不同结构的计算机网络用各种传输介质相互连接起来的网络，人们也将互联网称为网络中的网络。

Internet 本质上是一种广域网，但它不是独立的网络，它将同种类型或不同种类型的物理网络(局域网、城域网与广域网)互联，并通过高层协议实现不同类网络间的通信，具有更高的开放程度。

互联网为计算机网络应用开辟了无限广阔的空间，为人们提供了丰富的信息和资源，通过互联网可以进行信息浏览、资料查询、电子邮件收发、网上交流、网上购物、网上娱乐等各种各样的活动。互联网丰富的应用已经深入到人类社会的各个方面，已经成为人们日常工作、学习、生活的一种重要工具。

1.4　计算机网络的工作模式

计算机网络中的计算机按照其作用分为"服务器"和"客户机"两类。为整个网络提供资源和服务的计算机称为"服务器"，使用资源和接受服务的计算机称为"客户机"。计算机网络的工作模式是指计算机网络中提供和使用服务与资源的方式，主要分为客户机/服务器工作模式与对等网工作模式两种。有时也将计算机网络的工作模式称做计算机网络提供服务的模式。

1.4.1　客户机/服务器模式

在计算机网络中，至少有一台作为服务器(Server)的计算机专门用来管理、控制网络的运行或者为网络提供资源和服务，并安装有负责网络运行的网络管理软件(特别是网络操作系统)，或者服务应用软件。计算机网络中的其他计算机利用服务器提供的资源和服务进行数据处理，这些计算机为客户机(Client)。在客户机上一般需要安装客户端软件，才能利用服务器提供的资源和服务。这样，由服务器、客户机就构成了网络的一种基本工作模式，简称 C/S 模式。客户机/服务器模式示意图如图 1-6 所示。

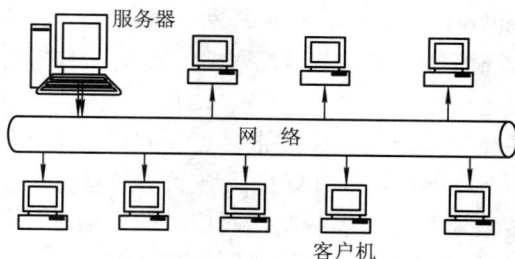

图 1-6　客户机/服务器模式示意图

在 C/S 模式下，服务器的主要功能有安全控制、用户管理、访问权限设置、资源调度、打印机管理以及文件共享等。网络服务器按照服务内容又有文件服务器、打印服务器、数据服务器、Web 服务器之分。

在 C/S 模式下，资源的共享或网络应用系统的运行通常需要通过两种程序协同工作才能完成，把安装在服务器上的程序称为服务器程序，把安装在客户机上的程序称为客户端程序。

1.4.2　对等网模式

在对等网模式下，计算机网络中的每一台计算机都可以为网络提供资源和服务，同时也可使用网络上的资源和服务，每一台计算机在功能上是对等的，没有主从之分，每一台计算机既是服务器又是客户机。对等网模式示意图如图 1-7 所示。

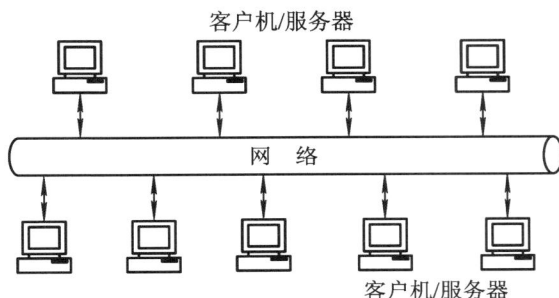

图 1-7　对等网模式示意图

对等网具有架构简单、组网成本低、容易实现、易于维护、扩充性好、操作方便等特点，适用于计算机数量较少、分布较集中的场合，如企事业单位的一个业务部门。

对等网和客户机/服务器两种网络应用模式在以下几方面不同：

(1) 在信息处理能力方面，对等网中的计算机既要具备客户机的功能，又要完成服务器的功能，当有用户访问某台计算机所提供的网络服务时，该计算机的处理能力将明显下降；而在 C/S 模式下，服务器一般是高性能的专用计算机，因此对工作站(即客户机)来说，处理能力不会因为网络服务而受到任何影响。

(2) 在数据保密性方面，对等网上的共享数据资源是分散存储的，没有集中管理的机制，其管理依赖于各用户对数据的管理意识和管理水平，因此对等网的安全性没有技术保障，存在巨大隐患；而 C/S 模式中，数据安全性取决于对服务器的管理和使用，安全控制、用户管理、访问权限设置等技术手段使得网络上的数据安全性得到了充分的保证。

(3) 在数据可利用性方面，对等网中的数据资源分散地存储在各用户的计算机上，没有一个有效的资源管理体系，所需数据在哪里对每个用户都是时刻要面对的难题，即使知道了数据存放的位置还需要掌握多个访问的密码；而在 C/S 模式下，有统一、操作方便的数据存储目录，只要用户具有使用权限，就可以迅捷地获取所需资源。

(4) 在数据访问依赖性方面，对等网上数据的获取还取决于存放数据的一台或多台计算机是否在线(即工作在网络上的计算机)；而在 C/S 模式下，存放数据的服务器其高性能能够保证长时间、不间断地为网络提供数据服务。

综上所述，对等网的适用范围是很有限的，而客户机/服务器网络则有着巨大的应用和发展空间，是计算机网络应用的主要模式。

1.5 计算机网络的拓扑结构

拓扑结构是拓扑学中研究与大小和形状无关的点、线之间关系的方法。应用该方法来生成描述计算机网络的具体结构的几何图形(几何排列形式)称为计算机网络的拓扑结构。其基本方法是：将计算机网络中的计算机和通信设备抽象为一个点，把传输介质抽象为一条线，由此形成由点和线组成的几何图形来描述计算机网络的具体结构。从拓扑学的观点理解计算机网络系统是由一组点和线组成的几何图形，而无需考虑具体的物理设备和物理位置，更有利于人们对网络结构和连接形式等有更清晰的了解。

网络拓扑结构反映出网络各实体(节点)间的结构关系，它是实现各种网络协议的基础，对网络采用的技术、网络性能、网络可靠性、可维护性以及实施费用等都有重大的影响。

计算机网络的拓扑结构主要有总线型、环型、星型、树型和网状。其中星型拓扑结构是目前组建局域网时最常使用的一种。

1.5.1 总线型拓扑结构

总线型拓扑结构是一种简单的拓扑结构，所有的节点都通过网络适配器直接连接到一条作为公共传输介质的总线上，其物理连接如图 1-8(a)所示，其拓扑结构如 1-8(b)所示。

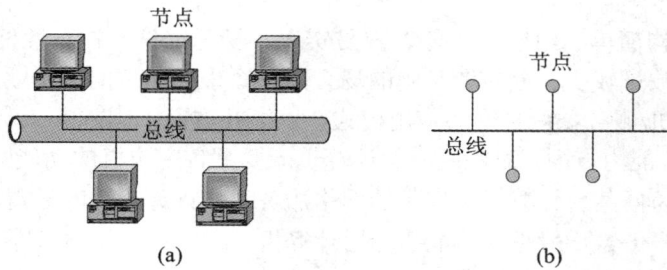

图 1-8 总线型拓扑结构

总线型网络使用广播式传输技术，总线上的所有节点都可以发送数据到总线上，数据沿总线传播。由于总线作为公共传输介质为多个节点共享，就有可能出现同一时刻有两个或两个以上节点利用总线发送数据的情况，此时会出现"冲突"。当连接在总线上的设备越多时，引起"冲突"的可能性就越大，网络发送和接收数据就越慢。

总线型拓扑结构具有如下特点：

(1) 结构简单灵活，易于扩展，共享能力强，便于广播式传输。

(2) 网络响应速度快，但负荷重时性能迅速下降；局部节点故障不影响整体，若总线出现故障，则将影响整个网络。

(3) 易于安装，组建网络费用低。

1.5.2　环型拓扑结构

环型拓扑结构是指网络中所有节点通过相应的网络适配器连接在一条首尾相接的闭合环状通信线路中，使用点到点的连接线路，其物理连接如图 1-9(a)所示，其拓扑结构如 1-9(b)所示。

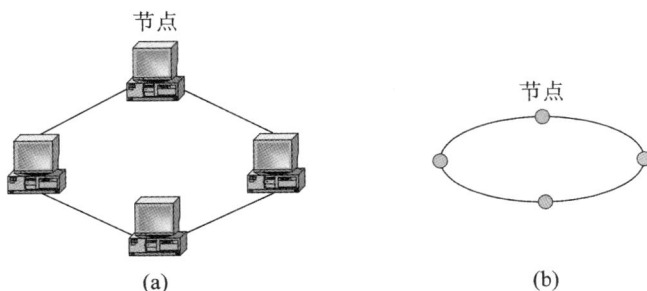

图 1-9　环型拓扑结构

在环型拓扑结构中，环路上节点发送的数据沿着一个方向绕环逐节点传输，采用令牌控制节点轮流发送数据。在环型拓扑中，虽然也是多个节点共享一条环通路，但不会出现冲突。

环型拓扑结构具有如下特点：

(1) 各节点间无主从关系，结构简单；信息流在网络中沿环单向传递，实时性较好。

(2) 两个节点之间仅有唯一的路径，简化了路径选择。

(3) 可靠性差，任何线路或节点的故障都有可能引起全网故障，且故障检测困难。

(4) 网络的管理较为复杂，与总线型局域网相比，可扩展性较差。

1.5.3　星型拓扑结构

星型拓扑结构是每个节点通过点到点通信线路与中心节点(如交换机、集线器等)相连，其物理连接如图 1-10(a)所示，其拓扑结构如图 1-10(b)所示。

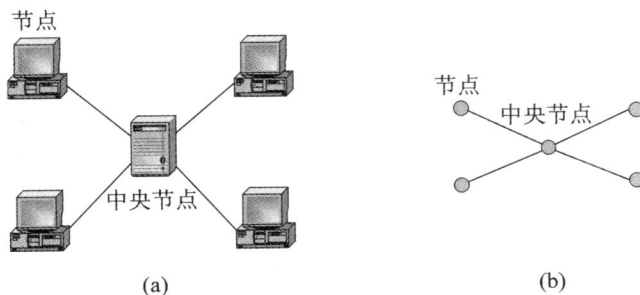

图 1-10　星型拓扑结构

在星型拓扑结构中，节点间的通信都通过中心节点进行。当一个节点向另一个节点发送数据时，首先将数据发送到中心节点，然后由中心节点设备将数据转发到目标节点。中心节点的数据传输是通过存储转发技术实现的，并且只能通过中心节点与其他节点通信。目前，星型拓扑结构是局域网中最常用的拓扑结构。

星型拓扑结构具有如下特点：

(1) 结构简单，便于管理和维护，易实现结构化布线，结构易扩充。

(2) 通信线路专用，电缆成本高。

(3) 中心节点负担重，易成为信息传输的瓶颈，且中心节点一旦出现故障，会导致全网瘫痪。

(4) 星型拓扑结构的网络由中心节点控制与管理，中心节点的可靠性决定了整个网络的可靠性。

1.5.4　其他拓扑结构

网络拓扑结构除了上述几种形式外，还有树型、网状等拓扑结构。

树型拓扑结构是从总线和星型结构演变来的，是一种节点按层次连接的层次结构，因此这种结构也称为层次拓扑结构。信息交换主要在上、下节点之间进行，相邻节点或同层节点之间一般不进行数据交换。如图 1-11 所示，树型拓扑结构连接简单、维护方便、适用于汇集信息的应用要求，但除了叶节点及其相连的线路外，任一节点或其相连的线路故障都会使系统受到影响。

网状拓扑结构是指网络的每台设备之间均有点到点的链路连接，将各网络节点与通信线路互连成不规则的形状，如图 1-12 所示。在这种拓扑结构中，每个节点至少与其他两个节点相连，或者每个节点至少有两条链路与其他节点相连。这种连接不经济，安装也复杂，但系统可靠性高，容错能力强。网状拓扑结构有时也被称为分布式结构，它主要用于地域范围大、入网主机多的环境，大型局域网或广域网一般都采用这种结构。

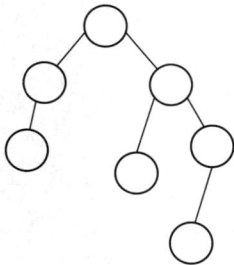

图 1-11　树型拓扑结构　　　　　　　　　图 1-12　网状拓扑结构

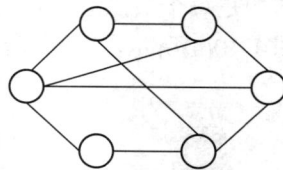

网状拓扑结构的特点是系统可靠性高，比较容易扩展，但是结构复杂，每一节点都与多点进行连接，因此必须采用路由算法和流量控制方法。

1.6　网络传输介质

传输介质是指数据传输过程中发送设备和接收设备之间的物理媒体，其性能特点对传输速率、通信距离、可连接的网络节点数目和数据传输的可靠性均有很大的影响。网络传输介质分为有线传输介质和无线传输介质两类，因此对应的计算机网络可分为有线网络和无线网络两种。

　　有线网络的传输介质主要有双绞线、同轴电缆、光纤等,其中双绞线主要用来构建局域网,光纤主要作为主干网络的传输介质。

　　在自由空间利用电磁波发送和接收信号进行通信称为无线传输,地球上的大气层为大部分无线传输提供了物理通道,即无线传输介质。无线传输所使用的频段很广,现在已经利用了好几个波段进行通信,无线通信的方法有无线电波、微波和红外线。

1.6.1　同轴电缆

　　同轴电缆(Coaxial Cable)是早期网络中常用的传输介质之一,它由内外两个导体组成。内导体(铜芯导线)是一根实心铜线,用于传输信号;外导体(屏蔽层)被织成网状,主要用于屏蔽电磁干扰和辐射,两导体之间用绝缘材料隔离。同轴电缆结构如图 1-13 所示。

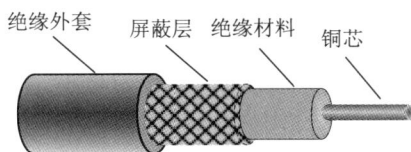

图 1-13　同轴电缆

　　同轴电缆具有较高的带宽和极好的抗干扰特性,通信容量较大,适应范围较宽。从低速到高速、从短距离到长距离的数据传输都可以采用同轴电缆。通常按特性阻抗数值不同,同轴电缆又分为粗缆和细缆。粗缆的传输距离远,一般为 500 m;细缆的传输距离近,一般为 185 m。

　　常用同轴电缆的型号和应用如下:

(1) 阻抗为 50 Ω 的粗缆 RG-8 或 RG-11,用于粗缆以太网;

(2) 阻抗为 50 Ω 的细缆 RG-58A/U 或 C/U,用于细缆以太网;

(3) 阻抗为 75 Ω 的电缆 RG-59,用于有线电视(CATV)。

1.6.2　双绞线

　　双绞线(Twist Pair)由一对或多对绝缘铜导线组成,一对线可作为一条通信线路。为了减少信号传输中串扰及电磁干扰的影响,通常将每对线按一定密度互相缠绕在一起,若干线对螺旋排列的目的是使各线对之间的电磁干扰最小。双绞线结构如图 1-14 所示。

图 1-14　双绞线

双绞线可分为非屏蔽双绞线(Unshielded Twisted Pair，UTP)和屏蔽双绞线(Shielded Twisted Pair，STP)。屏蔽双绞线虽然具有较好的屏蔽性能和电气性能，但其价格比非屏蔽双绞线贵，通常用在复杂电磁场环境中。非屏蔽双绞线由于价格低廉，其性能基本符合局域网要求，因此是局域网通常采用的传输介质。

另外，根据传输特性，双绞线还可分成多种类型，局域网中常采用的是 3 类、5 类、超 5 类和 6 类双绞线。3 类线带宽为 16 MHz，适用于 10 Mb/s 的数据传输；5 类线带宽为 100 MHz，适用于 100 Mb/s 的数据传输；超 5 类线具有衰减小、串扰少的特点，主要用于千兆位以太网(1000 Mb/s)；6 类线传输频率为 1～250 MHz，传输性能远远高于超 5 类标准，适用于传输速率高于 1 Gb/s 的网络。在局域网中双绞线的最大传输距离为 100 m。

1.6.3　光纤

光纤的全称是光导纤维(Optical Fiber)，是当前网络传输介质中性能最好、应用前途最广的一种。光纤是一种由石英玻璃纤维或塑料制成的、直径为 50～100 μm 的柔软且能传导光波信号的介质。光纤由一束玻璃芯组成，它的外面包裹了一层折射率较低的反光材料，称为覆层。由于覆层的作用，在玻璃芯中传输的光信号几乎不会从覆层中折射出去，这样当光束进入光纤中的芯线后，可以减少光通过光缆时的损耗，并且在芯线边缘产生全反射，使光束曲折前进。光纤结构如图 1-15 所示。

玻璃封套　　　　　塑料外套　　　　　玻璃内芯

图 1-15　光导纤维

光纤分为单模和多模两种，多模光纤的光信号与光纤构成多个可分辨角度的多光线传输。单模光纤的光信号仅与光纤轴成单个可分辨角度的单光线传输，其传输性能优于多模光纤。多模光纤和单模光纤传输原理示意如图 1-16 所示。

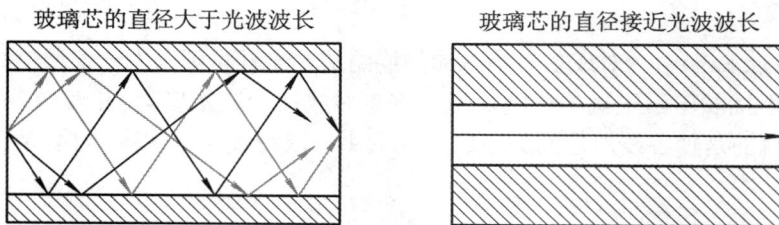

玻璃芯的直径大于光波波长　　　　　　玻璃芯的直径接近光波波长

图 1-16　多模光纤和单模光纤传输原理示意

光纤的特点是信号的损耗小、频带宽、传输率从 100 Mb/s 到 1000 Mb/s，甚至更高，且不受外界电磁干扰。另外，由于光纤本身没有电磁辐射，所以它传输的信号不易被窃听，保密性能好，但是光纤的成本高并且连接技术比较复杂。光缆主要用于长距离的数据传输和网络的主干线。

1.6.4　无线传输介质

无线传输介质(信道)根据电磁波的特性分为三种：无线通信、微波通信和红外线通信。

1. 无线通信

无线通信的频率范围为 3 kHz～1 GHz，波长在 0.3 m 到几千米之间，主要应用于电视和广播等。在无线通信中电波的传输不受地球曲率影响，发射天线和接收天线是全方向的，能进行远距离传输。

2. 微波通信

微波通信的频率范围为 1～300 GHz，波长范围为 0.001～0.3 m，这个波段很宽，移动电话、雷达、卫星通信和无线局域网都在微波频段。利用微波进行通信是比较成熟的技术，其特点是：能进行远距离传播，传输质量比较稳定，用很小的发射功率就能进行远距离通信。

3. 红外线通信

红外线通信的频率范围为 300 GHz～400 THz，波长范围为 770 nm～1 mm。红外线通信用于短距离通信，传输距离在几米以内，且不能穿透墙体，一般用于家用电器的遥控器以及 PC 机的键盘、鼠标和打印机与主机的通信等。

1.7　网络体系结构与网络协议

计算机网络是一个复杂系统，是由计算机系统和通信系统组成的集合。网络体系结构是描述该系统原理和思想的有效方式，它与网络协议是网络技术中两个最基本的概念，是认识、学习、研究和应用网络技术的关键。

1.7.1　网络体系结构

为了便于理解网络体系结构，下面以现实应用中邮政系统体系结构的分层模型为例，说明分层模型的基本原理和思想。图 1-17 为实际运行的邮政系统结构，描述了整个系统层次划分、层次功能和规定，以及该系统完成信件的发送与接收的过程。

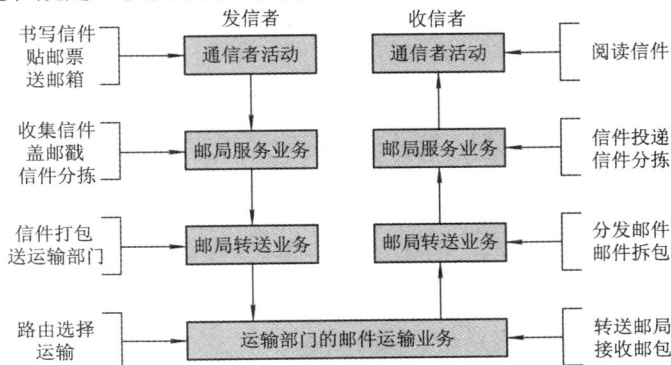

图 1-17　实际邮政系统模型(信件发送、接收过程)示意图

将信件投入邮箱后，邮递员将按时从各个邮箱收集信件，检查邮资、投递地址、收信人等信息，盖邮戳后转送地区邮政枢纽局，邮政枢纽局的工作人员根据信件的目的地址与传输路线，把送到相同地区的邮件打成一个邮包，并在邮包外面贴上运输的线路、中转点的地址等信息。通过邮政的运输工具将邮包送到投递区邮政枢纽局后，邮政枢纽局的分拣员拆包，并将信件按目的地址分拣、传送到各区邮局，再由邮递员将信件送到收信人的邮箱。收信人接到信件后，确认是自己的信件后再拆信、读信。一个信件的发送与接收过程中包含着一系列的分包、拆包、传送的过程。

在整个邮政系统模型中，邮件发送与接收过程是由几层功能彼此独立的部门协作来完成的。每一层部门都具有特定的工作任务(功能)，遵守一定的工作规范要求(规则)；下一层部门为上一层部门提供支持(服务)，相邻层的部门之间在工作上有联系；同一层的部门具有相同的功能，是对等的关系。

通过考察邮政系统的结构、运行过程以及信件的发送与接收过程，我们对邮政系统分层模型的体系结构有了直观的认识。计算机网络系统也是一个庞大、复杂的系统，从一定意义上讲，计算机网络的信息传递过程与邮政系统有很多相似之处，计算机网络系统的模型也划分为若干层次，不同层次有不同的功能，解决不同的问题。建立网络系统模型有利于对网络系统的分析和研究。

1．网络体系结构的有关概念

计算机网络体系结构涉及几个重要的概念：层次(Layer)、接口(Interface)、协议(Protocol)、体系结构(Architecture)。

1) 网络层次

计算机网络是一个非常复杂的系统，按照系统解决的问题和实现功能可将其划分为若干层次。每个层次要完成的功能及实现过程都有明确规定，不同系统的同等层具有相同的功能，高层使用低层提供的服务时并不需要知道低层服务的具体实现方法。网络的层次结构体现出对复杂问题采取"分而治之"的模块化方法，它可以大大降低处理复杂问题的难度。

2) 网络接口

网络分层结构中各相邻层之间需要进行信息交换，接口是同一节点内相邻层之间的信息交换点。在邮政系统中，邮箱就是发信人与邮递员之间规定的接口。同一个节点的相邻层之间存在着明确规定的接口，低层通过接口向高层提供服务。只要接口条件不变、低层功能不变，低层功能的具体实现方法与技术的变化就不会影响整个系统的工作。

3) 网络协议

计算机网络是由多个互连的节点组成的系统，要实现有条不紊地交换数据，每个节点都必须遵守一些事先约定好的规则。这些规则明确地规定了所交换数据的格式和时序，这些为网络数据交换而制定的规则、约定和标准称为网络协议。

网络协议包括三个要素：语法、语义和时序。语法用来规定信息格式，语义用来说明通信双方应当怎么做，时序详细说明事件的先后顺序。网络协议的实现分别由软件和硬件或软硬件配合来完成。

4) 网络体系结构

网络协议是计算机网络系统中必不可少的组成部分，一个功能完备的计算机网络系统需要制定一整套的协议集合，这些协议按照层次结构模型来组织，因此将计算机网络层次模型与各层协议的集合称为计算机网络体系结构。

网络体系结构对网络各层次的功能、协议和层次间接口进行了精确的定义，但没有定义具体实现的方法，因而网络体系结构是抽象的模型。对计算机网络应该实现的功能则需要通过具体的硬件与软件完成。

2．网络体系结构的优点

计算机网络中采用层次结构具有以下优点：

(1) 各层之间相互独立。相邻层通过它们之间的接口交换信息，高层并不需要知道低层是如何实现的，仅需要知道该层通过层间的接口所提供的服务，这样使得两层之间保持了功能的独立性。

(2) 实现和应用具有灵活性。当任何一层发生变化时(例如由于技术的进步促进实现技术的变化)，只要接口保持不变，则在这层以上或以下各层均不受影响，另外，当某层提供的服务不再需要时，甚至可将该层取消。

(3) 各层都可以采用最合适的技术来实现，各层实现技术的改变不影响其他层。

(4) 易于实现和维护。因为整个系统已被分解为若干个易于处理的部分，这种结构使得一个庞大而又复杂系统的实现和维护变得容易控制。

(5) 有利于促进标准化。这主要是因为每层的功能与所提供的服务已有明确的说明。

3．常见的网络体系结构模型

1974 年，IBM 公司提出了世界上第一个网络体系结构模型，此后，许多公司纷纷提出各自的网络体系结构。这些网络体系结构的共同之处在于它们都采用了分层技术，但层次的划分、功能的分配和采用的技术术语均不相同。

1) ISO/OSI 模型

OSI(Open System Interconnection)是国际标准化组织(International Organization for Standardization，ISO)研究的网络互联模型，该体系结构标准定义了网络互联的七层框架，即 ISO 开放系统互连参考模型。有了这个模型，各网络设备厂商就可以遵照共同的标准来开发网络产品，最终实现彼此兼容，为网络的发展奠定坚实的基础。

2) TCP/IP 模型

TCP/IP 模型的全称是 Transmission Control Protocol/Internet Protocol，相对于 OSI 参考模型，TCP/IP 参考模型是当前的工业标准或事实标准，是 Internet 上使用的网络通信标准，包含了一组网络互联的协议和路径选择算法。TCP 是传输控制协议，保证数据在传输中不会丢失；IP 是网络协议，保证数据被传到指定的地点。

3) 局域网模型

局域网模型是电子电气工程师协会(Institute of Electrical and Electronics Enginee，IEEE)提出的局域网体系结构参考模型，为局域网的发展奠定了基础。

1.7.2　OSI 参考模型

1974 年，ISO 发布了著名的 ISO/IEC 7498 标准，它定义了网络互联的七层框架，也就是开放系统互连参考模型。在 OSI 框架下，进一步详细规定了每一层的功能，以实现开放系统环境中的互连性、互操作性与应用的可移植性。

1. OSI 参考模型的基本概念

OSI 参考模型定义了一个层次结构的开放网络系统模型，"开放"是指只要遵循 OSI 标准，一个网络系统就可以与位于世界上任何地方、同样遵循同一标准的其他任何系统进行通信。

在 OSI 标准的制定过程中，采用的方法是将整个庞大而复杂的问题划分为若干个容易处理的小问题，这就是分层体系结构方法。它将网络系统抽象为体系结构、服务定义和协议规格说明。

体系结构为 OSI 参考模型定义了开放系统的层次结构、层次之间的相互关系及各层所包括的服务。它是作为一个框架来协调和组织各层协议的制定，也是对网络内部结构最精炼的概括与描述。

服务定义详细地说明了各层所提供的服务。每层的服务定义了该层的功能，下一层为上一层提供服务，通过接口实现相邻层之间的连接，并不涉及服务和接口如何实现。

协议规格说明是 OSI 标准中各种协议精确的定义，具有最严格的约束，规定了应当发送什么样的控制信息，以及应当用什么样的过程来解释这个控制信息。

OSI 参考模型并没有提供一个可以实现的方法，只是描述了一些概念，用来协调进程间通信标准的制定。OSI 参考模型并不是一个标准，而是一个在制定标准时所使用的概念性的框架。在 OSI 的范围内，只有各种协议是可以被实现的，而各种产品只有和 OSI 的协议相一致时才能互连。

2. OSI 参考模型的结构

OSI 是分层的体系结构，其参考模型的结构如图 1-18 所示，每一层是一个模块，用于执行某种主要功能，并具有一套通信指令格式(称为协议)。用于相同层的两个功能之间通信的协议称为对等协议。

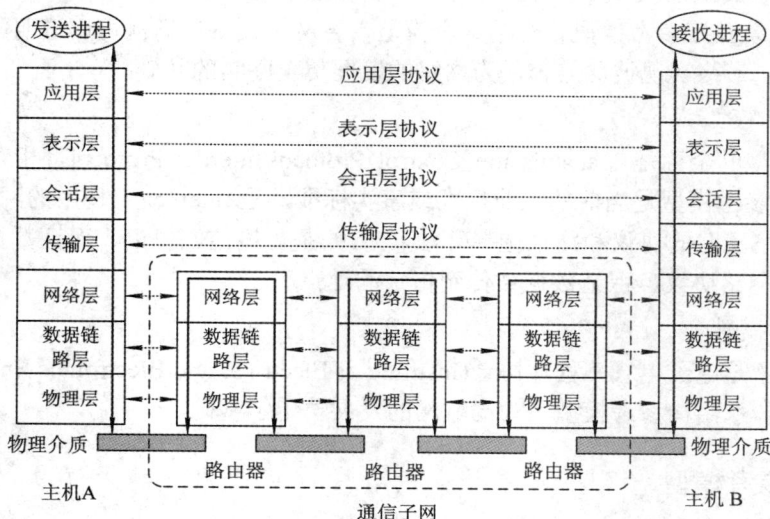

图 1-18 OSI 参考模型的结构

ISO 将整个通信功能划分为七个层次，其划分层次的主要原则是：

(1) 网络中的各节点都具有相同的层次。

(2) 不同节点的同等层具有相同的功能。

(3) 同一节点内的相邻层之间通过接口通信。

(4) 每一层可以使用下层提供的服务，并向其上层提供服务。

(5) 不同节点的同等层通过协议来实现对等层之间的通信。

OSI 参考模型的低三层可看做传输控制层，负责有关通信子网的工作，解决网络中的通信问题；高三层为应用控制层，负责有关资源子网的工作，解决应用进程的通信问题；传输层为通信子网和资源子网的接口，起到连接传输和应用的作用。

OSI 参考模型的最高层为应用层，面向用户提供应用服务；最底层为物理层，连接通信媒体实现数据传输。层与层之间的联系是通过各层之间的接口来进行的，上层通过接口向下层提供服务请求，而下层通过接口向上层提供服务。

两个计算机通过网络进行通信时，除了物理层之外(只有物理层才有直接连接)，其余各对等层之间均不存在直接的通信关系，而是通过各对等层的协议来进行通信。只有两个物理层之间才通过媒体进行真正的数据通信，当通信实体通过一个通信子网进行通信时，必然会经过一些中间节点，通信子网中的节点只涉及到低三层的结构。

3．OSI 参考模型各层的功能

1) 物理层

物理层(Physical Layer)是参考模型的最底层，是整个开放系统的基础。物理层的主要功能是：利用传输介质为数据链路层提供物理连接，实现比特流的透明传输，为数据链路层提供物理连接的服务。其协议主要规定了计算机或终端与通信设备之间的接口标准，包括了机械、电气、功能、规程等方面的特性。

2) 数据链路层

数据链路层(Data Link Layer)是参考模型的第二层。数据链路层的主要功能是：在物理层提供的服务基础上，在相邻节点之间建立数据链路连接，传输以"帧"为单位的数据包，并采用差错控制与流量控制方法，将有差错的物理线路变成无差错的数据链路，使得不可靠的传输介质变成可靠的传输通路提供给网络层。

3) 网络层

网络层(Network Layer)是参考模型的第三层。网络层的主要功能是：将数据分成一定长度的分组(包)，为数据在主机之间传输创建逻辑链路，通过路由选择算法为分组通过通信子网选择最适当的路径，使分组穿过通信子网到达信宿，以及实现拥塞控制、网络互联等功能，同时该层的协议分别向高层提供面向链接和无链接方式的网络服务，使得高层的设计考虑不依赖数据传输技术和中继或路由。

4) 传输层

传输层(Transport Layer)是参考模型的第四层。传输层的主要功能是：向用户提供可靠的端到端服务，透明地传送报文，以及差错控制和流量控制机制。传输层向高层屏蔽了下层数据通信的细节，网络硬件技术的任何变化对于高层都是不可见的，高层设计不必考虑低层的硬件细节，因此它是计算机通信体系结构中关键的一层。

5) 会话层

会话层(Session Layer)是参考模型的第五层。会话层的主要功能是：提供两个互相通信应用进程之间的会话机制，负责维护两个节点之间会话的建立、管理和终止，以及管理数据交换等功能。

6) 表示层

表示层(Presentation Layer)是参考模型的第六层。表示层的主要功能是：用于处理在两个通信系统中交换信息的表示方式，主要包括数据格式变换、数据加密与解密、数据压缩与恢复等功能。

7) 应用层

应用层(Application Layer)是参考模型的最高层。应用层的主要功能是：确定应用进程之间通信的性质以满足用户的需要，为应用进程与网络之间提供接口服务，该层包含了大量人们普遍需要的协议，通过应用软件的执行为用户提供网络应用服务。

总之，OSI 参考模型的低三层属于通信子网，涉及为用户间提供透明链接，以每条链路为基础在节点间的各条数据链路上进行通信，由网络层来控制各条链路上的通信。高三层属于资源子网，主要涉及保证信息以正确的、可理解的形式传输。传输层是高三层和低三层之间的接口，它是第一个端到端的层次，保证透明的端到端链接，满足用户的服务质量要求，并向高三层提供合适的信息形式。

*4．OSI 环境中的数据传输过程

1) OSI 环境

在研究 OSI 参考模型时，需要搞清楚它所描述的范围，这个范围被称做 OSI 环境(OSI Environment，OSIE)。图 1-19 给出了 OSI 环境示意图，其中，进程是指在计算机系统中正在运行的一个应用程序。 OSI 参考模型描述的范围包括联网计算机系统中应用层到物理层的七层及通信子网，即图中虚线框内的范围，不包含连接节点的物理传输介质。

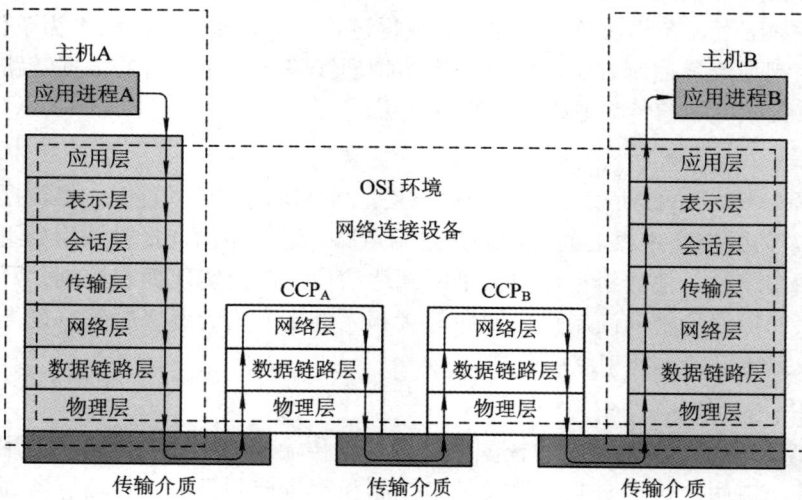

图 1-19　OSI 环境示意图

　　计算机在联入计算机网络前，并不需要实现从应用层到物理层的七层功能的硬件与软件，如果计算机需要联入网络，就必须增加相应的硬件和软件，才能实现与网络的连接，进而实现数据传输及网络服务。一般来说，网络层以下的大部分功能由硬件方式来实现，而高层的功能需要通过软件方式来实现。

　　在图 1-19 中，假设计算机 A 需要利用网络向计算机 B 传输数据。首先要通过在计算机 A 上调用实现应用层功能的程序，将计算机 A 的通信请求传送到表示层，表示层再向会话层传送，直至物理层。物理层通过连接计算机 A 与通信控制处理机(CCP)的传输介质，将数据传送到 CCP_A，CCP_A 的物理层接收到计算机 A 传送的数据后，通过数据链路层检查是否存在传输错误，如果有错误，则发出指令，要求计算机 A 重新发送数据；如果没有错误，CCP_A 的网络层通过路径选择算法，建立到达节点 CCP_B 的链路，将数据传送到 CCP_B。CCP_B 将数据传送到计算机 B，计算机 B 将接收到的数据从物理层逐层向高层传送，直至计算机 B 的应用层，应用层再将数据传送给计算机 B 的应用进程。

　　2) OSI 环境中的数据传输过程

　　在 OSI 参考模型中，信息从一层传送到下一层是通过命令方式实现的，被传送的信息被称为协议数据单元(Protocol Data Unit，PDU)。图 1-20 给出了 OSI 环境中的数据流。

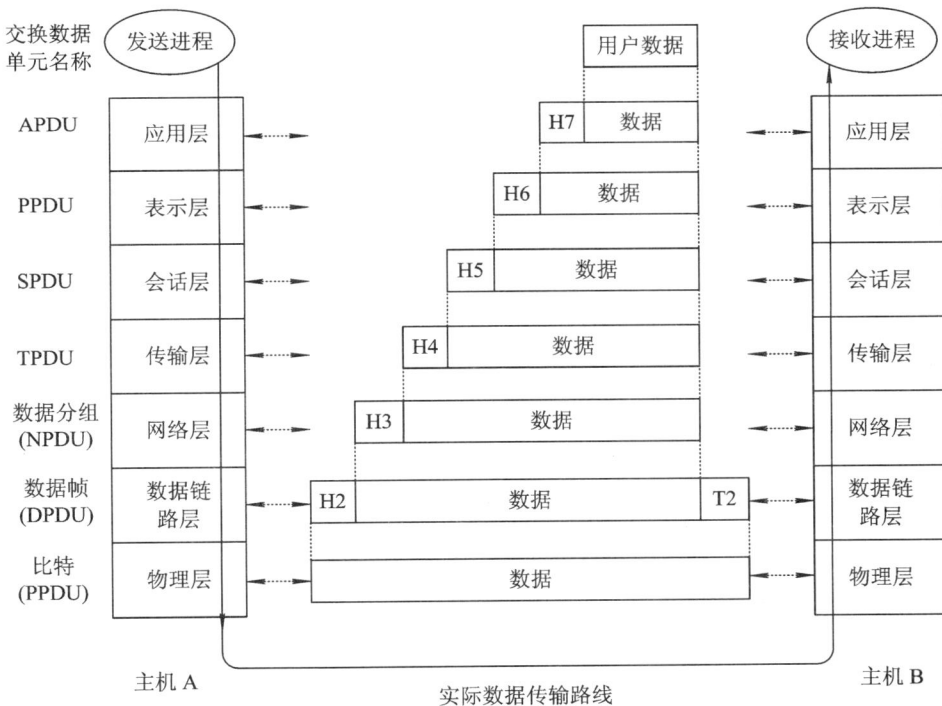

图 1-20　OSI 环境中的数据流

OSI 环境中的数据传输过程包括以下七步：

　　(1) 当主机 A 发送进程的数据单元(PDU)传送到应用层时，应用层为数据加上本层控制报头后，组成应用层的服务数据单元(APDU)，然后传输到表示层。

　　(2) 表示层接收到这个数据单元后，加上本层的控制报头，组成表示层的服务数据单元

(PPDU)，再传送到会话层。

（3）会话层接收到数据单元后，加上本层的控制报头，组成会话层的服务数据单元(SPDU)，再传送到传输层。

（4）传输层接收到这个数据单元后，加上本层的控制报头，就构成了传输层的服务数据单元(TPDU)，它被称为报文(Message)。

（5）传输层的报文传送到网络层时，由于网络层数据单元的长度有限制，传输层长报文将被分成多个较短的数据字段，加上网络层的控制报头，就构成了网络层的服务数据单元(NPDU)，它被称为分组(Packet)。

（6）网络层的分组传送到数据链路层时，加上数据链路层的控制信息，就构成了数据链路层的服务数据单元(DPDU)，它被称为帧(Frame)。

（7）数据链路层的帧传送到物理层后，物理层将以比特流的方式通过传输介质传输出去。当比特流到达目的节点主机 B 时，再从物理层逐层上传，每层对各层的控制报头进行处理，将用户数据上交给上一层，最终将发送进程的数据送给主机 B 的接收进程。

尽管主机 A 发送进程的数据在 OSI 环境中经过复杂的处理过程才能送达另一主机 B 的接收进程，但对于每台主机的应用进程来说，OSI 环境中数据流的复杂处理过程是透明的。发送进程的数据好像是"直接"传送给接收进程，这就是开放系统在网络通信过程中最本质的作用。

1.8　数据通信基础

数据通信是通信技术和计算机技术相结合而产生的一种新的通信方式，它通过通信介质传输计算机处理过的信息，将源主机的数据编码成信号，通过传输介质传播到目的主机，实现两个实体间的数据传输和交换。计算机网络是计算机技术和数据通信技术相结合的产物，数据通信技术是网络发展的基础。本节将从网络技术的角度简要介绍一些有关的数据通信基础知识。

1.8.1　数据通信的概念

1. 信息、数据、信号及数据包

信息(Information)是人们对现实世界中事物存在方式或运动状态的某种认识，可以用数值、文字、图形、声音、图像、动画等形式表示信息。

数据(Data)是信息的具体表现形式，是装载信息的实体，信息是数据的内在含义或解释。数据的概念包括两个方面的含义：其一，数据内容是事物特性的反映或描述；其二，数据以某种媒体为载体，即数据是存储在媒体上的。

信号(Signal)是数据的具体物理表现，有着确定的物理描述，如电压、磁场强度等。它使数据能以适当的形式在通信介质上传输。

在数据通信中，信号是数据的载体，一般为电磁波或电脉冲，信号可分为模拟信号和数字信号。

模拟信号是在一定的数值范围内连续取值、连续变化的电信号，如声音的信号就是一个连续变化的波形，如图 1-21(a)所示。

数字信号是一种离散的脉冲序列，用高电平和低电平来表示二进制数据 0 和 1，数字信号的波形如图 1-21(b)所示。

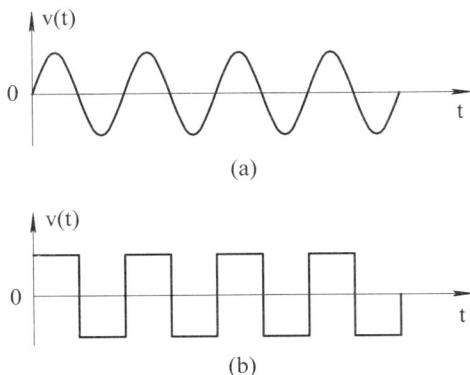

图 1-21　模拟信号与数字信号

数据包(Packet)是对传输的数据按照一定格式进行"包装"，是网络传输数据的基本单位，图 1-22 是数据包的示意图。

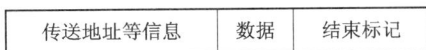

图 1-22　数据包示意图

2．数据通信、信道及数据通信系统

数据通信就是把数据以信号的形式从一处(发送端)传送到另一处(接收端)的过程。在数据通信中，产生和发送信号的一端称为信源，接收信号的一端称为信宿，传输信号的通信线路称为信道，根据传输介质的类型不同，信道可分为有线信道和无线信道。

调制是在发送端将微弱的数据信号与较强的无线电信号合成，成为强大的复合信号，以保证数据信号具有较强的远距离传输能力。解调是在接收端将复合信号分离出数据信号。在信道上传输的信号会受到外界电磁场的干扰而失真，这些干扰信号称为噪声，而光纤信道基本上无噪声。

数据通信系统是实现数据由信源可靠传输到信宿的系统，由存储转发设备、调制解调器、传输介质及通信软件等组成。在计算机网络的数据通信中，计算机设备起着信源和信宿的作用，通信线路和通信转接设备构成了通信信道。

图 1-23 给出了数据通信系统的模型。

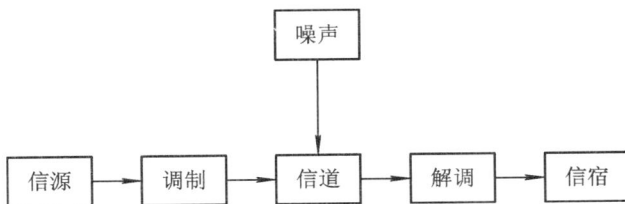

图 1-23　数据通信系统模型

1.8.2　数据通信的主要指标

随着数据通信应用越来越广泛，通信过程中的高速度、大容量、低误码率成为数据通信技术追求的目标，也是衡量数据通信技术是否先进的重要指标。

1. 数据传输速率

数据传输速率指的是单位时间内在传输介质上所传送的数据量。根据不同的传输形式，数据传输速率的表示方法有如下几种。

(1) 信号传输速率：指单位时间内所传输二进制信号的位数，单位是比特每秒(b/s)。

(2) 调制速率：指线路上单位时间传输的波形个数，是信号在调制过程中信号状态每秒变化的次数，通常以波特(Baud)每秒为单位(B/s)，通常称为波特率。

(3) 信息传输速率：指数据通信系统在单位时间内能够传输的信息量。

2. 信道容量

信道容量是指信道能够传输信息的最大能力，单位是位每秒(b/s)。信道容量与数据传输速率的区别在于，前者表示信道最大的数据传输速率，是信道传输数据能力的极限；而后者表示实际的传输速率。类似于高速路上最大限速值与汽车实际速度之间的关系，它们虽然采用相同的单位，但表征的含义不同。

3. 误码率

误码率是衡量数据传输系统在正常工作状态下，传输可靠性的指标。它的定义是：码元(二进制位)被传输出错的概率。误码率是以接收码元中错误的码元数与传输总码元数之比作为计算结果的。误码率越低，说明数据传输的可靠性越高。在计算机网络中，误码率要求在 10^{-6} 以下。

4. 信道带宽

信道带宽是指信道中传输的信号在不失真的情况下所占用的频率范围，通常称为信道的通频带(简称带宽)，单位为赫兹(Hz)。信道带宽是由信道(传输介质和通信设备)的物理特性所决定的，如电话线路的频率范围为 300～3400 Hz，则它的带宽为 300～3400 Hz。

信道带宽、传输速率、信道容量三个指标从不同侧面描述了网络的传输能力，信道容量取决于信道带宽和传输速率。目前，信号在传输介质上的传输速率是一定的，因此带宽成为决定网络速度的最重要指标。

1.8.3　数据传输技术

在数据通信中，按照使用的信道数将通信方式分为串行通信和并行通信；按照通信信号的传输方向与时间的关系可分为单工、半双工和全双工通信；根据信号形式的不同可分为基带传输和频带传输两种类型。为了提高信道的利用率又涉及到信道复用技术。

1. 串行通信和并行通信

1) 串行通信

串行通信采用一条传输线路，数据传输采用一位一位依次发送的方式，如图 1-24(a)所示。例如，如果传输 8 位二进制数据，按照从低到高的顺序依次传送。传送过程中，收、发双方只需建立一条通信信道。串行通信传输速率较低，但造价便宜，适用于远距离通信。

2) 并行通信

并行通信可以同时发送一组(n 位)二进制数据，每位二进制数需要使用单独的一条线路，整体需要多条通信线路，如图 1-24(b)所示。例如，可将 8 位二进制数通过 8 条通信信道同时传送。并行通信传输速度较高，每次可传送一个字符代码。并行通信需要收、发双方建立 n 条通信信道，造价较高，适用于计算机和外部设备间的短距离通信。

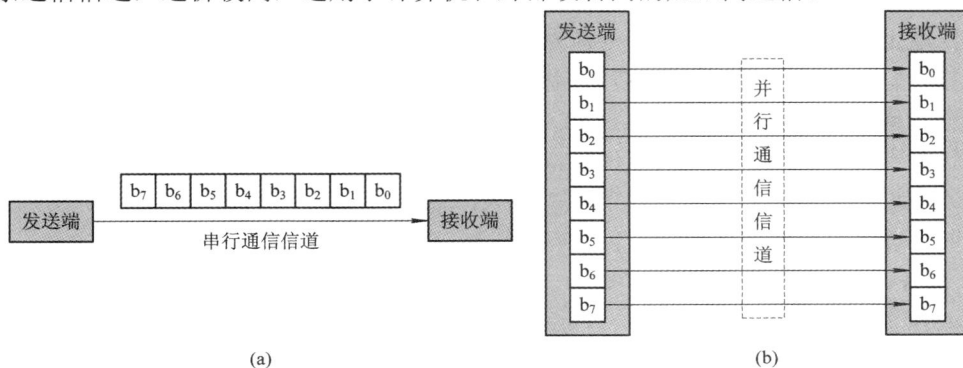

图 1-24　串行通信与并行通信

2. 单工、半双工和全双工通信

1) 单工通信

单工通信是指使用一条单方向的信道，信号只能向一个方向传输的通信方式，如图 1-25(a)所示。在一个通信链路上，通信双方只能是一个发送数据，而另一个只能接收数据。比如广播电台和电视台分别发送的广播信号和电视信号采用的就是单工通信。

2) 半双工通信

半双工通信是指信号可以双向传输，但必须是交替进行，同一时间只能是一个方向进行的通信方式，如图 1-25(b)所示。在一个通信链路上，通信双方中当其中一方发送数据时，另一方只能接收数据，反之亦然。比如对讲机采用的就是半双工通信。

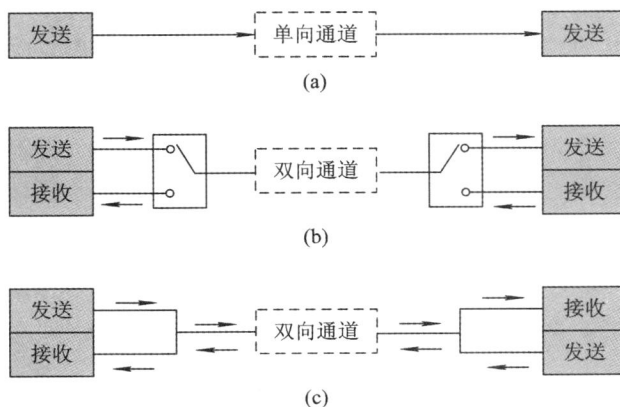

图 1-25　单工、半双工和全双工通信

3) 全双工通信

全双工通信是指一条通信链路上，通信双方可以同时进行发送和接收信号的通信方式，如图 1-25(c)所示。比如电话通信，通话双方可以同时发送和接听声音信号。

3. 基带传输和频带传输

1) 基带传输

信源发出的没有经过调制的原始电信号，其特点是频率较低、能量较小。根据原始电信号的特征，基带信号可分为数字基带信号和模拟基带信号。

在信道上直接传送数字基带信号称为基带传输。一般来说，要将信源的数据经过变换，变为直接传输的数字基带信号，这项工作由编码器完成。在发送端，由编码器实现编码；在接收端由译码器进行解码，将其恢复为发送端发送的数据。基带传输是一种最简单、最基本的传输方式。如从计算机到监视器、打印机等外设的信号就是基带传输的。

由于在近距离范围内基带信号的衰减不大，信号内容也不会发生变化，因此在传输距离较近时，计算机网络都采用基带传输方式。

2) 频带传输

远距离通信信道多为模拟信道，例如，传统的电话(电话信道)只适用于传输音频范围(300~3400 Hz)的模拟信号，不适用于直接传输频带很宽但能量集中在低频段的数字基带信号。

频带传输就是先将基带信号变换(调制)成便于在模拟信道中传输的、具有较高频率范围的模拟信号(称为频带信号)，再将这种频带信号在模拟信道中传输。

计算机网络的远距离通信通常采用的是频带传输。基带信号与频带信号的转换是由调制解调技术完成的。

4. 多路复用技术

多路复用是指两个或多个用户共享公用信道的一种机制，通过多路复用技术，多个终端能共享一条高速信道，从而达到节省信道资源的目的。在实际应用中，传输介质的带宽有时远远大于传输单一信号所需的带宽，为了能够充分利用信道带宽，降低通信成本，人们研究在一条物理通信线路上建立多条通信信道的技术，这就是多路复用技术。

多路复用技术将若干个彼此无关的信号通过多路转换器汇集到一起，然后通过一条物理线路进行传输，在接收端将汇集的信号再经过多路转换设备分离成原来各个单独的信号。这样，通过一条物理线路就实现了多个通信信号的传输，其原理如图 1-26 所示。

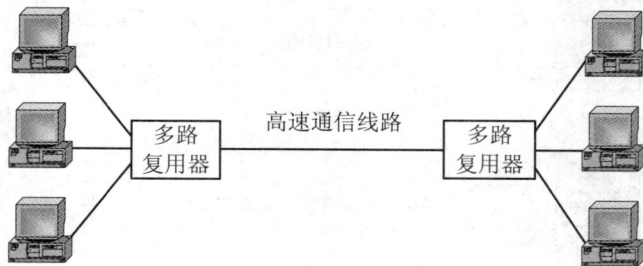

图 1-26　多路复用原理

多路复用技术一般可以分为三种基本形式：频分多路复用、时分多路复用和波分多路复用。这里主要介绍前两种。

1) 频分多路复用

频分多路复用是将信道的可用频带划分为若干个互不重叠的频段，而每路信号以不同的载波频率进行调制，且各个载波频率是完全独立的。为了避免两个相邻频段的相互干扰，在相邻信道之间留有一定的间隙，称为保护带，这样，各个信道就能可靠、独立地传输一路信号了。频分多路复用的工作原理如图 1-27 所示。频分多路复用多用于连续的模拟信号传输。

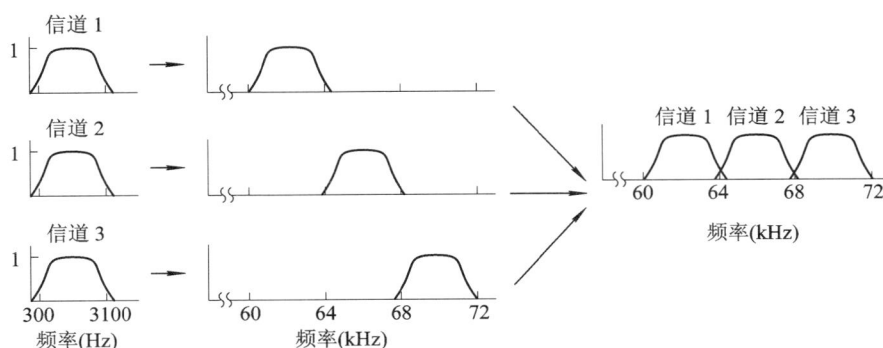

图 1-27　频分多路复用的工作原理

2) 时分多路复用

时分多路复用以信道传输时间作为分割对象，将物理信道按时间分成若干互不重叠的时间片，这些时间片轮流分配给多个信源使用。每个用户在其占有的时间片内，可以使用通信信道的全部带宽。图 1-28 所示为时分多路复用的工作原理。时分多路复用更适用于数字信号的传输，它多用于时间离散的数字信号传输。

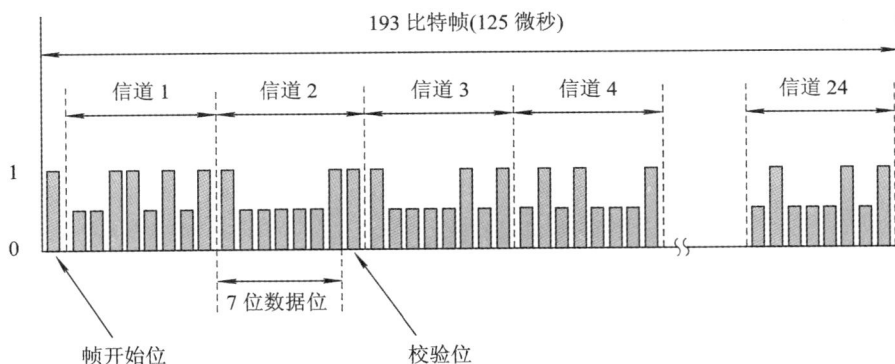

图 1-28　时分多路复用的工作原理

1.8.4　数据交换技术

数据在通信双方进行传输，最简单的方式是在两个互联设备之间直接建立一个现实的传输通道。但在计算机网络中，直接连接两个设备是不现实的，数据从一个工作站传输到另一个工作站时中间往往要经过多个节点。构成通信网络的中间节点起着数据交换的作用，将数据从一个节点传到另一个节点，直至目的地，整个数据传输过程称为数据交换过程。目前，使用的数据交换方式有三种：电路交换、报文交换和分组交换。

1. 电路交换(Circuit Switching)

数据通信中电路交换方式是指通过网络中的节点，在两台计算机或终端相互通信之前，需要预先建立起一条专用的物理链路，通信过程中始终使用该条链路进行数据信息传输，不允许其他计算机或终端同时共享该链路，通信结束后再拆除这条物理链路。

采用电路交换方式的通信过程分为三个阶段：链路建立、数据传输和链路拆除。

1) 链路建立

在传输数据之前，必须建立两个工作站之间的连接。例如，在图 1-29 中，主机 A 欲与主机 B 进行通信，主机 A 首先向节点发出请求，希望接通主机 B，节点 A 根据路由选择信息找出下一条路由，然后将连接请求传到下一个节点(节点 B)；依此类推，又找出下一个节点 C，下一个节点 D，最后在主机 A 和主机 B 之间就建立起了一条实际的物理连接：主机 A— 节点 A—节点 B—节点 C—节点 D—主机 B。

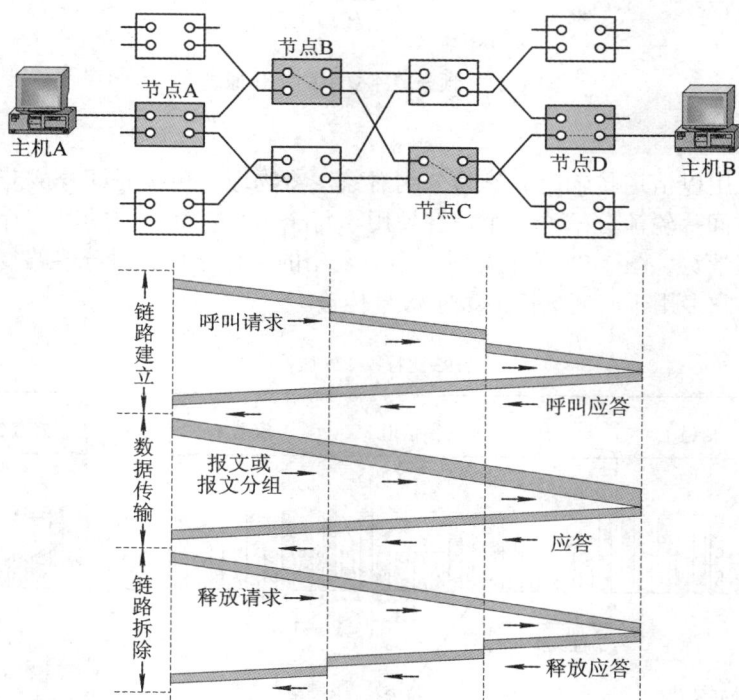

图 1-29　电路交换示意图

2) 数据传输

建立起连接链路之后，主机 A 便可以经过这条专用电路向主机 B 发送数据。由于是专线，所以这种数据传输有最短的传输延迟，且没有阻塞问题。

3) 链路拆除

数据传输结束后，就要终止连接，以释放占用的专用资源，通常可以由主机 A 或主机 B 任意一方发出拆除电路请求，一直拆除到对方节点、链路全部释放后，又可建立下一次连接。

电路交换的数据传输可靠、迅速，传输延迟少，且保持发送时的序列，但线路利用率低，建立链路的时间长。电路交换适用于电话系统，但不适用于计算机数据通信系统。

2．报文交换(Message Switching)

为解决电路交换占用通道的缺陷，产生了报文交换。其原理是：数据以报文为单位传输，报文可以理解为信息的一个逻辑单位，长度不限且可变，数据传送过程采用存储转发的方式。

发送方在发送一个报文时把目的地址附加在报文上，途经的节点根据报文上的地址信息，将报文转发到下一个节点，接力式地完成整个传送过程。每个节点在收到报文后，会将报文暂存并检查有无错误，然后通过路由信息找出适当路线的下一个节点的地址，再把报文传送给下一个节点。每个节点接收报文后先暂时存储，再待机转发到下一节点，这种方式称为存储转发方式。

报文交换过程中，报文的传输只是占用两个节点之间的一段线路，而其他路段可传输其他用户的报文。于是，这种解决方案不会像电路交换那样占用终端间的全部信道。但是，报文在经过节点时会产生延迟，这段延迟包括接收报文所需的时间、等待时间和发送到下一个节点所需的排队延迟。

相对于电路交换，报文交换的优点如下：

(1) 线路效率高。

(2) 节点可暂存报文并对报文进行差错控制和码制转换。

(3) 电路交换网络中，通信量很大时将不能接收某些信息，但在报文交换网络中却仍然可以，只是延迟会大些。

(4) 可以方便地把报文发送到多个目的节点。

(5) 可以建立报文优先权，让优先级高的报文优先传送。

报文交换的主要缺点是不能用于实时通信，网络延时长。

3．分组交换(Packet Switching)

为了更好地利用信道资源，降低节点中数据量的突发性，在报文交换的基础上发展出了分组交换。

分组交换也称为包交换。区别于报文交换，分组交换采用了较短的格式化信息单位，即分组(Packet)。在分组交换的网络中，每个分组的长度有一个上限，因此，一个较长的报文会被分割成若干份。每个分组中都包含数据和目的地址。

分组交换数据传输过程和报文交换类似，只是由于限制了每个分组的长度，减轻了节点负担，故适合于在交换机(或计算机)的主存储器中进行存储转发，改善了传输的持续时间和传输延迟时间，提高了网络传输性能。

分组交换的优点如下：

(1) 对数据传送单位的最大长度做出了限制，从而降低了节点所需的存储量。

(2) 分组是较小的传输单位，只有出错的分组才会被重发而非整个报文，因此大大降低了重发比例，提高了交换速度。

(3) 源节点发出第一个报文分组后，可以连续发出随后的分组，而这时第一个分组可能还在途中。这些分组在各节点中被同时接收、处理和发送，而且可以走不同路径以随时利用网络中的流量分布变化而确定尽可能快的路径。

分组交换相对于之前的数据传送技术而言，具有以下几个特点：

(1) 采用多路复用技术。

(2) 进行流量控制与管理。

(3) 提高了线路的利用率。

在分组交换技术中，通常采用数据报和虚电路这两种方法来管理传输的分组流。

1) 数据报

数据报又称为面向无连接的数据传输，是分组转发的一种方式。在数据报传输方式中，被传输的每个独立分组被称为数据报。每个数据报都有完整的发送端地址和接收端地址，网络中的各个中间节点根据各数据报的发送地址和一定的路由规则，选择一条合适的线路将分组转发出去，直至最终节点。数据报的传输不需要链路的建立，每个分组可能会通过不同的路径传送到目的地，并具有不同的时间延迟。所以，分组到达接收端可能会有乱序现象，接收端必须对分组进行重新排序。图 1-30 给出了数据报的数据交换过程。

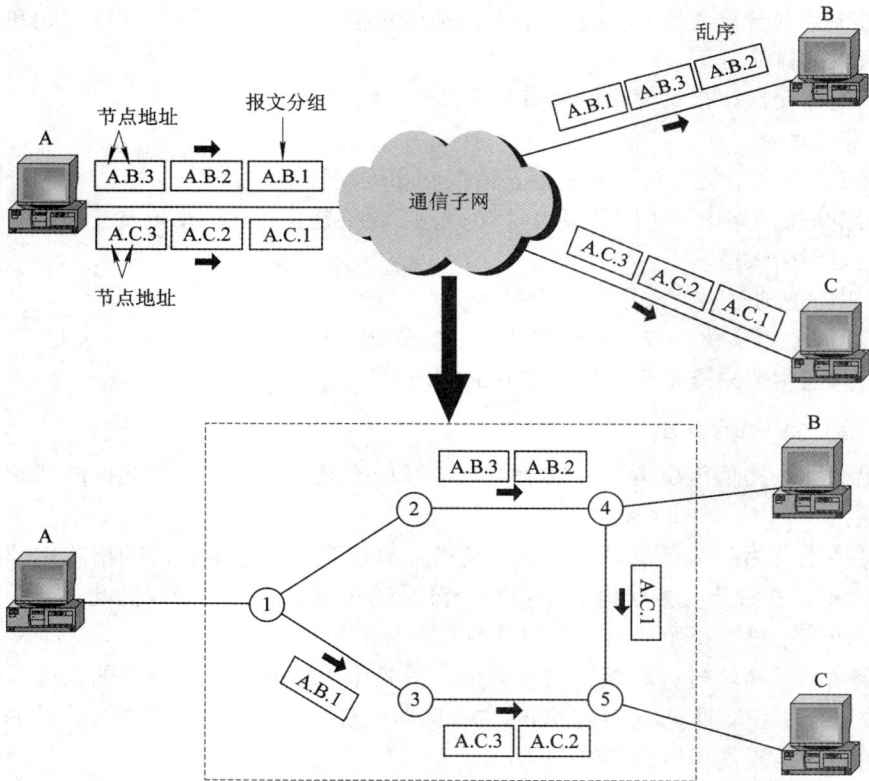

图 1-30 数据报传输方式

数据报方式具有如下特点：

(1) 不同分组可以通过不同路径到达接收方。

(2) 不同分组到达目的节点时可能出现乱序现象。

(3) 每个分组在传输过程中都必须带有目的地址和源地址。

2) 虚电路

虚电路又称为面向连接的数据传输，它将数据报方式和电路交换方式结合起来，发挥两种方式的优点。虚电路在分组发送之前，需要在发送方和接收方之间建立一条逻辑连接的传输路径。由于这条路径并不是物理存在的专用通路，所以称为虚电路。

采用虚电路方式传输数据也包括三个过程：虚电路的建立、数据传输和虚电路释放，这一点与电路交换方式类似。由于用户的各个分组是沿着同一条传输路径到达接收端的，故分组到达后的先后次序不会发生混乱。虚电路方式的数据交换过程如图 1-31 所示。

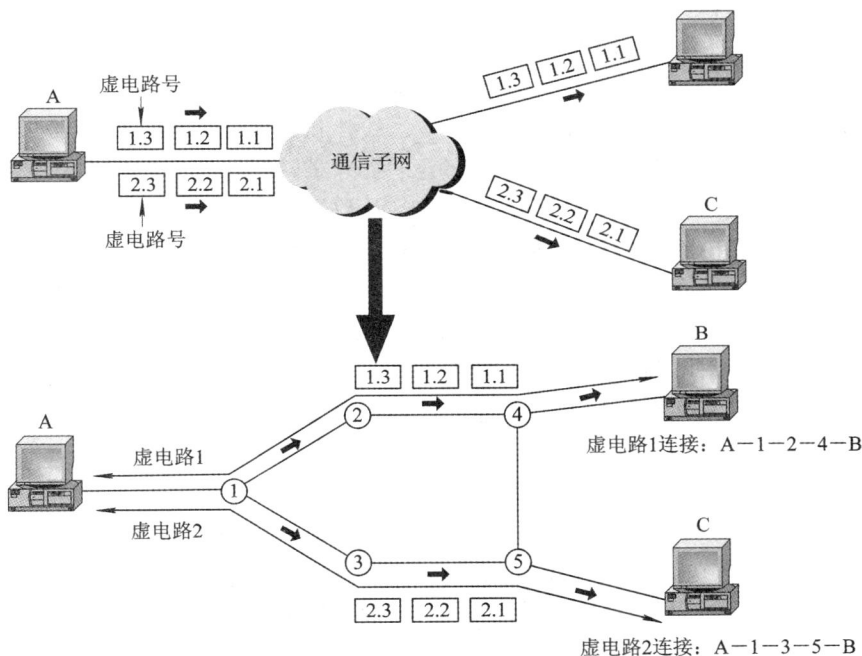

图 1-31 虚电路传输方式

虚电路具有如下几个特点：

(1) 在每次分组发送之前，必须要在发送方和接收方之间建立一条逻辑连接。

(2) 在每一次通信中，所有分组都是通过这条虚电路顺序传输的，所以分组不必带有源地址和目的地址等辅助信息，不会出现乱序现象。

(3) 分组通过每个节点时，节点只需做差错检测，而不需要做路由选择。

(4) 通信子网中的每个节点都可以和任何其他节点建立多条虚电路连接。

4. 高速交换

随着网络技术的广泛应用，声音、图像、视频等多媒体信息需要同时在网络中传输。上述三种交换技术已远远不能满足要求。目前有多种提高交换速度的方案，如语音插空技术、帧中继、异步传输模式(ATM)等。而 ATM 和同步光纤网(SONET)的结合，可以实现高速、宽带、综合业务的 B-ISDN(宽带综合业务数字网)，并将成为本世纪的通信主体。

在网络中还会用到编码技术、差错控制与校验技术等，这些技术为网络技术的发展奠定了坚实的基础。

习 题 1

一、填空题

1. 将若干台_____的计算机系统通过传输介质相互连接，在网络软件和_____及协议的支持下逻辑地相互联系到一起，进行数据_____，实现_____等功能，这样的系统称为计算机网络。

2. 计算机系统是网络被连接的对象，称为终端(Terminal)或宿主机(Host)，在网络中的主要作用有两方面，一方面利用网络提供的_____，并进行信息的_____、处理等工作，称为工作站(Workstation)；另一方面为网络提供共享_____，称为服务器(Server)。

3. 计算机资源主要是指计算机的_____、软件和数据。

4. 早期计算机网络从逻辑上分为两个部分：资源子网和_____。

5. 数据通信系统由通信_____、通信设备及数据通信管理软件组成。

6. 通信子网主要由_____和通信线路组成，负责完成网络中的数据_____与转发任务。

7. 传统 Internet 应用采用_____工作模式，服务器负责为_____提供某种网络服务。

8. 基于_____的网络应用淡化了服务提供者与使用者的界限。

9. 一个网络协议包括三要素：_____，用来规定信息格式；_____，用来说明通信双方应当怎么做；_____，详细说明事件的先后顺序。

10. 网络软件是在网络环境下使用、运行或者控制和管理网络的计算机软件。根据软件的功能，计算机网络软件可分为网络_____和网络应用软件两大类型。

11. 计算机网络按逻辑功能可分为_____子网和_____子网两部分。

12. 按照网络覆盖地理范围的大小，可以将网络分为_____、城域网和_____三种类型。

13. 根据网络的应用(即提供的服务)方式，网络可分为_____网络与对等网两种。

14. 计算机网络的拓扑结构主要有：总线型、_____、环型、_____和网状。

15. 在_____拓扑结构中，节点通过点-点通信线路连接成闭合环路。

16. 在星型拓扑结构中，_____是全网可靠性的瓶颈。

17. 在计算机网络拓扑结构中，通常将服务器、工作站等网络单元抽象为_____，将双绞线、光缆等主要介质抽象为_____。

18. 有线网络的传输介质主要有_____、同轴电缆、光缆等，其中_____是目前用来构建局域网时的主要介质，骨干网络的构建主要利用光缆。

19. 在 C/S 模式下，资源的共享或某种网络应用系统的运行通常需要通过两种程序协同工作才能完成，把安装在服务器上的程序称为_____，把安装在客户机上的程序称为_____。

20．_____就是网络中的每一台计算机在提供和访问网络资源、进行数据交换方面等的地位都是平等的。

21．传输介质是指数据传输过程中发送设备和接收设备之间的_____，网络传输介质有有线介质和无线介质两类，因此网络也可分为_____和无线网络两种。

22．网络层次结构模型与各层协议的集合称为计算机网络_____。

23．网络层次结构模型中 OSI 参考模型是_____层，TCP/IP 模型是_____层。

24．在 OSI 参考模型中，数据链路层(Data Link Layer)是参考模型的第_____层。

25．计算机网络的层次结构理解中有协议、层次、_____、体系结构等几个重要的概念。

26．应用层的主要功能是：通过应用软件的执行为用户提供相关_____。

27．计算机网络是计算机技术和_____技术相结合的产物，_____技术是网络发展的基础。

28．数据通信按照字节使用的信道数，可分为串行通信和_____通信，这是两种最基本的通信方式。

29．按照通信信号的传输方向与时间的关系，数据通信可分为单工、半双工和_____三种方式。

30．按照数据在通信信道上的传输调制方法，数据通信可分为_____和频带传输。

31．数据传输有两种类型：一是基带传输，用于短距离数据传输；二是_____，适于远距离数据传输。基带信号转换为频带信号需要_____设备。

32．数据通信就是把数据以_____的形式从一处(发送端)传送到另一处(接收端)的过程。

33．信道容量与数据传输速率的区别在于前者表示信道最大的数据_____，是信道传输数据能力的极限，而后者是表示实际的_____。

34．为了能够充分利用现有资源，降低通信成本，人们研究了在一条物理通信线路上建立多条通信信道的技术，这就是_____技术。

35．采用电路交换方式的通信过程分为三个阶段：链路建立、_____和_____。

36．采用报文交换时，不需在两个工作站之间建立一条_____。当某站想发送报文时，只需将目的地址添加到报文中，然后在网络中把报文从一个节点传至另一个节点，直至目的节点。每个节点接收到报文后先暂时_____，再待机转发到下一节点。

37．数据报的传输不需要建立_____，每个分组可能会通过_____的路径传送到目的地，并具有不同的时间延迟。

38．虚电路在分组发送之前，需要在发送方和接收方之间建立一条_____的传输路径(称为虚电路)，然后各个分组沿着该条传输路径到达接收端。

39．存储转发方式包括两种类型，即数据报和_____。

二、选择题

1．从网络逻辑功能来看，计算机网络系统是由(   )和(   )两层构成的。

　　　A．通信子网　　　B．对等网　　　　　C．资源子网　　　　D．局域网

2．（　　　）中的所有联网计算机都共享一个公共通信通道。

　　　A．环型网络　　　B．总线型网络　　　C．星型网络　　　　D．点-点网络

3．在早期的广域网结构中，（　　　）负责完成处理通信控制功能。

　　　A．通信线路　　　　　　　　　　B．终端控制器

　　　C．联网外设　　　　　　　　　　D．通信控制处理机

4．将一个建筑物中邻近的几个办公室联网，通常采用的技术方案是（　　　）。

　　　A．广域网　　　　B．局域网　　　　　C．接入网　　　　　D．城域网

5．（　　　）需要解决多个节点同时访问公共通信介质的冲突问题。

　　　A．网状拓扑　　　B．星型拓扑　　　　C．环型拓扑　　　　D．总线型拓扑

6．计算机网络中的资源主要包括硬件、软件与（　　　）。

　　　A．外部设备　　　B．主机　　　　　　C．通信通道　　　　D．数据

7．（　　　）的主要特点是结构简单、传输延时确定。

　　　A．网状拓扑　　　B．星型拓扑　　　　C．环型拓扑　　　　D．树型拓扑

8．在网络软件中，（　　　）可实现网络工作站之间的通信。

　　　A．网络应用软件　　　　　　　　B．网络协议

　　　C．通信软件　　　　　　　　　　D．网络管理软件

9．（　　　）是计算机网络最基本的功能，也是实现其他网络功能的基础。

　　　A．资源共享　　　B．数据通信　　　　C．分布式处理　　　D．集中管理

10．（　　　）是被网络用户访问的计算机系统，包括供用户使用的各种资源，并负责对这些资源的管理，协调网络用户对这些资源的访问。

　　　A．客户机　　　　B．服务器　　　　　C．资源子网　　　　D．网络硬件

11．（　　　）是采用卫星、微波等无线形式传输介质的网络。

　　　A．局域网　　　　B．城域网　　　　　C．Internet　　　　D．广域网

12．（　　　）覆盖距离从几百米到几千米，这种网络多设在一栋办公楼或相邻的几座大楼内，由单位或部门所有。

　　　A．公用网　　　　B．有线网　　　　　C．无线网　　　　　D．专用网

13．基带传输系统是使用（　　　）进行传输的。

　　　A．模拟信号　　　　　　　　　　B．多信道模拟信号

　　　C．数字信号　　　　　　　　　　D．多路数字信号

14．开放系统互连参考模型（OSI）从功能上划分为（　　　）层，TCP/IP 参考模型从功能上划分为（　　　）层。

　　　A．4　　　　　　　B．5　　　　　　　C．6　　　　　　　D．7

15．基带传输技术主要用于传输（　　　）。

　　　A．模拟信号　　　B．二进制数据　　　C．数字信号　　　　D．声音数据

16．信号是数据在传输过程中（　　　）的表现形式。

　　　A．电信号　　　　B．代码　　　　　　C．光信号　　　　　D．程序

17．通信协议有三个要素，分别是（　　　）、（　　　）和（　　　）。

　　　A．语法　　　　　B．语义　　　　　　C．约定　　　　　　D．时序

18．网络中的数据交换技术主要有三种，分别是( )、( )和( )。

  A．线路交换   B．报文交换   C．多路复用   D．分组交换

19．常用的传输介质中，带宽最宽、信号传输衰减最小、抗干扰能力最强的一类传输介质是( )。

  A．双绞线   B．光纤   C．同轴电缆   D．微波

20．在同一时刻，通信双方可以发送数据的信道通信方式为( )。

  A．半双工通信 B．单工通信   C．数据报   D．全双工通信

21．以下关于计算机网络拓扑的讨论中，错误的观点是( )。

  A．计算机网络拓扑通过网络中节点与通信线路之间的几何关系表示网络结构

  B．计算机网络拓扑反映出网络中各实体间的结构关系

  C．拓扑设计是建设计算机网络的第一步，也是实现各种网络协议的基础

  D．计算机网络拓扑反映出网络中客户机/服务器的结构关系

22．传输介质中，( )的特点是信号的损耗小、频带宽、传输率高，它传输的信号不易被窃听，保密性能好。

  A．同轴电缆   B．双绞线

  C．光纤   D．无线传输介质

三、简答

1．计算机网络的内涵是什么？

2．计算机网络有哪些功能？

3．简述计算机网络系统的组成。

4．什么是通信子网，什么是资源子网，它们的功能分别是什么？

5．计算机网络发展经历了哪几个阶段？

6．说明计算机网络的发展趋势。

7．计算机网络有哪些分类方式？

8．局域网、城域网和广域网的主要特征是什么？

9．说明客户机/服务器模式与对等网模式的区别。

10．简述网络常见拓扑结构及其特点。

11．简述网络传输介质及其分类。

12．说明 ISO/OSI 参考模型的层次划分及层次功能。

13．说明 OSI 环境数据传输的基本过程。

14．网络数据通信有哪些技术指标？

15．简述传输速率、信道带宽、信道容量的概念。

16．网络有哪些主要的数据传输技术？

17．简述信道复用的基本思想和技术形式。

18．网络中的数据交换有哪几种方式？

19．简述报文交换和电路交换方式的区别。

20．简述分组交换中数据报方式和虚电路方式的区别。

第 2 章　局 域 网 技 术

本章提示： 本章以第 1 章为基础，进一步介绍局域网的基本组成与技术要素，局域网体系结构与标准，局域网介质访问控制方法，以太网、交换式以太网、无线局域网、虚拟局域网技术等内容。

基本教学要求：

(1) 了解局域网的基本概念、发展与技术要素。

(2) 掌握局域网体系结构和标准以及局域网介质访问控制方法。

(3) 掌握以太网、交换式以太网基本技术，了解虚拟局域网、无线局域网技术。

2.1　局 域 网 概 述

局域网是将较小区域(几米到几千米之间)内计算机或数据终端设备连接在一起的通信网络，可实现一定范围内的资源共享和数据通信。通常将用于组建一个办公室、一栋楼、一个楼群、一个校园或一个企业的计算机网络称为局域网。

2.1.1　局域网的发展

局域网的发展始于 20 世纪 70 年代，至今仍是网络发展和应用中的一个重要领域。1973年，施乐公司(Xerox)开发出了以太网(Ethernet)，采用了总线竞争式的介质访问方法，它的问世是局城网发展史上的一个重要里程碑。

1974 年，英国剑桥大学计算机实验室建立了剑桥环。1977 年，日本京都大学研制成功了以光纤为传输介质的局域网络。1980 年 2 月，美国电气电子工程师学会(IEEE)成立了专门负责制定局域网络标准的 IEEE 802 委员会。该委员会开始研究一系列局域网和城域网(MAN)标准，这些标准统称为 IEEE 802 标准。

20 世纪 80 年代初期，多种类型的局域网络纷纷出现，越来越多的制造商投入到局域网络的研制潮流中，美国、日本和西欧一些国家的大学投入了相当大的力量研究局域网络。到了 80 年代末期，先后推出了 3+open、Novell 和 LAN Manager 等性能优异、极具代表性的局域网络。

自 20 世纪 90 年代以来，由于交换机技术的发展，局域网的发展也上了一个台阶，出现了交换式以太网、高速局域网和虚拟局域网，其性能更优，应用更广。局域网进一步朝着高速、宽带、多媒体等高性能的方向发展。

另外，随着无线通信技术的广泛应用，传统有线局域网络已经越来越不能满足人们的需求，于是无线局域网(Wireless Local Area Network，WLAN)应运而生，且发展迅速。尽管目前无线局域网还不能完全独立于有线网络，但随着无线局域网产品逐渐走向成熟，它正以优越的灵活性和便捷性在网络应用中发挥着日益重要的作用。

2.1.2　局域网的基本组成

通常一个完整的局域网系统由硬件系统和软件系统组成，从系统组成角度看，局域网通常包括如下几个组成部分：

(1) 主机：包括各种类型的计算机，通常局域网的主机是微型计算机。

(2) 网络适配器：用于实现计算机与局域网通信的接口。

(3) 传输介质：用于计算机和网络设备间的连接，它是实现高速通信的传输介质，如双绞线、同轴电缆和光缆等。

(4) 网络连接设备：用于连接计算机或其他网络的连接设备，通常是集线器、交换机等。

(5) 网络操作系统：负责整个网络系统的软硬件资源管理、网络通信和任务调度，提供用户与网络之间的接口以及网络系统的安全性服务等。

(6) 网络应用软件：实现网络服务的各种软件集合。

2.1.3　局域网的主要技术要素

局域网主要解决 OSI 参考模型中最低两层(物理层和数据链路层)的功能问题。通常将网络拓扑结构、传输介质和介质访问控制方法称为决定局域网性能的三要素。三要素决定了局域网的组成方式、信道容量、通信速率、信息传输方式和效率等问题。

1．拓扑结构

将局域网中的节点抽象成点，将通信线路抽象成线，由点和线构成的几何图形称为局域网的拓扑结构。拓扑结构说明了局域网中各实体间的结构关系，它能够直观、形象地反映局域网的物理或逻辑连接构成和连接形式。

局域网中主要的拓扑结构有总线型、星型、环型和树型。

2．传输介质

传输介质是网络中数据信号传输的载体，是网络通信的物质基础之一，通过传输介质将计算机和网络连接设备相连。传输介质的性能与特点对传输速率、通信距离、可连接的网络节点数目和数据传输的可靠性均有很大的影响，根据局域网的通信要求应选择适当的传输介质。

局域网常用的传输介质有同轴电缆、双绞线、光导纤维，其次还有红外线、无线电等无线传输介质。

3．介质访问控制方法

介质访问控制方法用于控制网络节点如何向传输介质发送数据与接收数据，解决信道如何分配使用的问题。介质访问控制方法是局域网最重要的技术之一，也是网络设计和组成的最根本问题，它对局域网的体系结构、工作过程和网络性能产生了决定性影响。

在本章的第 2.3 节中将讲述局域网介质访问控制方法。

2.2　局域网体系结构与标准

局域网出现不久，各种类型的局域网及其设备缺乏统一的规范和标准，为了使各个厂家生产的网络设备具有兼容性、互换性和互操作性，国际化标准组织开展了局域网标准化工作。IEEE 于 1980 年 2 月下设了一个 802 委员会，专门从事局域网和城域网标准的制定，形成的一系列标准统称为 IEEE 802 标准。ISO 于 1984 年 3 月采纳 IEEE 802 作为局域网的国际标准系列，称为 ISO 8802 标准。

2.2.1　IEEE 802 参考模型

局域网使用广播信道，即所有的主机都连接到同一传输介质上，各主机对传输介质的控制和使用采用多路访问信道及随机访问信道机制，由于局域网不需要路由选择，因此它并不需要网络层，而只需要最低的两层：物理层和数据链路层。

IEEE 802 标准遵循 ISO/OSI 参考模型的原则，解决最低两层的功能要求以及与网络层的接口服务、网际互联有关的高层功能。因此，在 IEEE 802 标准中，局域网体系结构由物理层、介质访问控制(Media Access Control，MAC)子层和逻辑链路控制(Logical Link Control，LLC)子层组成。

IEEE 802 标准所描述的局域网参考模型与 OSI 参考模型的关系如图 2-1 所示。

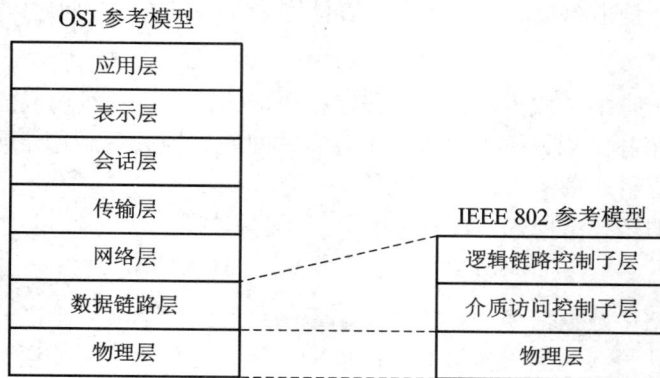

图 2-1　IEEE 802 参考模型与 OSI 参考模型的对应关系

局域网参考模型只对应于 OSI 参考模型的数据链路层与物理层，它将数据链路层划分为两个子层：介质访问控制子层与逻辑链路控制子层。

(1) 物理层：利用传输介质为数据链路层提供物理连接，实现二进制数据流的传输与接收、数据的同步控制等。IEEE 802 规定了局域网物理层所采用的信号与编码、传输介质、拓扑结构和传输速率等规范。

(2) 介质访问控制子层的功能：MAC 构成数据链路层的下半部，直接与物理层相邻，主要制定管理和分配信道的协议规范。MAC 子层与传输介质有关，主要功能是对信道进行合理分配，解决信道竞争问题，支持 LLC 子层完成介质访问控制功能，为不同的物理介质定义了介质访问控制标准。

(3) 逻辑链路控制子层的功能：LLC 在 MAC 子层的支持下向网络层提供服务，与传输介质无关，独立于介质访问控制方法，隐藏了各种 802 网络之间的差异，向网络层提供一个统一的格式和接口。LLC 层将数据组成帧，并对数据帧进行顺序控制、差错控制和流量控制，使不可靠的物理链路变为可靠的链路。

在 OSI 参考模型中，物理层、数据链路层和网络层使计算机网络具有报文分组转接的功能。当局限于一个局域网时，物理层和链路层就能完成报文分组转接的功能。但当涉及多个网络互联时，报文分组就必须经过多条链路才能到达目的地，此时就必须专门设置一个层次来完成网络层的功能，所以，IEEE 802 标准的实现模型中在 LLC 之上设立了网际层，即网络层的一个子层。有时 LLC 的上层也叫网络层。

2.2.2　IEEE 802 标准

自 1984 年以来，IEEE 802 委员会为局域网制定了一系列标准，随着网络技术的发展，还在不断增加新的标准。IEEE 802 标准与各子标准间的关系如图 2-2 所示。

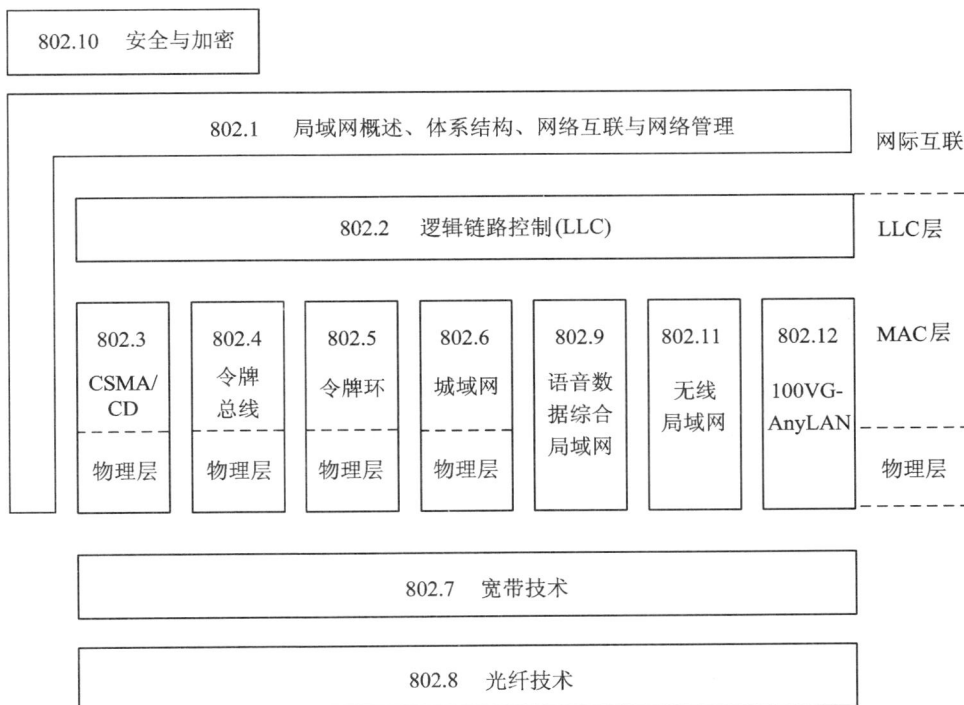

图 2-2　IEEE 802 与各子标准间的关系

IEEE 802 标准主要包括：
· IEEE 802.1 标准，定义了局域网体系结构、网络互联，以及网络管理与性能测试。
· IEEE 802.2 标准，定义了逻辑链路控制子层(LLC)的功能与服务。

- IEEE 802.3 标准，定义了 CSMA/CD 总线介质访问控制子层与物理层规范。
- IEEE 802.4 标准，定义了令牌总线(Token Bus)介质访问控制子层与物理层规范。
- IEEE 802.5 标准，定义了令牌环(Token Ring)介质访问控制子层与物理层规范。
- IEEE 802.6 标准，定义了城域网(MAN)介质访问控制子层与物理层规范。
- IEEE 802.7 标准，定义了宽带网络技术。
- IEEE 802.8 标准，定义了光纤传输技术。
- IEEE 802.9 标准，定义了综合语音与数据局域网(IVD LAN)技术。
- IEEE 802.10 标准，定义了可互操作的局域网安全性规范(SILS)。
- IEEE 802.11 标准，定义了无线局域网技术。
- IEEE 802.12 标准，优先级高速局域网(100 Mb/s)。
- IEEE 802.14 标准，有线电视网(Cable-TV)。
- IEEE 802.15 标准，无线个人网络(WPAN)技术。
- IEEE 802.16 标准，无线宽带局域网(BBWA)。
- IEEE 802.17 标准，可靠个人接入技术。
- IEEE 802.20 标准，移动宽带无线访问(MBWA)。

2.3　局域网介质访问控制方法

局域网中多台计算机(节点)之间进行通信时，需要有一个共同遵守的方法或规则来控制、协调各节点对信道的访问，解决信道分配和使用问题，这种方法或规则称为局域网的介质访问控制方法。

局域网介质访问控制方法包括两方面内容：一是确定网络中各个节点将数据发送到传输介质上的时刻，二是对共用传输介质进行访问和控制。介质访问控制方法与局域网的拓扑结构和工作过程有密切关系。

IEEE 802 标准为局域网介质访问控制方法制定了一系列协议，其中最基本的访问控制方式有三种，分别用于不同的拓扑结构：带有冲突检测的载波侦听多路访问法(CSMA/CD)、令牌环访问控制法(Token Ring)和令牌总线访问控制法(Token Bus)。

2.3.1　CSMA/CD

CSMA/CD(Carrier Sense Multiple Access with Collision Detection)即带有冲突检测的载波侦听多路访问方法，是一种争用型的介质访问控制协议，适用于总线型和树型拓扑结构，主要解决如何共享一条公用广播传输介质的问题。

CSMA/CD 的基本工作原理是：当一个节点(如节点 A)要发送数据前先监听信道是否空闲，若空闲，则以"广播"方式立即发送数据，连在总线上的所有节点(节点 B、C、D、E)都能"收听"到这个数据信号。在发送数据时，一边发送数据并一边继续监听是否出现冲突。若监听到冲突，则立即停止发送数据。等待一段时间，然后重新尝试再次发送数据，直到数据发送完毕。

CSMA/CD 的工作原理示意图如图 2-3 所示。

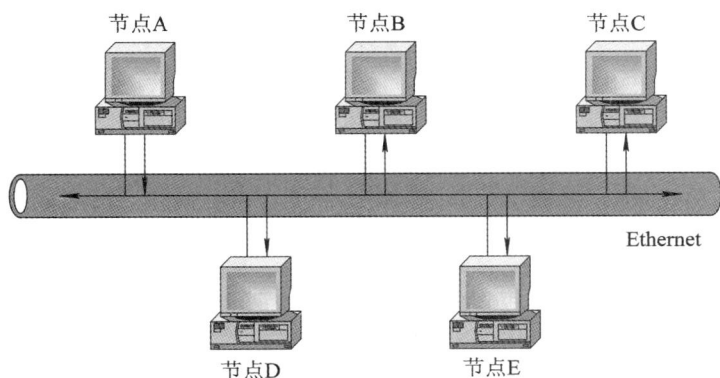

图 2-3　CSMA/CD 工作原理示意图

　　由于网络中所有节点都可以利用总线发送数据，且网络中没有控制中心，故发生冲突的情况是不可避免的。CSMA/CD 方法可以有效地控制多节点对共享总线的访问，方法简单并且容易实现。图 2-4 描述了采用 CSMA/CD 方法的总线型局域网的工作流程，其发送流程可以简单地概括为："先听后发，边听边发，冲突停止，延迟重发"。

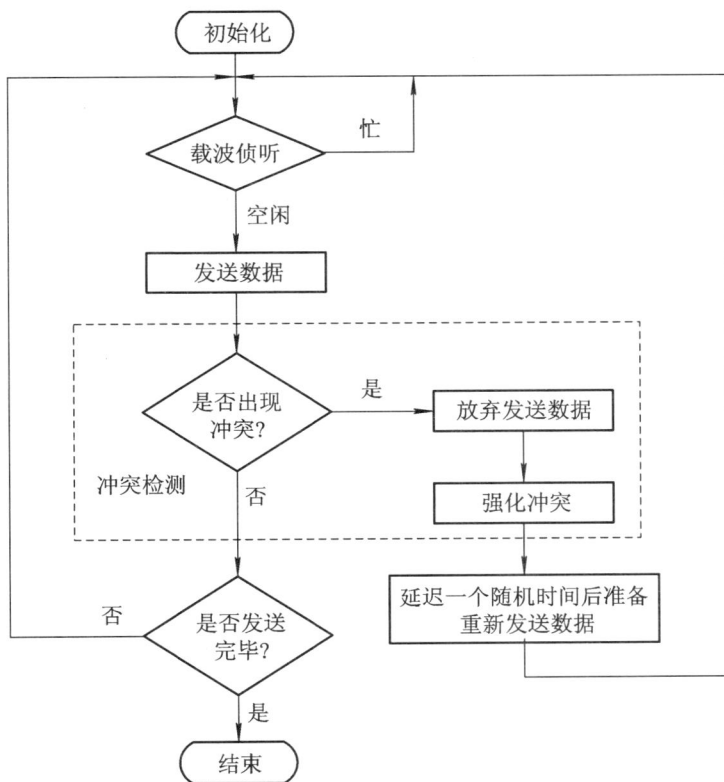

图 2-4　CSMA/CD 工作流程图

1. 载波侦听

在每个节点利用总线发送数据时，首先要侦听总线的忙闲状态，如果总线上已经有数据信号传输，则为总线忙；如果总线上没有数据传输，则为总线空闲。

2. 发送数据

如果一个节点准备好发送的数据帧，并且此时总线处于空闲状态，那么它就可以开始发送。

3. 冲突检测

在发送数据时，可能会出现相同的时刻有两个或两个以上节点发送了数据，这样就会产生冲突，因此节点在发送数据时应该进行冲突检测。

所谓冲突检测，是发送节点将它发送的信号波形与从总线上接收到的信号波形进行比较。当发送节点发现自己发送的信号波形与从总线上接收到的信号波形不一致时，说明总线上有多个节点在同时发送数据，已经产生了冲突。

4. 冲突停发和延迟重发

如果在发送数据过程中没有检测出冲突，节点在发送完成后进入正常结束状态；如果在发送数据过程中检测出了冲突，为了解决信道争用问题，节点立即停止发送数据，随机延迟后重发。

CSMA/CD 介质访问控制方法的特点如下：

(1) 在采用 CSMA/CD 协议的总线局域网中，各节点通过竞争的方法强占对介质的访问权利，出现冲突后，必须延迟重发。因此，节点从准备发送数据到成功发送数据的时间是不能确定的，它不适合传输对时延要求较高的实时性数据。

(2) 网络结构简单，网络维护方便，增删节点容易，网络在轻负载(节点数较少)的情况下效率较高。

(3) 随着网络中节点数量的增加，传递信息量也在增大，即在重负载时，冲突概率增加，总线型局域网的性能就会有明显下降。

2.3.2 令牌环

令牌环(Token Ring)介质访问控制技术最早开始于 1969 年贝尔实验室的 Newhall 环网，其中所有的工作站都连接到一个环上，每个工作站只能同直接相邻的工作站交换数据。IEEE 802.5 标准中定义的令牌环源自 IBM 令牌环 LAN 技术，是在 IBM 公司的 Token Ring 协议基础上发展形成的。

令牌环网络的基本原理：利用令牌(代表发信号的许可)来避免网络中的冲突，与 CSMA/CD 的以太网相比，可提高网络的数据传送率。在 Token Ring 中，节点通过环接口连接成物理环形，在令牌环介质访问控制方法中，使用了一个沿着环路循环的令牌，网络中的节点只有截获令牌时才能发送数据，没有获取令牌的节点不能发送数据，因此，使用令牌环的 LAN 中不会产生冲突。令牌是一种特殊的介质访问控制帧，令牌帧中有一位用来标志令牌的忙或闲。当环正常工作时，令牌总是沿着物理环单向逐站传送，传送顺序与节点在环中排列的顺序相同。令牌环的基本工作原理如图 2-5 所示。

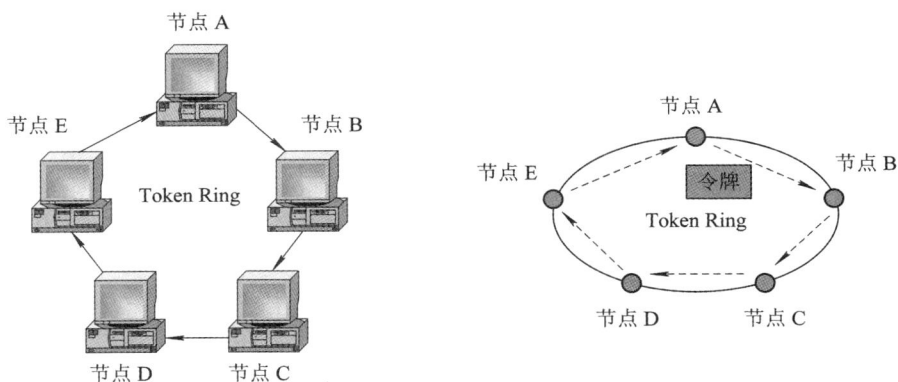

图 2-5　令牌环的工作原理示意图

　　如果节点 A 有数据帧要发送，它必须等待空闲令牌的到来。当节点 A 获得空闲令牌之后，它将令牌标志位由"闲"变为"忙"，然后传送数据帧，节点 B、C、D 将依次接收数据帧。如该数据帧的目的地址是 C 节点，则 C 节点在正确接收该数据帧后，在数据帧中标记该帧已被正确接收和复制。当 A 节点重新接收到自己发出的、已经被目的节点正确接收的数据帧时，它将回收已发送的数据帧，并且将忙令牌修改成空闲令牌，然后将空闲令牌交给下一节点。令牌环的基本工作流程如图 2-6 所示。

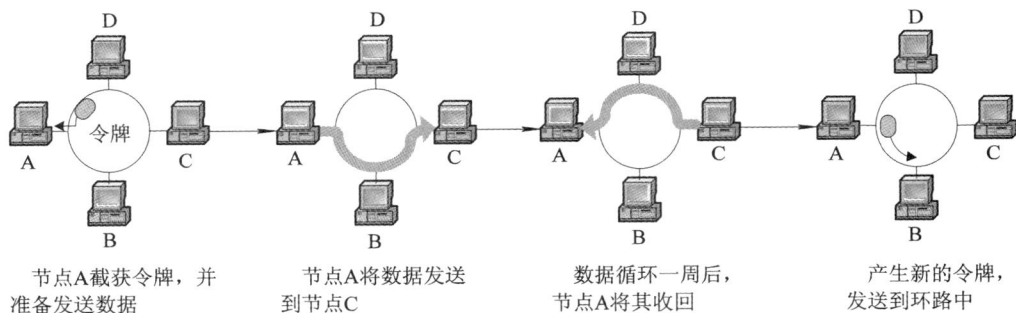

图 2-6　令牌环的工作流程示意图

　　令牌环介质访问控制方法的特点如下：

　　(1) 环中节点的访问延迟确定，适用于重负载环境，支持优先级服务。

　　(2) 令牌环控制方式的缺点主要表现为环的维护复杂，实现较困难。

　　(3) 在轻负载时，由于存在等待令牌的时间，效率较低；在重负载时，对各节点公平，且效率高。

　　(4) 采用令牌环的局域网还可以对各节点设置不同的优先级，具有高优先级的节点可以先发送数据，比如某个节点需要传输实时性的数据，就可以申请更高的优先级。

2.3.3　令牌总线

　　令牌总线(Token Bus)介质访问控制方法是在总线拓扑结构的物理网络中，在总线上建立一个逻辑环。从物理连接上看，该方法是总线结构的局域网，但逻辑上是环型拓扑结构。

IEEE 802.4 标准定义了总线拓扑的令牌总线介质访问控制方法与相应的物理规范。令牌总线工作原理示意图如图 2-7 所示。

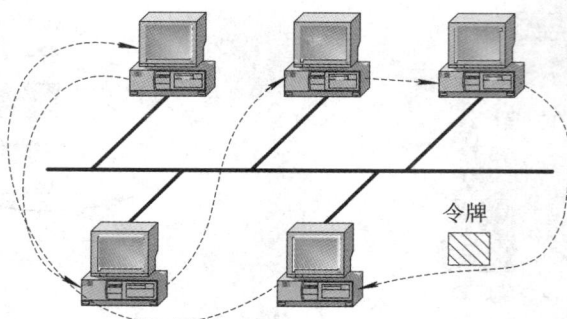

图 2-7 令牌总线的工作原理示意图

在采用令牌总线方法的局域网中，任何一个节点只有在取得令牌后才能使用共享总线去发送数据。令牌是一种特殊结构的控制帧，用来控制节点对总线的访问权。

连接到总线上的所有节点组成了一个逻辑环，每个节点被赋予一个顺序的逻辑位置。和令牌环一样，节点只有取得令牌才能发送帧，令牌在逻辑环上依次传递。正常运行时，当某个节点发送完数据后，就要将令牌传送给下一个节点。

令牌总线介质访问控制方法的特点如下：

(1) 令牌总线适用于重负载的网络中，数据发送的延迟时间确定，适合实时性的数据传输等。

(2) 网络管理较为复杂，网络必须有初始化的功能，以生成一个顺序访问的次序。

(3) 访问控制的复杂性高。网络中的令牌丢失，出现多个令牌，将新节点加入到环中，从环中删除不工作的节点等。

2.4 以太网技术

以太网是指基带局域网，1975 年由 Xerox 公司研制成功。1979 年～1982 年，DEC、Intel 和 Xerox 三家公司共同制定了以太网的技术规范，随后被 IEEE 所采纳，以此为基础形成了 IEEE 802.3 以太网标准，并于 1989 年正式成为国际标准。

以太网是基于总线型的广播式网络，采用 CSMA/CD 介质访问控制技术，网络拓扑结构有总线型、星型等。以太网可以采用多种传输介质，包括同轴电缆、双绞线和光纤等，其中双绞线多用于从主机到集线器或交换机的连接，而光纤则主要用于交换机间的级联和交换机到路由器间的点到点链路上，同轴电缆作为早期连接介质已经逐渐被淘汰。

2.4.1 传统以太网

以太网的基本特征是采用 CSMA/CD 的共享访问方案。早期以太网传输速率为 10 Mb/s，又称为传统的以太网。IEEE 802.3 标准为采用不同传输介质的传统以太网制定了四种相应的标准：10Base-5、10Base-2、10Base-T 和 10Base-F。传统以太网标准规范如图 2-8 所示。

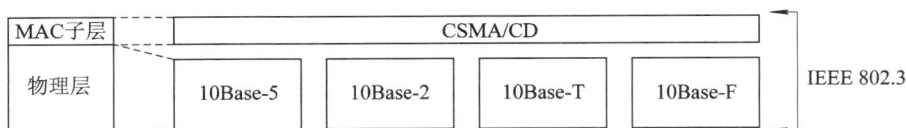

图 2-8　传统以太网标准规范

1. 10Base-5

10Base-5 是原始的以太网标准，使用 50 Ω 粗同轴电缆，总线型拓扑结构。每个主机节点通过 AUI 电缆、用 MAU 装置栓接到同轴电缆上，末端用 50 Ω 电阻端接；每个网段允许有 100 个节点，每个网段的最大距离为 500 m。10Base-5 以太网的网络直径为 2500 m，可由 5 个 500 m 长的网段和 4 个中继器组成，传输数据采用曼彻斯特编码、基带传输，传输速率为 10 Mb/s。10Base-5 以太网连接方式如图 2-9 所示。

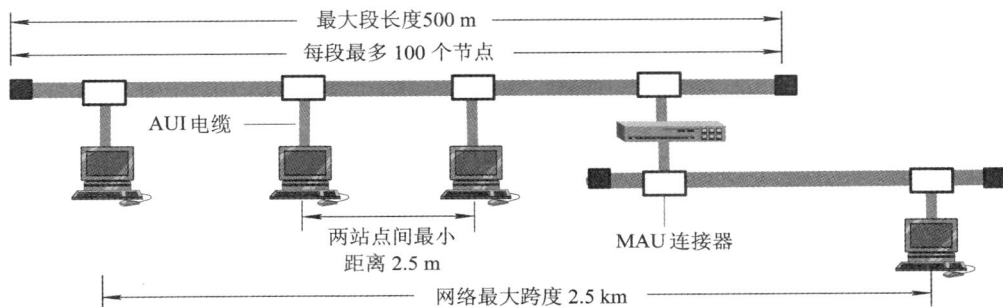

图 2-9　10Base-5 以太网连接方式

2. 10Base-2

为了降低 10Base-5 的安装成本和复杂性，10Base-2 采用廉价的 50 Ω 细同轴电缆，总线型拓扑结构，网卡通过 T 形接头连接到同轴电缆上，末端连接 50 Ω 端接器。每个网段最多允许 30 个节点，网段最大允许距离为 185 m。10Base-2 以太网的最大网络直径为 $5 \times 185 = 925$ m，最多可由 5 个网段和 4 个中继器组成，传输数据采用曼彻斯特编码、基带传输，传输速率为 10 Mb/s。10Base-2 以太网连接方式如图 2-10 所示。与 10Base-5 相比，10Base-2 以太网更容易安装和增加新节点，并能大幅度降低费用。

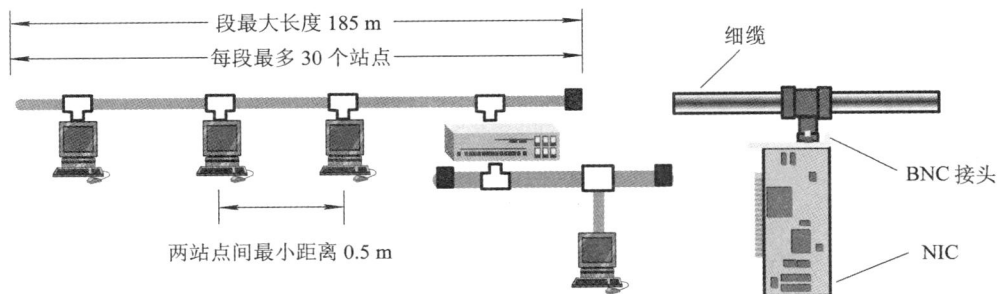

图 2-10　10Base-2 以太网连接方式

3. 10Base-T

10Base-T 使用 3 类或 5 类非屏蔽(UTP)双绞线，布线按照 EIA568 标准，使用两对双绞线进行通信，一对线发送数据，另一对线接收数据。该网络采用 RJ-45 模块作为端接器，网络连接形式为星型拓扑结构，信号频率为 20 MHz。网络中，节点到中继器和中继器到中继器的最大距离为 100 m，保持 4 个中继器、5 网段的设计能力，最大直径为 500 m。10Base-T以太网连接方式如图 2-11 所示。在 10Base-T 以太网中，使用双绞线作为传输介质是其技术进步的主要原因之一，该网因为价格便宜、配置灵活和易于管理而得到广泛应用。

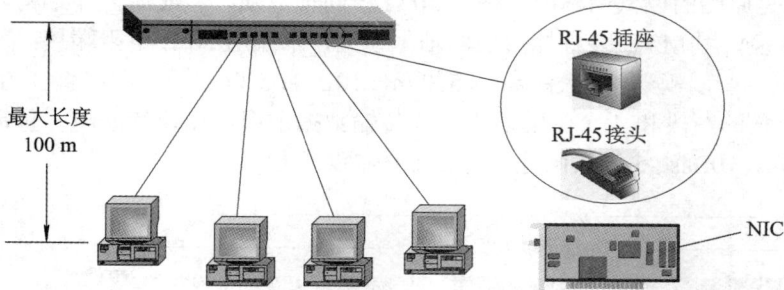

图 2-11　10Base-T 以太网连接方式

4. 10Base-F

10Base-F 定义使用光缆以太网标准，使用双工光缆，一条光缆用于发送数据，另一条用于接收数据。该网络使用 ST 连接器，星型拓扑结构，网络直径为 2500 m。10Base-F网络定义了四种不同的规范，其中 10Base-FL 是使用最多的部分，其光缆链路段的长度可达 2000 m。

2.4.2　快速以太网

随着网络的发展，传统标准的以太网技术已难以满足日益增长的网络数据流量的需求。1995 年 3 月，IEEE 宣布了 IEEE 802.3u 100Base-T 快速以太网标准(Fast Ethernet)，作为 802.3的补充，开始了快速以太网的时代。快速以太网是一类新型的局域网，其名称中的"快速"是指数据传输速率可以达到 100 Mb/s，是传统以太网的延伸和扩展。

快速以太网仍然采用 CSMA/CD 介质访问控制方法，但在物理层进行了必要的调整，并定义了物理层标准(100Base-T)。100Base-T 标准定义了介质专用接口，将 MAC 子层与物理层分隔开来，要求有中央集线器的星型布线结构。快速以太网的协议结构如图 2-12所示。

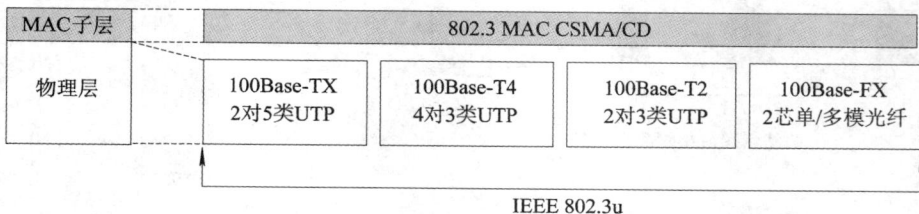

图 2-12　快速以太网协议结构

快速以太网中的各标准如下：

(1) 100Base-TX：使用 2 对 5 类非屏蔽双绞线或 2 对 1 类屏蔽双绞线，一对用于发送数据，另一对用于接收数据；支持全双工通信；每个节点可以以 100 Mb/s 的速率传输数据；使用 RJ-45 作为连接器；最大网段长度为 100 m；布线符合 EIA568 标准。

(2) 100Base-T4：是一种可使用 3、4、5 类非屏蔽双绞线或屏蔽双绞线的快速以太网技术；使用 4 对双绞线，3 对用于传送数据，1 对用于检测冲突信号；符合 EIA586 结构化布线标准；使用 RJ-45 连接器；最大网段长度为 100 m。

(3) 100Base-T2：采用 2 对音频或数据级 3、4 或 5 类 UTP 电缆，一对用于发送数据，另一对用于接收数据，可实现全双工数据通信；符合 EIA568 布线标准；采用 RJ-45 连接器；最长网段为 100 m。

(4) 100Base-FX：使用光缆的快速以太网技术，支持全双工的数据传输；可使用单模和多模光纤，多模光纤连接的最大距离为 550 m，单模光纤连接的最大距离为 3000 m。100Base-FX 主要用于高速主干网，或远距离连接，或有强电气干扰的环境，或要求较高安全保密链接的环境。

2.4.3 千兆位、万兆位以太网

1. 千兆位以太网

千兆位以太网是建立在以太网标准基础之上的技术。千兆位以太网与快速以太网完全兼容，并利用了原以太网标准所规定的全部技术规范，其中包括 CSMA/CD 协议、帧结构、全双工、流量控制以及 IEEE 802.3 标准中所定义的管理对象。

千兆位以太网是一种新型高速局域网，它可以提供 1 Gb/s 的通信带宽，采用和传统 10M、100M 以太网完全兼容的技术规范，实现在原有低速以太网基础上平滑、连续性的网络升级。连接介质以光纤为主，最大传输距离已达到 70 km，可用于 MAN 的建设。千兆位以太网技术适用于大中规模(几百至上千台电脑的网络)的园区网主干，从而实现千兆主干、百兆交换(或共享)到桌面的主流网络应用模式。

千兆位以太网技术有两个标准：IEEE 802.3z 和 IEEE 802.3ab。IEEE 802.3z 制定了光纤和同轴电缆的全双工链路标准，定义了基于光纤和短距离铜缆的 1000Base-X，采用 8B/10B 编码技术，信道传输速度为 1.25 Gb/s，实现 1000 Mb/s 传输速度。IEEE 802.3ab 制定基于 UTP 的半双工链路的千兆位以太网标准，产生 IEEE 802.3ab 标准及协议，定义基于 5 类 UTP 的 1000Base-T 标准，其目的是在 5 类 UTP 上以 1000 Mb/s 速率传输 100m。

千兆位以太网的协议结构如图 2-13 所示。

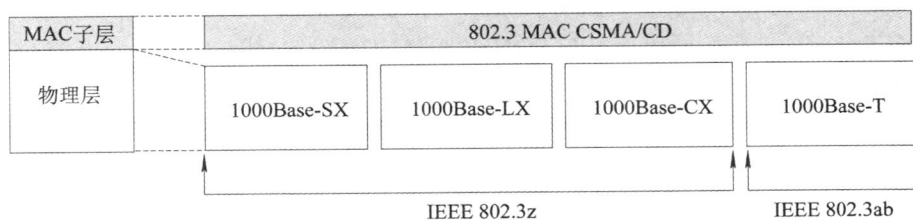

图 2-13 千兆位以太网协议结构

千兆位以太网中各标准定义如下：

(1) 1000Base-SX：1000Base-SX 只支持多模光纤，可以采用直径为 62.5 μm 或 50 μm 的多模光纤，工作波长为 770～860 nm，传输距离为 220～550 m。

(2) 1000Base-LX：可以采用直径为 62.5 μm 或 50 μm 的多模光纤，工作波长范围为 1270～1355 nm，传输距离为 550 m；可以支持直径为 9 μm 或 10 μm 的单模光纤，工作波长范围为 1270～1355 nm，传输距离为 5 km 左右。

(3) 1000Base-CX：采用 150 Ω 屏蔽双绞线(STP)，传输距离为 25 m。

(4) 1000Base-T：100Base-T 的自然扩展，与 100Base-T 完全兼容。1000Base-T 使用非屏蔽双绞线作为传输介质时传输的最长距离是 100 m，不支持 8B/10B 编码方式，而是采用更加复杂的编码方式。优点是用户可以在原来 100Base-T 的基础上平滑升级到 1000Base-T。

千兆位以太网络是由千兆交换机、千兆网卡、综合布线系统等构成的。千兆交换机构成了网络的骨干部分，千兆网卡安插在服务器上，通过布线系统与交换机相连，千兆交换机下面还可连接许多百兆交换机，百兆交换机连接工作站，这就是所谓的"百兆到桌面"。在某些特殊场合(如专业图形制作、视频点播)应用中，还可能会采用"千兆到桌面"，即用千兆交换机连接到安装有千兆网卡的工作站上，满足了特殊应用下对高带宽的需求。

目前，千兆位以太网已经发展成为主流网络技术。大到成千上万人的大型企业，小到几十人的中小型企业在建设企业局域网时，都会把千兆以太网技术作为首选的高速网络技术。

2. 万兆位以太网

在以太网技术中，100Base-T 是一个里程碑，确立了以太网技术在桌面的主导地位。千兆位以太网、万兆位以太网标准是两个比较重要的标准，使得以太网技术通过这两个标准从桌面的局域网技术延伸到校园网以及城域网的汇聚和骨干。

万兆位以太网于 2002 年 7 月成为 IEEE 的标准，万兆位以太网规范包含在 IEEE 802.3 标准的补充标准 IEEE 802.3ae 中，它扩展了 IEEE 802.3 协议和 MAC 规范，使其支持 10 Gb/s 的传输速率。万兆位以太网与千兆位以太网类似，仍然保留了以太网帧结构。通过不同的编码方式或波分复用来提供 10 Gb/s 传输速度，本质上 10G 以太网仍是以太网的一种类型。

10G 以太网包括 10G Base-X、10G Base-R 和 10G Base-W。

• 10G Base-X 使用一种特紧凑包装，含有 1 个较简单的 WDM 器件、4 个接收器和 4 个在 1300 nm 波长附近以大约 25 nm 为间隔工作的激光器，每一对发送器/接收器在 3.125 Gb/s 速度(数据流速度为 2.5 Gb/s)下工作。

• 10G Base-R 是一种使用 64B/66B 编码(不是在千兆位以太网中所用的 8B/10B)的串行接口，数据流为 10 Gb/s，因而产生的时钟速率为 10.3 Gb/s。

• 10G Base-W 是广域网接口，与 SONET OC-192 兼容，其时钟速率为 9.953 Gb/s，数据流为 9.585 Gb/s。

万兆位以太网在设计之初就考虑到城域骨干网的需求：首先，带宽 10G 足够满足现阶段以及未来一段时间内城域骨干网的带宽需求(现阶段多数城域骨干网带宽不超过 2.5G)；其次，万兆位以太网最长传输距离可达 40 km，且可以配合 10G 传输通道使用，足够满足大多数城市的城域网覆盖工程。

10G 以太网可以应用在校园网、城域网、企业网等，由于当前宽带业务并未广泛开展，人们对单端口 10G 骨干网的带宽没有迫切需求，所以 10G 以太网技术相对其他替代的链路层技术(例如 2.5G POS、捆绑的千兆位以太网)并没有明显优势。10G 以太网技术的应用将取决于宽带业务的开展，只有广泛开展宽带业务，例如视频组播、高清晰度电视和实时游戏等，才能促使 10G 以太网技术的广泛应用。

2.5 交换式以太网技术

传统的局域网技术是建立在"共享介质"基础上的，介质访问控制方法用来保证每个节点都能够"公平"地使用公共传输介质。在共享介质局域网中，所有节点共享一条公共通信传输介质，不可避免地会有冲突发生。

随着局域网规模的扩大，网中节点数的不断增加，每个节点能分配到的平均带宽越来越少，当网络通信负荷加重时，冲突与重发现象将大量发生，网络效率将会急剧下降。为了克服网络规模增大后冲突加剧和数据传输效率下降的问题，人们将共享介质方式改为交换方式，推动了交换式局域网的发展。

交换式以太网不需要改变共享式局域网中的其他硬件设备，包括电缆和用户的网卡，仅需要使用交换式设备(交换机)替换集线器设备。交换机同时提供多个通道，比传统的共享式集线器提供更多的带宽。传统的共享式以太网采用广播式通信方式，每次只能在一对用户间进行通信，如果发生碰撞还得重试，而交换式以太网允许不同用户间进行传送，比如，一个 16 端口的以太网交换机允许 16 个站点在 8 条链路间相互通信。图 2-14 显示了共享介质与交换式局域网工作原理上的区别。

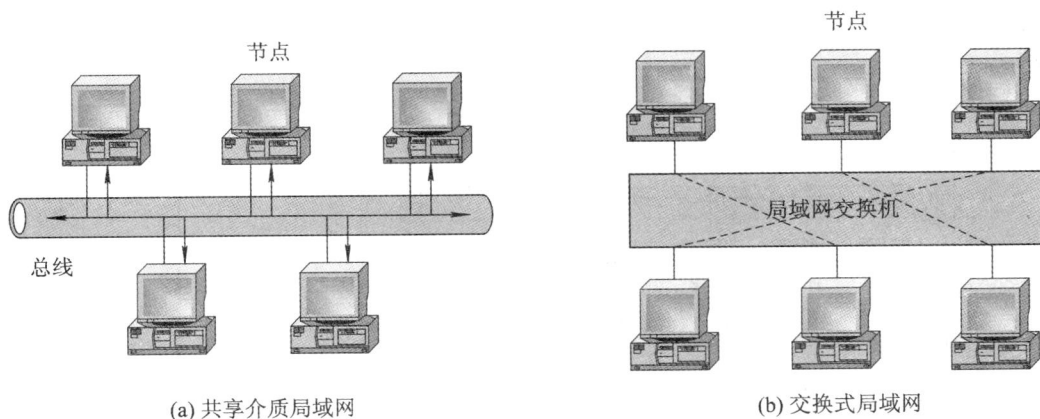

(a) 共享介质局域网　　　　　　　　　　　(b) 交换式局域网

图 2-14　共享介质与交换式局域网工作原理示意图

2.5.1 交换式局域网的基本结构

交换式局域网的核心设备是局域网交换机，交换机可以有多个端口，每个端口可以单独与一个节点连接，局域网交换机可以在它的多个端口之间建立多个并发连接。通常交换式以太网以交换机为中心，组成一个星型拓扑结构。典型交换式以太网的结构如图 2-15 所示。

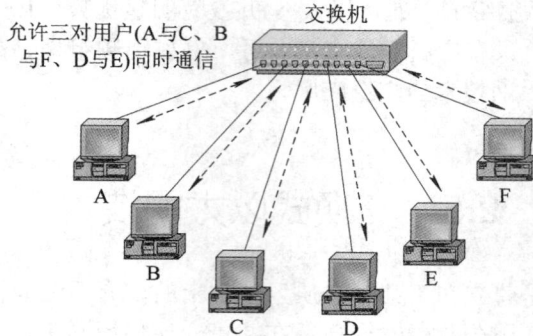

图 2-15　交换式以太网的结构示意图

　　交换技术是相对如 802.3 标准的 **CSMA/CD** 共享技术而言的，交换式局域网从根本上改变了"共享介质"的工作方式，它通过交换机设备先将发送的数据包进行存储，然后根据数据包的目的地址再转发到相应的目的计算机，只要数据包的目的地址不同，交换机设备就可以同时转发多个数据包而不会发生碰撞。

2.5.2　局域网交换机的工作原理

　　局域网交换机可以在多个端口之间同时建立多个并发连接，实现多个节点之间数据的并发传输，提高了网络的传输性能，克服了集线器共享带宽的缺陷。

1．交换机的逻辑结构

　　局域网交换机内部有一个 MAC 地址表，记录了交换机端口和连接在端口上节点(节点 MAC 地址)的对应关系。交换机的逻辑结构与工作过程如图 2-16 所示。

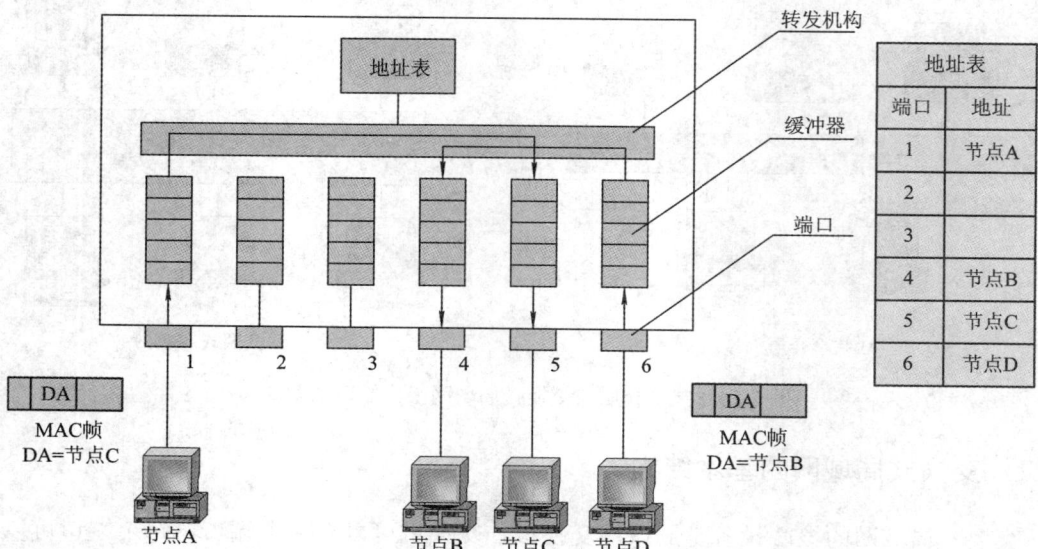

图 2-16　交换机的结构与工作过程

图中，交换机有 6 个端口，其中端口 1、4、5、6 分别连接了节点 A、节点 B、节点 C 与节点 D。交换机的"端口/MAC 地址"映射表可以根据以上端口号与节点 MAC 地址的对应关系建立起来。如果节点 A 与节点 D 同时要发送数据，那么它们可以分别在 Ethernet 帧的目的地址字段(DA)中填上该帧的目的地址。

2. 交换机的工作过程

交换机内部拥有一条带宽很宽的背部总线和内部交换矩阵，在同一时刻可进行多个端口对之间的数据传输。交换机的所有端口都连接在背部总线上，控制电路收到数据帧后，处理端口查找内存中的地址对照表，确定目的 MAC 节点连接端口，通过内部交换矩阵迅速将数据帧传送到目的端口。若目的 MAC 不在"端口/MAC 地址"映射表中，则将数据帧广播到交换机所有端口，与数据帧目的 MAC 地址一致的接收端口进行回应后，交换机"学习"新的地址，并把它添加到"端口/MAC 地址"映射表中。

例如，节点 A 要向节点 C 发送数据帧，该帧的目的地址 DA 为节点 C；节点 D 要向节点 B 发送数据帧，则该帧的目的地址为节点 B。当节点 A、节点 D 同时通过交换机传送数据帧时，交换机的交换控制中心根据"端口号/MAC 地址"映射表的对应关系，找出对应帧目的地址的输出端口号，就可以为节点 A 到节点 C 建立端口 1 到端口 5 的连接，同时为节点 D 到节点 B 建立端口 6 到端口 4 的连接。这种端口之间的连接可以根据需要同时建立多条，也就是说可以在多个端口之间建立多个并发连接。

3. 交换机的交换方式

以太网交换机的帧转发方式可以分为直接交换方式、存储转发交换方式和改进直接交换方式三类。

1) 直接交换方式

采用直接交换方式的以太网交换机的工作原理是：交换控制器收到以太网端口送来的数据帧，读出数据帧的源 MAC 地址和目的 MAC 地址，查询"端口/MAC 地址"映射表，根据目标地址找到相应的转发端口，将数据帧转发到相应端口。交换控制器不作任何处理，也不管这一帧数据是否出错，帧出错检测任务由节点主机完成。

直接交换方式的优点是交换延迟时间短，其缺点是缺乏差错检测能力，不支持不同输入/输出速率的端口之间的帧转发。

2) 存储转发交换方式

采用存储转发交换方式的交换机比直接交换方式增加了一个高速缓冲存储器，其工作原理是：首先，完整地接收发送帧，将其放到高速缓冲器中缓存，并先进行差错检测，如果接收帧是正确的，读取报文分组的目的地址，查询"端口/MAC 地址"映射表，确定转发端口，并将帧转发到该端口。

存储转发交换方式的优点是具有帧差错检测能力，并能支持不同输入/输出速率的端口之间的帧转发，其缺点是交换延迟时间将会增加。

3) 改进直接交换方式

改进的直接交换方式则将上述两种结合起来，它检查数据包的长度是否够 64 个字节，如果小于 64 字节，说明是假包，则丢弃该包；如果大于 64 字节，则发送该包。

改进直接交换方式不提供数据校验，它的数据处理速度比存储转发方式快，但比直接交换方式慢。

2.5.3　交换式局域网的技术特点

局域网交换机主要是针对以太网设计的，它是网络中的核心设备。一般来说，局域网交换机主要有以下几个技术特点：

(1) 低交换传输延迟。从传输延迟时间的量级来看，局域网交换机为几十微秒，网桥为几百微秒，而路由器为几千微秒。

(2) 高传输带宽。交换式局域网可以工作在全双工模式下，实现无冲突域的通信，对于 100 Mb/s 的端口，半双工端口带宽为 100 Mb/s，而全双工端口带宽为 200 Mb/s，大大提高了传统网络的连接速度，可以达到原来的 2 倍。

(3) 可在高速与低速网络间转换，实现不同网络的协同。交换机可以完成不同端口速率之间的转换，使得 10 Mb/s 与 100 Mb/s 两种网络共存。

(4) 使用交换机也可以把网络"分段"，通过对照 MAC 地址表，交换机只允许必要的网络流量通过交换机。通过交换机的过滤和转发，可以有效地隔离广播风暴，减少误包和错包的出现，避免共享冲突。

(5) 支持虚拟局域网服务。支持虚拟局域网应用，使网络的管理更加灵活。交换式局域网是虚拟局域网的基础。

*2.6　虚拟局域网技术

虚拟局域网(Virtual Local Area Network，VLAN)是一种通过将局域网内的设备逻辑地而不是物理地划分成一个个网段，从而实现虚拟工作组的新兴技术。IEEE 于 1999 年颁布了用以标准化 VLAN 实现方案的 802.1Q 协议标准草案。

2.6.1　虚拟局域网的概念

虚拟局域网是通过路由和交换设备，在网络的物理拓扑结构基础上建立一个逻辑网络，从而实现虚拟工作组的技术，以使得网络中任意几个局域网网段或(和)节点能够组合成一个逻辑上的局域网。虽然 VLAN 所连接的设备来自不同的网段，但是相互之间可以进行直接通信，好像处于同一网段中一样，由此得名为虚拟局域网。

VLAN 技术允许网络管理者将一个物理的 LAN 逻辑地划分成不同的广播域(或称虚拟 LAN，即 VLAN)，每一个 VLAN 都包含一组有着相同需求的计算机节点，与物理上形成的 LAN 有着相同的属性。但由于它是逻辑的而不是物理的划分，所以同一个 VLAN 内的各个节点无需放置在同一个物理空间，即这些工作站不一定属于同一个物理 LAN 网段。一个 VLAN 内部的广播和单播流量都不会转发到其他 VLAN 中，从而有助于控制流量、减少设备投资、简化网络管理、提高网络的安全性。

VLAN 是为解决以太网的广播问题和安全性而提出的一种协议，它在以太网帧的基础上增加了 VLAN 头，用 VLAN ID 把用户划分为更小的工作组，限制不同工作组间的用户两层互访，每个工作组就是一个虚拟局域网。虚拟局域网的好处是可以限制广播范围，并能够形成虚拟工作组，以动态管理网络。

2.6.2 虚拟局域网的结构

虚拟局域网的概念是从传统局域网引申出来的，它在功能和操作上与传统局域网基本相同，主要区别在"虚拟"二字上，即虚拟局域网的组网方法与传统局域网不同。虚拟局域网是在交换式物理网络基础架构上，利用交换机和路由器的功能，配置网络的逻辑拓扑结构，从而允许网络管理员任意地将一个局域网内的任何数量网段聚合成一个用户组，就好像它们是一个单独的局域网。

虚拟局域网的一组节点可以位于相同或不同的物理网段上，但它们不受节点所在物理位置的限制，相互之间通信就像在同一个局域网中一样。虚拟局域网可以跟踪节点位置的变化，当节点的物理位置改变时，无需人工进行重新配置。因此，虚拟局域网的组网方法十分灵活。图 2-17 给出了典型的虚拟局域网的物理结构与逻辑结构。其中，图 2-17(a)给出了虚拟局域网的物理结构，图 2-17(b)给出了虚拟局域网的逻辑结构。

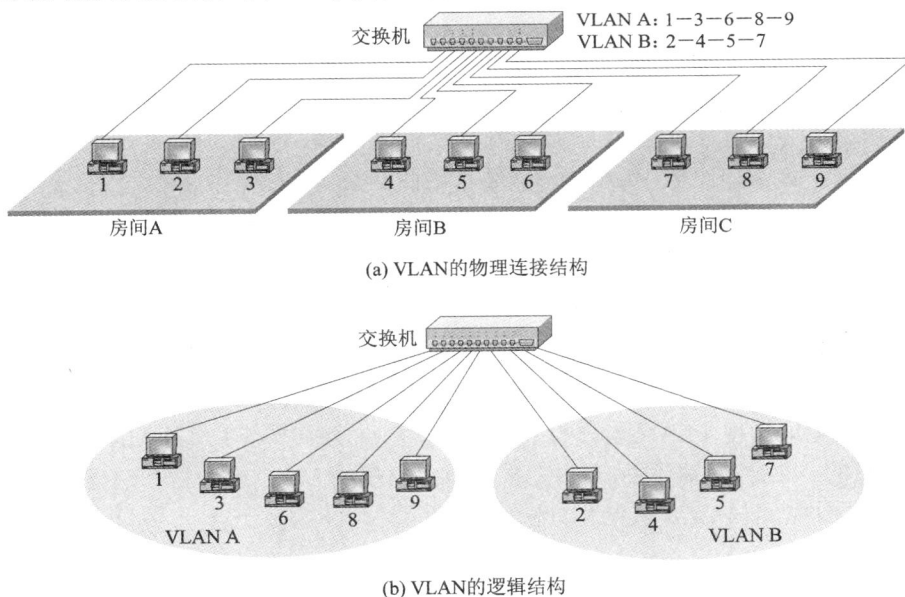

(a) VLAN的物理连接结构

(b) VLAN的逻辑结构

图 2-17　虚拟局域网的物理结构与逻辑结构示意图

虚拟局域网是建立在物理网络基础上的一种逻辑子网，因此建立 VLAN 需要相应的支持 VLAN 技术的网络设备。当网络中的不同 VLAN 间进行相互通信时，需要路由的支持，这时就需要增加路由设备，实现路由功能也可采用三层交换机来完成。

2.6.3 虚拟局域网的实现技术

虚拟局域网是一种软技术，如何分类将决定此技术在网络中能否发挥预期作用。定义 VLAN 成员的方法有很多，由此也就分成了几种不同类型的 VLAN。交换技术本身就涉及到网络的多个层次，因此虚拟网络也可以在网络的不同层次上实现。不同的虚拟局域网实现(划分)方法的区别主要表现在对虚拟局域网成员的定义方法上，通常有以下四种。

1. 基于端口实现 VLAN 划分

基于端口实现 VLAN 划分的方法是根据局域网交换机的端口来定义虚拟局域网成员的。从逻辑上把局域网交换机的端口划分为不同的虚拟子网，各虚拟子网相对独立，其结构如图 2-18(a)所示。图中的局域网交换机端口 1、2、3、7、8 组成 VLAN1；端口 4、5、6 组成 VLAN2。

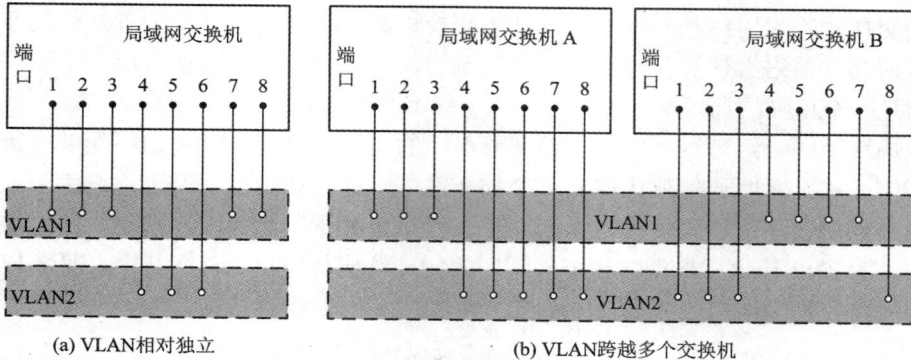

(a) VLAN相对独立   (b) VLAN跨越多个交换机

图 2-18 用交换机端口号定义虚拟局域网成员

虚拟局域网也可以跨越多个交换机，局域网交换机 A 的 1、2、3 端口和局域网交换机 B 的 4、5、6、7 端口组成 VLAN1；局域网交换机 A 的 4、5、6、7、8 端口和局域网交换机 B 的 1、2、3、8 端口组成 VLAN2，其结构如图 2-18(b)所示。

这种划分组建 VLAN 的方法的优点是定义 VLAN 成员时非常简单，只要在交换机上将所有的端口进行定义就可以了。它的缺点是虚拟局域网无法自动解决节点的移动、增加和变更问题，如果一个节点从一个端口移动到另一个端口，网络管理者就必须对虚拟局域网成员进行重新配置。

2. 基于 MAC 地址实现 VLAN 划分

基于 MAC 地址实现 VLAN 划分的方法是根据局域网中节点主机的 MAC 地址来定义虚拟局域网成员的，即虚拟局域网从逻辑上根据节点主机的 MAC 地址将其划分到不同的虚拟子网，各虚拟子网相对独立，其结构如图 2-19 所示。

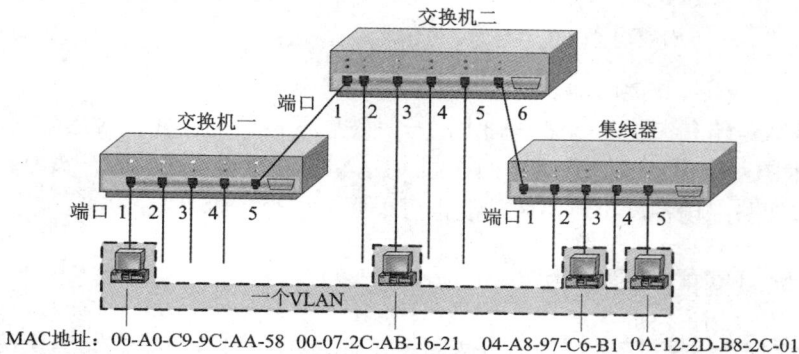

MAC地址：00-A0-C9-9C-AA-58 00-07-2C-AB-16-21 04-A8-97-C6-B1 0A-12-2D-B8-2C-01

图 2-19 用交换机端口号定义虚拟局域网成员

由于每一块网卡的 MAC 地址都是唯一的，用节点网卡的 MAC 地址来定义虚拟局域网的优点是：VLAN 划分与节点连接的交换机端口和所在物理位置无关，允许节点移动到网络的其他物理网段。由于节点的 MAC 地址不变，所以该节点将自动保持原来的虚拟局域网成员所在的位置。这种划分方式减少了网络管理员日常维护的工作量。

用 MAC 地址定义虚拟局域网不足之处在于：所有的节点必须被明确地分配在一个具体的虚拟局域网内，初始配置通过人工完成，随后就可以自动跟踪用户，任何时候增加节点或者更换网卡，都要对虚拟局域网配置进行调整。若在大规模网络中，初始化时将上千用户配置到某个虚拟局域网中是非常辛苦的工作。

3．基于网络层地址实现 VLAN 划分

基于网络层地址划分 VLAN 的方法是根据每个主机的网络层地址或协议类型划分的。虽然这种划分方法根据的是网络地址，比如 IP 地址，但它不是路由，与网络层的路由毫无关系，要求交换机能够处理网络层的数据。

基于网络层地址实现 VLAN 划分的方法的优点是：

(1) 用户的物理位置的改变不需要重新配置所属的 VLAN。

(2) 根据协议类型来划分 VLAN 不需要附加的帧标签来识别 VLAN，可以减少网络的通信量。

(3) 允许按照协议类型来组成虚拟局域网，这有利于组成基于服务或应用的虚拟局域网。

(4) 用户可以随意移动工作站而无需重新配置网络地址，这对于 TCP/IP 协议用户特别有利。

(5) 一个虚拟局域网可以扩展到多个交换机的端口上，甚至一个端口能对应多个虚拟局域网。

与用 MAC 地址或端口地址定义虚拟局域网的方法相比，由于检查网络层地址要比检查 MAC 地址的延迟大，因此，基于网络层地址实现 VLAN 划分的方法影响了交换机的交换时间以及整个网络的性能，导致网络性能比较差。

4．基于 IP 广播组实现 VLAN 划分

基于 IP 广播组的虚拟局域网的建立是动态的，它代表了一组 IP 地址。这种虚拟局域网中由代理设备对网中的成员进行管理。当 IP 广播包要送达多个目的节点时，就动态建立虚拟局域网代理，这个代理和多个 IP 节点组成了 IP 广播组虚拟局域网。网络用广播信息通知各 IP 站节点，表明网络中存在 IP 广播组，节点如果响应信息，就可以加入 IP 广播组，成为虚拟局域网中的一员，与虚拟局域网中的其他成员通信。IP 广播组中的所有节点属于同一个虚拟局域网，但它们只是在特定时间段内特定的 IP 广播组成员。IP 广播组虚拟局域网的动态特性有很高的灵活性，可以根据服务灵活地组建，而且它可以跨越路由器与广域网互联。

2.6.4　虚拟局域网的作用

使用 VLAN 具有以下优点：

(1) 控制广播风暴。一个 VLAN 就是一个逻辑广播域，通过对 VLAN 的创建，隔离了广播，缩小了广播范围，可以控制广播风暴的产生。

(2) 提高网络整体安全性。通过路由访问列表和 MAC 地址分配等 VLAN 划分原则，可

以控制用户访问权限和逻辑网段大小，将不同用户群划分在不同的 VLAN，可提高交换式网络的整体性能和安全性。

(3) 网络管理简单。对于交换式以太网，如果对某些用户重新进行网段分配，需要网络管理员对网络系统的物理结构重新进行调整，甚至需要追加网络设备，这样就会增大网络管理的工作量。而对于采用 VLAN 技术的网络来说，一个 VLAN 可以根据部门职能、对象组或者应用将不同地理位置的网络用户划分为一个逻辑网段。在不改动网络物理连接的情况下可以任意地将工作站在工作组或子网之间移动。利用虚拟网络技术，大大减轻了网络管理和维护工作的负担，降低了网络维护费用。在一个交换网络中，VLAN 提供了网段和机构的弹性组合机制。

*2.7　无线局域网技术

随着无线局域网技术的发展，人们越来越深刻地认识到无线局域网不仅能够满足移动和特殊应用领域网络的要求，还能覆盖有线网络难以涉及的范围。无线局域网作为传统局域网的补充，目前已成为局域网应用的一个热点问题。

2.7.1　无线局域网的概念

无线局域网(Wireless LAN，WLAN)是利用无线技术实现快速接入以太网的。随着 IEEE 802.11b 技术的不断成熟，在全球范围内正在兴起无线局域网应用的高潮。无线局域网是固定局域网的一种延伸，没有线缆限制的网络连接对用户来说是完全透明的，与有线局域网一样。

无线局域网是一种利用无线方式提供无线对等(如 PC 对 PC、PC 对集线器或打印机对集线器)和点到点(如 LAN 到 LAN)连接性的数据通信系统。WLAN 代替了常规 LAN 中使用的双绞线、同轴电缆或光纤，通过电磁波传送和接收数据。WLAN 执行像文件传输、外设共享、Web 浏览、电子邮件传送和数据库访问等传统网络通信功能。图 2-20 给出了典型的无线局域网结构示意图。

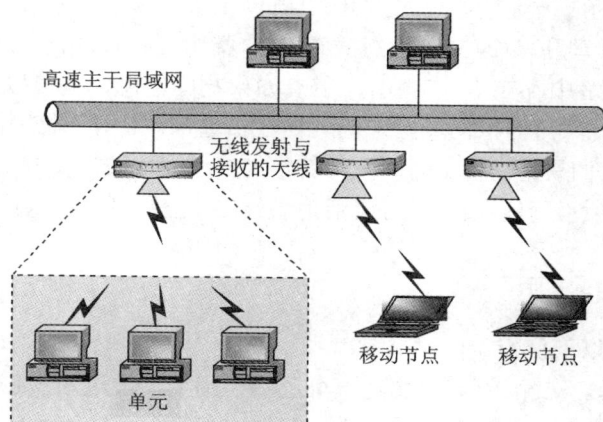

图 2-20　典型的无线局域网结构示意图

无线局域网具有以下特点：

(1) 具有灵活性和移动性；

(2) 提供点对点数据通信方式；

(3) 基础架构网络提供分布式的数据连接和漫游；

(4) 具有与有线局域网相当的功能，但没有线缆的限制，有利于局域网的有效延伸；

(5) 便携式局域网，容易设置(会议室、小型办公室等)。

随着无线通信技术的发展和对无线局域网通信速率要求的不断提高，无线局域网的标准也在不断发展，总的趋势是数据传输速率越来越高、安全性越来越好、服务质量越来越有保证。

2.7.2　无线局域网设备

在无线局域网里，常见的设备有无线网卡、无线网桥、无线天线等。

1．无线网卡

无线网卡的作用类似于以太网中的网卡，作为无线局域网的接口，实现与无线局域网的连接。无线网卡根据接口类型的不同，主要分为三种类型，即 PCMCIA 无线网卡、PCI 无线网卡和 USB 无线网卡。

PCMCIA 无线网卡仅适用于笔记本电脑，支持热插拔，可以非常方便地实现移动无线接入。

PCI 无线网卡适用于普通的台式计算机。其实 PCI 无线网卡只是在 PCI 转接卡上插入一块普通的 PCMCIA 卡。

USB 接口无线网卡适用于笔记本和台式机，支持热插拔，如果网卡外置有无线天线，那么 USB 接口就是一个比较好的选择。

2．无线网桥

无线网桥(Access Point，AP)是在链路层实现无线局域网互联的存储转发设备，它能够通过无线(微波)进行远距离数据传输。无线网桥有三种工作方式：点对点、点对多点和中继连接。无线网桥可用于固定数字设备与其他固定数字设备之间的远距离(可达 20 km)、高速(可达 11 Mb/s)无线组网。

从作用上来理解无线网桥，它可以用于连接两个或多个独立的网络段，这些独立的网络段通常位于不同的建筑内，相距几百米到几十千米。所以说它可以广泛应用在不同建筑物间。同时，根据协议的不同，无线网桥又可以分为 2.4 GHz 频段的 802.11b 或 802.11 以及采用 5.8 GHz 频段的 802.11a 无线网桥。

3．无线天线

当计算机与无线 AP 或其他计算机相距较远时，随着信号的减弱，传输速率明显下降，或者根本无法实现与 AP 或其他计算机之间的通信，此时就必须借助于无线天线对所接收或发送的信号进行增益(放大)。

无线天线有多种类型，常见的有两种，一种是室内天线，优点是方便灵活，缺点是增益小，传输距离短；一种是室外天线，优点是传输距离远，比较适合远距离传输。

2.7.3 无线局域网组网方式

无线局域网常见的组网方式有三种：对等方式、中心接入方式、中继方式。

(1) 对等方式。对等方式下的局域网不需要单独的具有总控转接功能的网络桥接设备，所有的基站都能对等地相互通信。

(2) 中心接入方式。这种方式以星型拓扑为基础，以网络桥接器为中心，所有的基站通信要通过网络桥接器接转，相应地在数据中同时有源地址、目的地址和网络桥接器地址。通过各基站的响应信号，网络桥接器能在内部建立一个像路由表那样的桥接表，将各个基站和端口一一联系起来。当接转信号时，网络桥接器就通过查询桥接表进行。

(3) 中继方式。中继是建立在接入原理之上的，它以两个点对点链接。由于独享信道，因此这种方式较适合两个局域网的远距离互联(架设高增益定向天线后，传输距离可达到几十千米)。局域网既可以是有线的，也可以是无线的。

根据不同局域网的应用环境与需求，无线局域网可采取不同的网络结构来实现互联。常用的有如下几种：

(1) 网桥连接型。不同的局域网之间互联时，由于物理上的原因，若采取有线方式不方便，则可利用无线网桥的方式实现二者的点对点连接，无线网桥不仅提供二者之间的物理与数据链路层的连接，还为两个网的用户提供较高层的路由与协议转换。

(2) 基站接入型。当采用移动蜂窝通信网接入方式组建无线局域网时，各站点之间的通信是通过基站接入、数据交换方式来实现的。各移动站不仅可以通过交换中心自行组网，还可以通过广域网与远地站点组建自己的工作网络。

(3) Hub 接入型。利用无线 Hub 可以组建星型结构的无线局域网，具有与有线 Hub 组网方式相类似的优点。在该结构基础上的 WLAN，可采用类似于交换型以太网的工作方式，要求 Hub 具有简单的网内交换功能。

(4) 无中心结构。此结构的无线局域网要求网中任意两个站点均可直接通信，一般使用公用广播信道，MAC 层采用 CSMA 类型的多址接入协议。

无线局域网可以在普通局域网基础上通过无线 Hub、无线接入站(AP)、无线网桥、无线 Modem 及无线网卡等来实现，其中以无线网卡最为普遍，使用最多。

习　题　2

一、填空题

1. 完整的局域网系统由硬件系统和软件系统组成，一个局域网通常由主机、适配器、_____、_____、网络操作系统、网络应用软件等几个部分组成。

2. Ethernet 的核心技术是带有_____的载波侦听多路访问控制方法，它的英文缩写是_____。

3. CSMA/CD 的工作过程可以概括为_____，边听边发，冲突停发，_____。

4. 交换式局域网从根本上改变了传统的_____工作方式，交换机支持交换机端口节点之间的多个_____。

5．在 IEEE 802.3 标准中，10Base-T 物理层标准支持的传输介质是_____，它采用的接口标准是_____。

6．决定局域网特性的主要技术要素为_____、_____、_____。

7．网络拓扑结构是反映和描述网络的物理连接形式。局域网的拓扑结构可分为总线型、_____、_____、树型、网状等。

8．传输介质是网络数据信号传输的载体，其特性将影响网络数据通信的质量。局域网常用的传输介质有同轴电缆、_____、_____，其次还有红外线、激光、无线电等介质。

9．介质访问控制方法用于控制网络节点如何向传输介质发送数据与接收数据，即解决信道如何分配使用的问题。常用的局域网介质访问控制方法有_____、_____、_____三种。

10．在 IEEE 802 标准中，局域网体系结构由物理层、_____子层和_____子层组成。

11．5 类双绞线由_____对_____根线组成，分为非屏蔽双绞线(UTP)和_____，光纤分为_____模光纤和多模光纤。

12．以太网是基于总线型的_____网络，采用_____介质访问控制技术，网络拓扑结构有总线型、_____等。以太网可以采用多种连接介质，包括同轴电缆、_____和光纤等。

13．交换式局域网的核心设备是_____，它可在多个端口之间建立多个_____连接。

14．以太网交换机的帧转发方式可分为三类：_____、_____、_____。

15．虚拟局域网实现(划分)方法通常有：_____、_____、_____和基于 IP 广播组实现 VLAN。

16．无线局域网组网方式可分为_____、_____和中继接入方式。

17．在 IEEE 802.3 物理层标准中，_____支持的传输介质是双绞线，单根双绞线的最大长度为_____ m。

18．IEEE 802.3 标准定义_____的物理层与_____子层的协议标准。

19．IEEE 802.11 是为_____制定的协议标准。

20．交换式局域网将局域网工作方式从_____方式改为_____方式。

二、单选题

1．决定局域网特性的几个主要技术中，最重要的是(   )。
   A．传输介质　　　　　　　　　B．介质访问控制方法
   C．拓扑结构　　　　　　　　　D．LAN 协议

2．(   )标准定义了令牌环(Token Ring)介质访问控制子层与物理层规范。
   A．IEEE 802.2　　　　　　　　B．IEEE 802.3
   C．IEEE 802.4　　　　　　　　D．IEEE 802.5

3．以太网的标准是(   )。
   A．IEEE 802.2　　　　　　　　B．IEEE 802.3
   C．IEEE 802.4　　　　　　　　D．IEEE 802.5

4. 物理结构为星型拓扑结构，逻辑拓扑结构为总线型拓扑结构的局域网是(   )。
  A. 共享式以太网   B. 交换式以太网
  C. 令牌环网   D. 令牌环总线网

5. 以下关于集线器设备的描述中，错误的是(   )。
  A. 集线器是共享介质式以太网的中心设备
  B. 集线器在物理结构上采用的是环型拓扑结构
  C. 集线器在逻辑结构上是典型的总线型结构
  D. 集线器通过广播方式将数据发送到所有端口

6. 以太网中，交换机是利用(   )进行数据交换的。
  A. 端口/MAC 地址映射表   B. 路由表
  C. 虚拟文件表   D. 虚拟存储器

7. 从介质访问控制方法的角度，局域网可分为两类，即共享局域网与(   )。
  A. 交换局域网   B. 高速局域网
  C. ATM 网   D. 总线局域网

8. 以下关于 CSMA/CD 方法的描述中，错误的是(   )。
  A. CSMA/CD 是 Token Ring 使用的介质访问控制方法
  B. CSMA/CD 是一种随机争用型的介质访问控制方法
  C. CSMA/CD 定义是带有冲突检测的载波侦听多路访问
  D. CSMA/CD 解决多个节点同时发送数据的冲突问题

9. 在传统以太网中，(   )是共享介质型的连接设备。
  A. 路由器   B. 交换机
  C. 服务器   D. 集线器

10. 以下关于局域网交换机的描述中，错误的是(   )。
  A. 交换机是交换式局域网的中心设备
  B. 交换机可以实现多个端口的并发连接
  C. 交换机端口可以分为全双工与半双工
  D. 交换机仍采用 CSMA/CD 介质访问方法

11. 在 IEEE 802 参考模型中，(   )层定义局域网的介质访问控制方法。
  A. LLC   B. ATM
  C. MAC   D. VLAN

12. 以下关于 IEEE 802.3 标准的描述中，错误的是(   )。
  A. IEEE 802.3 标准是以太网的协议标准
  B. IEEE 802.3 标准只定义以太网的物理层
  C. IEEE 802.3 采用 CSMA/CD 介质访问控制方法
  D. IEEE 802.3 标准涉及的传输介质有多种类型

三、简答题

1. 简述局域网的组成。
2. 简述 IEEE 802 局域网体系结构。

3．简述 CSMA/CD 介质访问控制方法的工作原理。

4．简述令牌环介质访问控制方法的基本工作原理。

5．简述传统以太网、快速以太网、千兆位以太网的主要区别。

6．简述共享式以太网和交换式以太网的区别。

7．简述局域网交换机的工作原理。

8．简述划分 VLAN 的常见方法及其区别。

9．无线局域网有哪几种组网方式和网络结构？

第 3 章　TCP/IP 协议

本章提示：本章主要介绍 TCP/IP 参考模型的概念、各层的功能和相关协议，IP 地址的结构和编码规则，IP 地址的分类和特殊 IP 地址，子网与子网掩码的概念、子网划分的原理和子网划分方法，Internet 域名系统的概念、结构和中文域名等内容。

基本教学要求：

(1) 了解 TCP/IP 参考模型，理解各层功能和有关协议。

(2) 理解 IP 地址结构、编码规则和特殊 IP 地址。

(3) 理解子网划分的原理，掌握子网划分方法。

(4) 了解 Internet 域名系统的结构和中文域名。

TCP/IP 协议是 Internet 中计算机之间进行网络通信所必须共同遵循的一种通信协议。TCP/IP 是以传输控制协议(Transmission Control Protocol，TCP)和网际协议(Internet Protocol，IP)为核心的一组协议。TCP/IP 协议是开放的协议标准，可以免费使用，并且独立于特定的计算机硬件与操作系统。随着网络服务的不断出现，TCP/IP 协议不断得以补充和发展。

3.1　TCP/IP 概述

为了能使互联网中的每台主机都能正常通信，就必须有一套网络中各节点共同遵守的规程和约定，这就是网络协议。TCP/IP 是 Internet 最基本的协议。TCP 协议最早由美国斯坦福大学的两名研究人员于 1973 年提出。1983 年，TCP/IP 被 UNIX 4.2BSD 系统采用，随后 TCP/IP 逐步成为 UNIX 系统的标准网络协议。Internet 的前身 ARPANET 最初使用 NCP(Network Control Protocol)协议，由于 TCP/IP 协议具有跨平台特性，ARPANET 的实验人员在经过对 TCP/IP 的改进以后，规定连入 ARPANET 的计算机都必须采用 TCP/IP 协议。随着 ARPANET 逐渐发展成为 Internet，TCP/IP 协议就成为 Internet 的标准连接协议。

TCP/IP 具有以下特点：

(1) 开放的协议标准，并且独立于特定的计算机硬件与操作系统。

(2) 标准化的高层协议，丰富的功能，提供了多种可靠的用户服务。

(3) 统一的地址分配方案，使得整个 TCP/IP 设备在网络中有一个唯一的地址。

(4) 独立于特定的网络硬件，可以运行于局域网和广域网当中，更适用于网络互联。

3.2　TCP/IP 参考模型

OSI 参考模型的研究初衷是希望为网络体系结构与协议的发展提供一个国际标准，但由于 OSI 参考模型迟迟没有成熟的网络产品，因此这一目标一直没有实现。而 Internet 的飞速发展却使 Internet 所遵循的 TCP/IP 参考模型得到了广泛的应用，成为了事实上的网络体系标准结构。

　　TCP/IP 的体系结构与 OSI 的体系结构类似，但它却是在 OSI 参考模型完成以前设计的。TCP/IP 也是分层进行开发的，每一层分别负责不同的通信功能。TCP/IP 通常被认为是一个四层协议系统，即网络接口层(也称主机-网络层)、网络层(也称网络互联层)、传输层和应用层。TCP/IP 参考模型与 OSI 参考模型对照如图 3-1 所示。

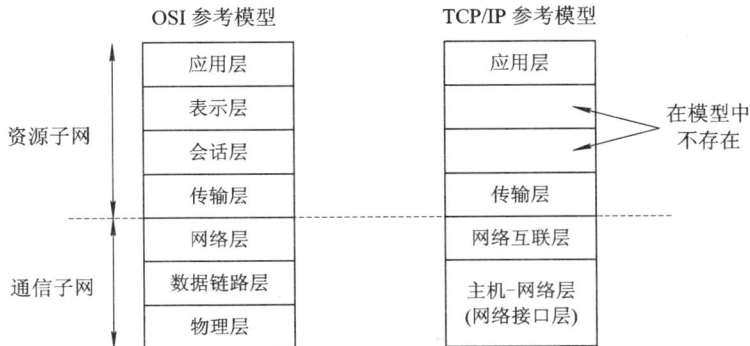

图 3-1　TCP/IP 与 OSI 参考模型对照

　　其中，TCP/IP 参考模型的应用层与 OSI 参考模型的应用层相对应；TCP/IP 参考模型的传输层与 OSI 参考模型的传输层相对应；TCP/IP 参考模型的网络互联层与 OSI 参考模型的网络层相对应；TCP/IP 参考模型的网络接口层与 OSI 参考模型的数据链路层和物理层相对应。在 TCP/IP 参考模型中，对 OSI 参考模型的表示层、会话层没有对应的协议。

3.2.1　网络接口层

　　TCP/IP 参考模型的网络接口层又被称为网络访问层。从严格意义上来讲，网络接口层不是一个层次，而仅仅是一个接口，它对应 OSI 的物理层和数据链路层。TCP/IP 标准并没有定义具体的网络接口协议，仅定义了如何与不同网络进行接口。

　　网络接口层是 TCP/IP 参考模型的最低层，负责通过网络介质发送和接收 TCP/IP 数据包。允许主机联入网络时使用多种现成的与流行的协议，例如局域网的 Ethernet、令牌网、分组交换网的 X.25、帧中继、ATM 协议等，这充分体现出 TCP/IP 协议的兼容性与适应性，也为 TCP/IP 的成功奠定了基础。

3.2.2　网络层

　　TCP/IP 参考模型中网络层的主要功能是处理数据分组在网络中的活动，将来自传输层的报文进行分组以形成数据包(IP 数据包)，并为该数据包进行路径选择，最终将数据包从源主机发送到目的主机。网络层还具有控制流量、解决拥塞问题、实现网络互联的功能。在 TCP/IP 协议族中，网络层协议包括 IP 协议(网际协议)、ICMP 协议(Internet 互联网控制报文协议)、ARP 协议(地址解析协议)、RARP 协议(反向地址解析协议)以及 IGMP 协议(Internet 组管理协议)。

1. IP 协议

IP 协议作为 TCP/IP 协议族中的核心协议，提供了网络数据传输最基本的服务，同时也是实现网络互联的基本协议。IP 协议的任务是对数据包进行相应的寻址和路由，并从一个网络转发到另一个网络。向上一层提供统一的 IP 数据报，屏蔽低层各物理数据帧的差异性。除了 ARP(Address Resolution Protocol)和 RARP(Reverse Address Resolution Protocol)报文以外的几乎所有数据都要经过 IP 协议发送。

IP 协议具有以下特点：

(1) IP 协议是点对点协议，虽然 IP 数据报携带源 IP 地址与目标 IP 地址，但进行传输时的对等实体一定是相邻设备(同一网络)中的对等实体。

(2) IP 协议不保证传输的可靠性，不对数据进行差错校验和跟踪，当数据报发生损坏时不向发送方通告。如果要求数据传输具有可靠性，需要在 IP 上使用 TCP 协议加以保证。

(3) IP 协议提供无连接的数据报服务，各个数据报独立传输，可能沿着不同的路径到达目的地，也可能不会按序到达目的地。

2. ICMP 协议

TCP/IP 的 IP 层在完成无连接数据报传输的同时，还实现一些基本的控制功能。这些控制功能包括差错报告、拥塞控制、路径控制以及路由器和主机信息获取等。实现这些控制功能的协议就是位于 IP 层的 Internet 控制报文协议 ICMP(Internet Control Message Protocol)。

通常 IP 层不提供数据传输的可靠性，TCP/IP 的可靠性问题由 IP 层上面的端到端的协议来解决，这和 IP 层的差错控制并不矛盾。

IP 层的差错控制有以下几个特点：

(1) IP 层主要解决信宿机不可到达的问题，由于信宿机本身不可到达，使得信宿机无法参与控制，所以无法通过端到端的方式来解决。

(2) IP 层仅仅涉及与路径可达相关的差错问题，而不解决数据本身的差错问题。

(3) IP 层的差错与控制由一个独立的协议 ICMP 来完成，IP 协议不负责完成差错与控制功能。

(4) 控制是建立在对信息了解的基础上，在 ICMP 中控制方可以通过主动与被动两种方式了解信息。主动方式是控制方主动向对象发出询问，而被动方式则是被动接收对象所报告的信息。

3. ARP 协议与 RARP 协议

在 TCP/IP 网络中，每个主机都有一个逻辑地址，即 IP 地址。而要想使报文在物理网上传输，就必须将 IP 地址转变为物理地址，即 MAC 地址。地址解析协议 ARP 就是负责将主机的 IP 转换为物理地址的协议。反向地址解析协议 RARP 则负责将物理地址转换为 IP 地址。

3.2.3 传输层

传输层主要为两台主机上的应用程序提供端到端的通信。在 TCP/IP 协议族中，有两个互不相同的传输协议，即传输控制协议(Transmission Control Protocol，TCP)和用户数据报协议(User Datagram Protocol，UDP)。这两种传输层协议在不同的应用程序中有各自的用途。

TCP 协议是传输层面向连接的通信协议，为两台主机提供高可靠性的数据通信，它将应用层的数据分成合适的小块交给下面的网络层,确认接收到的分组,设置发送最后确认分组的超时时间等。由于传输层提供了高可靠性的端到端的通信,因此应用层可以忽略这些细节。

UDP 协议是一种面向无连接的协议,它不能提供可靠的数据传输,只为应用层提供一种非常简单的服务。它将数据报的分组从一台主机发送到另一台主机,但并不保证该数据报能到达另一端,任何必需的可靠性必须由应用层来提供。

3.2.4　应用层

TCP 协议的应用层提供了用户访问网络的接口,负责处理特定的应用程序细节。几乎各种不同的 TCP/IP 实现都会提供下面这些通用的应用层协议。

(1) Telnet(远程登录)协议:它是 Internet 上最为简单的协议之一。应用 Telnet 协议能够把本地用户所使用的计算机变成远程主机的一个终端,从而使用远程主机的资源和管理远程主机。

(2) FTP(文件传输)协议:它可以使用户通过网络将远程文件复制到本地系统中,或将本地文件复制到远程系统中。

(3) HTTP(超文本传输)协议:它主要从 WWW 服务器传输超文本文件到本地浏览器上,超文本环境能实现文档间快速跳转,使用户高效地浏览信息。HTTP 协议是作为一种请求/应答协议来实现的,当客户端请求 Web 服务器上的一个文件时,服务器则以相应的文件作为应答。

(4) SNMP(简单网络管理)协议:它是对网络管理体系结构和协议进行管理。SNMP 协议提供了一个基本框架来实现鉴别、授权、访问控制等,解决因计算机网络发展规模不断扩大、复杂性不断增加、网络异构程度越来越高而引起的网络统一管理的问题。

(5) DNS(域名服务):它可以以将以字符表示的主机的名字转换为以数字表示的 IP 地址。

这些协议由 TCP/IP 制定相应协议标准,允许用户在传输层之上自定义应用层协议。

3.3　IP 地址

连接在 Internet 上的所有计算机,从大型机到微型机都以独立的身份出现,它们统称为主机(Host)。为了实现各主机间的通信,每台主机都必须有一个唯一的网络地址,这好比信件的地址一样,邮递员根据地址才能把信送到,而主机发送的信息好比邮件,它必须拥有唯一的地址,这样才不至于把信送错。

Internet 的网络地址是指连入 Internet 网络的计算机的地址编号。在 Internet 网络中,网络地址唯一地标识一台计算机。

Internet 是由成千上万台计算机互相连接而成的,要确认网络上的每一台计算机,就需要有能唯一标识该计算机的网络地址,该地址称为 IP 地址,即 Internet 协议所使用的地址。

3.3.1　IP 地址格式

目前,Internet 地址主要采用的是 IPv4 的 IP 地址格式,它由 32 位(4 个字节)的二进制数组成。为了便于记忆，将其分为 4 组，每组 8 位，由小数点分开，用 4 个十进制数来表示，用点分开的每个十进制数的范围是 0～255，如 210.27.80.4，这种书写方法称为点分十进制表示法。

IP 地址的 32 位二进制数表示的意义为：类型＋网络标识＋主机标识，如图 3-2 所示。

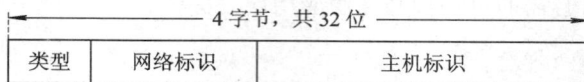

图 3-2　IP 地址格式

其中，"类型"用来区分 IP 地址的类型；"网络标识"表示主机所在的网络编号，简称网络号；"主机标识"表示主机在本网中的编号，简称主机号。

在实际应用中，往往把"类型"与"网络标识"看成一个整体，用于标识主机所在的网络。因此，IP 也可看成由两部分组成，即网络标识＋主机标识。

3.3.2　IP 地址分类

TCP/IP 协议规定了每个 IP 地址为 32 位二进制编码。32 位编码中需要描述网络号和主机号。那么对于一个 IP 地址，其中网络号和主机号各占多少位？这个问题看似简单，意义却十分重大，因为当一个地址确定后，网络号的长度将决定整个 Internet 中能包含多少个网络，主机号长度则决定每个网络中能容纳的主机数量。

从 LAN 到 WAN，不同种类的网络规模相差很大，必须区别对待。因此，按网络规模大小可将 IP 地址分为五类，如图 3-3 所示。

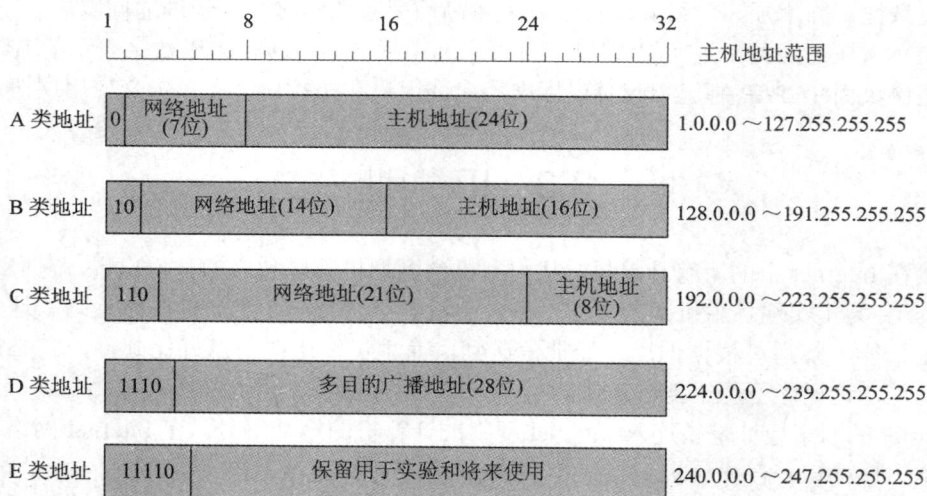

图 3-3　IP 地址分类图

1. A 类地址

A 类地址主要用于世界上少数具有大量主机的网络，其网络数有限，仅仅有很少的国家和网络组织才可获取此类地址。A 类地址中网络编号为 1 个字节，其中最高位总设成 0，剩余的 7 位用于网络编号,最多可以有 128 个 A 类网络(2^7 即 128 个网络地址组合);而主机编号为 3 个字节(即 24 位表示主机号),每个网络中可以有 2^{24}(即 16 777 216)个唯一主机标识(实际可用 $2^{24} - 2$ 个地址)。任何一个 0~127 的网络地址(不包括 0 和 127)均是一个 A 类地址。

2. B 类地址

B 类地址主要用于中等规模的网络,现在随着 Internet 的发展,也很难分配到此类地址。B 类地址编码中用 2 个字节进行网络编号,用 2 个字节进行主机编号,其中网络编号的最高两位总为二进制的 10,剩余的 14 位代表网络号,最多有 2^{14}(即 16 384)个网络地址组合;每个网络中主机可以有 2^{16}(即 65 536)个唯一主机号(实际可用 $2^{16} - 2$ 个地址)。任何一个 128~191 的网络地址(包括 128 和 191)均是一个 B 类地址。

3. C 类地址

C 类地址主要用于网络数量众多,而在一个网络中主机数量较少的网络。C 类地址中用 3 个字节进行网络编号,用 1 个字节进行主机编号,网络编号的最高三位总为二进制的 110,剩余的 21 位代表网络号,最多有 2^{21}(即 2 097 152)个网络地址组合;主机 8 位二进制编码,每个网络中可以有 2^8(即 256)个主机号(实际可用 254 个)。任何一个 192~223 的网络地址(包括 192 和 223)均是一个 C 类地址。

4. D 类地址

D 类地址是特殊地址,为预留的 IP 多播地址,是用于与网络上多台主机同时进行通信的地址。D 类地址的最高 4 位总是二进制的 1110,剩下的 28 位供主机组织者使用,也就是说,最多有 2^{28}(即 268 435 456)个多播地址组合。多播中不使用网络地址的概念,因为任何网络上的主机无论是否属于同一网络均可接收多播。任何一个在 224~239 的网络地址(包括 224 和 239)均是一个多播地址。

5. E 类地址

E 类地址是特殊 IP 地址,为实验性地址,暂保留,以备将来使用。E 类地址的最高 4 位的二进制数总为 1111。

3.3.3 特殊 IP 地址

在 IP 地址中,有一些 IP 地址具有特殊用途,可分配的 IP 地址总数会进一步减少。下列地址具有特殊用途,不能分配给主机使用。

1. 网络地址

TCP/IP 网络中,每个网络都有一个 IP 地址,其主机号部分为 "0"。该地址用于标识网络,不能分配给主机,因此不能作为数据的源地址和目的地址。

2. 广播地址

TCP/IP 规定,主机号各位全为 "1" 的 IP 地址作广播之用,称为广播地址。所谓广播,是指同时向本网络或其他网络上所有的主机发送报文。

3. 有限广播地址

广播地址包含一个有效的网络号和主机号,技术上称为直接广播地址。在 Internet 上的任何一点均可向其他任何网络进行直接广播，但直接广播的前提是必须知道信宿网络的网络号。

当需要在本网络内部广播，但又不知道本网络的网络号时怎么办？TCP/IP 规定，32 位编码全为"1"的 IP 地址(即 255.255.255.225)用于本网广播，该地址称为有限广播地址。主机在启动过程中，往往不知道本网的 Internet 地址，这时候若向本网广播，只能采用有限广播地址。

4. 本网络地址

TCP/IP 规定，网络号各位全为"0"的地址表示本网络。本网络地址分为两种：本网络特定主机地址和本网络本主机地址。

本网络特定主机地址为主机号各位不全为"0"，它只能作为目的地址。本网络本主机地址的主机号各位同时为"0"，即它的点分十进制表示为 0.0.0.0，它只能作为源地址。

5. 环回地址

环回地址是用于网络软件测试以及本机进程间通信的特殊地址。A 类网络地址 127 被用作环回地址。通常采用 127.0.0.1 作为环回地址，并将其命名为 localhost。

6. 保留地址

Internet 地址分配机构为私有网络保留了 3 组 IP 地址，任何私有网络都可以使用这些地址来进行 TCP/IP 网络通信。这 3 组保留地址如下：

A 类：10.0.0.0 ～ 10.255.255.255；

B 类：172.16.0.0 ～ 172.32.255.255；

C 类：192.168.0.0 ～ 192.168.255.255。

保留地址是专门为没有直接连接到 Internet 上的网络使用的，使用这些地址的网络并不能直接连接到 Internet，但可以借助于代理服务器的网络地址转换(NAT)功能，来实现 Internet 连接。使用保留地址不仅可以节省大量的 IP 地址，缓解 IP 地址不足的问题，而且还能保证私有网的安全。

3.4　IP 子网及其划分

如果整个 IP 地址空间完全按网络号和主机号划分，则存在一些管理使用问题。例如，一个单位申请到一个 B 类地址，该网络可以容纳 65 534 台主机，该单位又没有这么多入网设备，那么就会出现网络地址浪费问题，同时，即便有如此多的入网设备，要把这么多的设备放在同一个网络内来管理也是非常复杂的。因此，人们提出将网络再进一步划分为若干子网络，由此引入了子网的概念。

3.4.1　子网的概念

无论是 A 类、B 类还是 C 类网络，为了方便网络管理及合理使用 IP 地址，可以将其进行分割，使其成为规模更小的网络，称为子网。

子网划分的方法是在最初的 IP 地址分类基础上，将 IP 地址的主机号划分为两部分，其中前一个部分用于子网编号(标识子网)，后一个部分作为主机编号(主机标识)，通过编码号形成新的 IP 地址。

带子网标识的 IP 地址结构如图 3-4 所示。

划分子网前	网络号		主机号	
划分子网后	网络号		子网号	主机号

图 3-4　子网划分后 IP 地址构成

划分后 IP 地址由三部分组成：网络号、子网号和主机号。由于网络号 + 子网号可以唯一标识一个子网，因此，将这两部分结合起来再加上主机号为"0"的部分即称为子网地址。

3.4.2　子网掩码

子网掩码(Subnet Mask)又叫网络掩码或地址掩码。子网掩码是一个 32 位地址，是与 IP 地址结合使用的一种技术。

子网掩码的主要作用有两个：一是屏蔽 IP 地址的一部分以区别网络标识和主机标识，并说明该 IP 地址是在局域网上还是在远程网上；二是将一个大的 IP 网络划分为若干小的子网络。子网掩码不能单独存在，它必须结合 IP 地址一起使用。

子网掩码是一个 32 位的二进制数据，它可以反映出 IP 地址中哪些位对应网络号和子网号，哪些位对应主机号。子网掩码指定了子网号和主机号的分界点，子网掩码中对应网络号和子网号的所有位都被设为 1，而对应主机号的所有位都被设为 0。

获得子网地址的方法是将子网掩码和 IP 地址按位进行"与(AND)"运算。运算实例如图 3-5 所示。

	10101100	00010001	01010001	00010000	(172.17.81.16)
AND	11111111	11111111	11000000	00000000	(255.255.192.0)
	10101100	00010001	01000000	00000000	(172.17.64.0)

图 3-5　由 IP 地址和子网掩码获取子网地址

同 IP 地址一样，子网掩码也是一个 32 位的二进制数，直接用二进制表示不仅麻烦，而且容易出错。

为方便表示子网掩码，通常采用如下两种方法：

(1) 点分十进制表示法。点分十进制表示法既可以用于表示 IP 地址，也可用于表示子网掩码。例如 255.255.192.0 就是子网掩码"11111111 11111111 11000000 00000000"用点分十进制表示法的形式。这也是最常用的子网掩码表示方法。

(2) 用子网掩码中"1"的位数来表示子网掩码。这种方法比较简练，它是在 IP 地址的后面写上子网掩码中"1"的位数。因为子网掩码中的"1"通常都是连续的，且一定出现在左侧，所以不会造成混乱。例如 202.117.186.13/26 就表示 IP 地址是 202.117.186.13，子网掩码中"1"的位数是 26 位，即 255.255.255.192。

每类 IP 地址都有一个标准的子网掩码，或者说是缺省(默认的)子网掩码。A 类地址的标准子网掩码是 255.0.0.0，B 类地址的标准子网掩码是 255.255.0.0，C 类地址的标准子网掩码是 255.255.255.0。

3.4.3 子网划分

1. 划分方法

划分子网的主要工作是确定子网掩码,以便决定要从主机号中分出多少位来表示子网号,这取决于子网的数量和规模。子网划分步骤如下:

(1) 确定要划分的子网数 n。将要划分的子网数 n 减 1,并将其转换为二进制数,此二进制数的比特位数 m 就是将从主机号中"借"出用于表示子网号的位数。如要分为 4 个子网,则 4 − 1 = 3,将 3 转换为二进制后为"11",则 m = 2。

(2) 确定子网掩码中"1"的位数。将网络地址的标准子网掩码中"1"的个数加上 m,就是将此 IP 网络划分后的子网掩码的位数。可用二进制再转换为点分十进制表示法表示。例如,将一个 A 类网络地址划分为 4 个子网,则 m = 2,由于 A 类网络地址的标准掩码是"255.0.0.0",其中"1"的个数是 8,那么此子网掩码便是"8 + 2"共 10 位。将其转换为点分十进制表示,则为"255.192.0.0"。同样,如果将一个 C 类地址划分为 2 个子网,则子网掩码为"255.255.255.192"。

(3) 根据子网掩码确定每个子网地址中的 IP 地址范围。根据子网号计算出子网地址,并依据每个子网主机号的最小值和最大值,计算出每个子网的最小 IP 地址和最大 IP 地址,从而得到每个子网的地址范围。

2. 子网划分示例

某单位申请到了一个 C 类 IP 地址 202.117.179.0,现要将其划分为 4 个子网,请确定子网掩码,并列出每个子网的 IP 地址范围。

计算步骤如下:

(1) 将要划分的子网个数减 1,即 4 − 1 = 3。

(2) 将 3 转换为二进制数 11。

(3) 因为 11 有 2 个比特位,所以需要 2 个比特位来表示子网号。

(4) C 类 IP 地址的标准掩码中比特位"1"的个数是 24,所以划分后的子网掩码中"1"的位数是 24 + 2 = 26 位。子网掩码是 255.255.255.192。

(5) 确定每个子网地址及每个子网的范围。

由于需要从主机号中高位"借"出 2 位用于子网号编码,则子网号编码为 00、01、10、11,因此 8 位二进制中 2 位用于子网编码,剩余 6 位用于主机编码。主机号为"0"的地址表示网络地址,4 个子网的子网地址如表 3-1 所示,各子网的地址范围如表 3-2 所示。

表 3-1　各子网的子网地址

子网号	二进制地址	十进制地址
子网 0	11001010 01110101 10110011 **00**000000	202.117.179.0
子网 1	11001010 01110101 10110011 **01**000000	202.117.179.64
子网 2	11001010 01110101 10110011 **10**000000	202.117.179.128
子网 3	11001010 01110101 10110011 **11**000000	202.117.179.192

表 3-2 子网的地址范围

子网号	子网地址	IP 地址范围	广播地址
子网 0	202.117.179.0	202.117.179.0～202.117.179.63	202.117.179.63
子网 1	202.117.179.64	202.117.179.64～202.117.179.127	202.117.179.127
子网 2	202.117.179.128	202.117.179.128～202.117.179.191	202.117.179.191
子网 3	202.117.179.192	202.117.179.192～202.117.179.255	202.117.179.255

3.5 Internet 域名系统

IP 地址为主机提供了全局唯一的标识，但 IP 地址用点分十进制表示，难以理解与记忆。为了方便用户使用 Internet，TCP/IP 在应用层采用了字符型主机名称机制。但在计算机进行网络通信时，就需要先将字符型主机名转换成计算机可识别的 IP 地址。域名服务器(Domain Name Server，DNS)系统即负责将字符型主机名转换为机器可识别的 IP 地址。

3.5.1 域名的概念

域名是 Internet 中某个主机的名称，它用于在数据传输时标识计算机。为了提高效率与方便管理，采用了层次型命名机制。

在 Internet 的层次型名字管理中，首先由顶级管理机构(如 Internet 的 NIC)将最高一级名字空间划分为几个部分，并将各部分管理权授予相应的机构，各管理机构可以将管辖内的名字空间进一步划分为若干子部分，并将子部分的管理权授予相应的子机构。例如名字空间 "local.site"，这里的 site 是由权威管理机构授权的网点名，local 则是由 site 网点控制的名字部分，" . "是用于分割它们的分隔符。

域名是由几组以 " . " 分隔的、表示一定意义的英文字母或数字组成的一串字符，每一部分称为一个标号。

例如，西北农林科技大学的域名为

www.nwsuaf.edu.cn

其中包含 4 个标号：www、nwsuaf、edu 和 cn。域名中每一标号后面的各标号称为一个域(Domain)。上述域名的最低级域为 "www.nwsuaf.edu.cn"，第三级域为 "nwsuaf.edu.cn"，第二级域为 "edu.cn"，第一级域为 "cn"。其中最低级域名表示的是一台 Web 服务器，第三级域代表的是西北农林科技大学，第二级域代表教育机构，最高一级域名代表的是中国。本例中的域名是根据管理上的组织机构来划分的，与地理位置和网络位置无关。

3.5.2 域名系统结构

1. 域名系统和域名服务器

域名系统是一个分布式的主机信息数据库，它主要负责域名地址的维护，实现域名与 IP 地址映射，保证主机域名在 Internet 中的唯一性。

域名服务器是安装 DNS 服务软件的计算机。域名服务器能够响应用户的请求，把用户要访问的 Internet 中的主机域名翻译成对应的 IP 地址。

2. 常用域名

为保证域名系统的通用性，Internet 规定了一组正式的通用标准标号，用于其第一级域的域，也称为顶级域名。部分域名如表 3-3 所示。

表 3-3　第一级 Internet 域

域 名	表 示 意 义
com	商业机构
edu	教育机构
gov	政府部门
mil	军事部门
net	网络机构
org	非盈利组织
int	国际组织
Country Code	国家代码(地理模式)

表 3-3 中的域名可分为两种模式，前 7 个域对应于组织模式，最后一个对应于地理模式。组织模式是按管理组织的层次结构划分域的方式，由此产生的域名就是组织型域名；地理模式是按国别地理区划分域的方式，由此产生的域名是地理型域名。按地理模式，美国的主机归入第一级域 US 域中，假如其他国家或地区的主机要按地理模式登记进入域名系统，首先必须向 NIC(Network Information Center，网络信息中心)申请本国的第一级域名，一般采用该国国际标准的两字符名称。部分国家或地区一级域名如表 3-4 所示。

表 3-4　部分国家或地区一级域名

域名	国家或地区	域名	国家或地区	域名	国家或地区
cn	中国	kr	韩国	ru	俄罗斯
us	美国	in	印度	sg	新加坡
fr	法国	eg	埃及	es	西班牙
de	德国	hk	中国香港	il	以色列
jp	日本	mo	中国澳门	ca	加拿大
uk	英国	tw	中国台湾	ie	爱尔兰

NIC 将第一级域的管理特权分派给指定的管理机构，各管理机构再对其管辖内的域名空间继续进行划分，并将各子部分管理特权授予子管理机构。如此下去，便形成层次型域名结构，如图 3-6 所示。由于管理机构是逐级授权的，所以最终的域名都将得到 NIC 的承认，成为 Internet 全网的正式域名。

例如，西北农林科技大学网站的域名为

　　www.nwsuaf.edu.cn

其中，机器名 www 经本地(西北农林科技大学)网络管理员(管理 nwsuaf.edu.cn 域)认可并登记。而本地管理员的权限是由教育机构域(edu.cn)的网络管理员授予的。再往上，教育机构域(edu.cn)的管理权限则来自中国互联网信息中心(CNNIC)，该机构管理中国的顶级域(cn)。

实际上，由于第一级、第二级域的数据量有限，所以第一级、第二级域同属一个中央管理机构(NIC)管理。

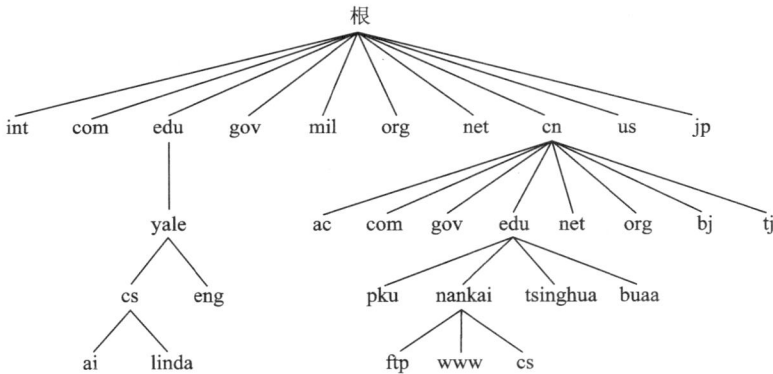

图 3-6　树型结构的 Internet 域名系统

3．中国的域名结构

中国在国际互联网信息中心 InterNIC 正式注册的国家顶级域名是 cn。中国互联网信息中心(CNNIC)工作委员会在国务院信息办授权和领导下，负责管理中国的顶级域名。

中国互联网的二级域同样也分为组织域名和地理域名两类，如表 3-5 和表 3-6 所示。

表 3-5　中国的组织域名

域　　　名	表示的机构
gov	国家政府部门
com	商业机构
edu	教育机构
net	网络支持中心
org	各种非盈利性组织
int	国际组织
ac	科研机构

表 3-6　中国行政区域二级域名

域名	国家或地区	域名	国家或地区	域名	国家或地区	域名	国家或地区
bj	北京	hl	黑龙江	hn	湖南	gs	甘肃
sh	上海	js	江苏	gd	广东	qh	青海
tj	天津	zj	浙江	gx	广西	nx	宁夏
cq	重庆	ah	安徽	hi	海南	xj	新疆
he	河北	fj	福建	sc	四川	tw	台湾
sx	山西	jx	江西	gz	贵州	hk	香港
nm	内蒙	sd	山东	yn	云南	mo	澳门
ln	辽宁	ha	河南	xz	西藏		
jl	吉林	hb	湖北	sn	陕西		

3.5.3　中文域名

随着互联网在中国的迅速发展和广泛使用，人们不仅仅希望使用英文域名来访问网络资源，更希望能使用中文来访问互联网上的信息资源，这就提出了中文域名。中文域名就是含有中文的新一代域名，同英文域名一样可以标识网络上的主机。

中文域名在技术上符合 2003 年 3 月份 IETF(The Internet Engineering Task Force，互联网工程任务组)发布的多语种域名国际标准(RFC3454、RFC3490、RFC3491、RFC3492)。中文域名属于互联网上的基础服务，注册后可以对外提供 WWW、E-mail、FTP 等应用服务。

经过多年的技术开发，CNNIC 正式提出中文域名。兼容、开放、互通、符合国际技术标准是 CNNIC 中文域名系统的几个重要特点。

(1) 高度兼容。全球通用 CNNIC 域名体系将同时提供"中文域名.cn"与纯中文域名(如"中文域名.网络")两种方案。CNNIC 不但将这两种技术完美结合，而且也使之同现有的域名系统高度兼容。

(2) 繁简转换。我国大陆与台湾两岸互通支持简繁体的完全互通解析也是 CNNIC 域名服务的一个特点。

(3) 使用方便。在使用"中文域名.cn"时，用户可以不必安装客户端程序，用户所使用的 ISP 服务器不用做任何修改就可以实现对中文域名的访问。

(4) 体系开放。CNNIC 域名体系为其他应用软件提供开放、标准的技术平台，各个应用开发商可在其上开发出与中文有关的各种为中国 Internet 用户服务的软件和服务项目。

习　题　3

一、填空题

1. TCP/IP 协议族因为其中两个最重要的协议而得名，分别为_____和_____。

2. IP 地址的长度为_____位，通常采用的表示方法是_____。

3. 在 TCP/IP 领域中，_____是一个分布式的数据库，由它来提供 IP 地址与主机名之间的映射信息。

4. IP 地址中，主机号部分全为 0 则表示_____；如果全为 1，则表示_____。

5. C 类 IP 地址中，网络号部分占_____位，主机号部分占_____位。

6. TCP 协议是一种可靠的、_____的协议，UDP 协议是一种不可靠的、_____的协议。

7. IPv4 地址由两部分构成：网络号与_____。

8. 在以下几个 IPv4 地址中，192.55.15.22 是一个_____类地址，191.55.15.22 是一个_____类地址。

9. 地址解析协议用于根据_____地址来确定对应的端口_____地址。

10. 在采用点分十进制的 IPv4 地址中，每个字节的取值范围是_____。

11. 对于标准 C 类 IPv4 地址来说，其网络号长度为____位，主机号长度为____位。

12. 在标准 IPv4 地址中，_____类地址用于多播等特殊用途，_____类地址用于保留和实验。

二、选择题

1．Internet 上的主要传输协议是(　　　)。
　　A．TCP/IP　　　　　B．IPX/SPX　　　　　C．NetBEUI　　　　　D．AppleTalk

2．当前 IP 协议的版本是(　　　)。
　　A．IPv2　　　　　B．IPv4　　　　　C．IPv6　　　　　D．IPv10

3．一个 C 类网中最多可有(　　　)台主机。
　　A．256　　　　　B．128　　　　　C．255　　　　　D．254

4．IP 地址能够唯一确定 Internet 上主机的(　　　)。
　　A．费用　　　　　B．位置　　　　　C．距离　　　　　D．时间

5．TCP 协议是一种可靠的(　　　)的传输层协议。
　　A．尽力而为　　　B．保证 QOS　　　C．无连接　　　　D．面向连接

6．TCP/IP 参考模型中，SMTP 协议是一种(　　　)的协议。
　　A．应用层　　　　B．互联层　　　　C．传输层　　　　D．主机-网络层

7．在标准 IPv4 地址分类中，C 类地址的主机号长度为(　　　)位。
　　A．14　　　　　B．8　　　　　C．13　　　　　D．7

8．(　　　)用于根据 IP 地址查找对应端口的 MAC 地址。
　　A．RIP　　　　　B．OSPF　　　　　C．ARP　　　　　D．RARP

9．在 IPv4 地址中，(　　　)地址用于多播等特殊用途。
　　A．C 类　　　　　B．E 类　　　　　C．B 类　　　　　D．D 类

10．在 IPv4 地址中，(　　　)地址用于实验等特殊用途。
　　A．C 类　　　　　B．E 类　　　　　C．B 类　　　　　D．D 类

11．在 OSI 参考模型中，与 TCP/TP 参考模型的网络互联层对应的是(　　　)。
　　A．网络层　　　　B．物理层　　　　C．传输层　　　　D．应用层

三、简答题

1．简述 TCP/IP 的起源。

2．TCP/IP 参考模型由哪几层构成？它们各有什么主要功能？

3．TCP 协议和 UDP 协议的区别是什么？

4．IP 地址分为几类？

5．A 类、B 类、C 类 IP 的保留地址范围各是什么？

6．子网划分有什么意义？

7．什么是子网掩码？它的作用是什么？

8．简述子网划分的方法和步骤。

9．什么是域名，域名服务器的功能是什么？

第 4 章　局域网组建

本章提示：本章以第 2 章为基础，重点讲解局域网硬件系统组成要素的功能及性能要求，主要介绍局域网规划设计，双绞线组网的基本方式，快速以太网、高速以太网等常见局域网组网方法和局域网软件安装与配置，结构化综合布线系统等内容。

基本教学要求：

(1) 掌握局域网硬件——主机、网卡、集线器、交换机等组成要素及其功能。

(2) 理解局域网组网方法，掌握局域网软件安装与配置。

(3) 了解局域网规划设计和结构化综合布线系统。

本书第 2 章已经讲过了局域网的概念：局域网是指将较小区域(几米到几千米之间)内的计算机或数据终端设备连接在一起的通信网络，实现一定范围内资源共享和数据通信。要实现局域范围内的资源共享和数据通信，就需要有局域网的环境，如何应用局域网的基础理论和常用技术，组建满足功能需求、性能优良的局域网将是本章的目标和任务。

4.1　局域网硬件组成

局域网是由符合局域网标准的传输介质、网络设备和资源设备，根据需求按照一定的拓扑结构组成，在网络协议和软件的支持下，实现数据通信和资源共享的系统。

局域网由两部分组成：网络硬件和网络软件。一个局域网通常由主机(服务器、工作站)、网络适配器、集线器、交换器、传输介质和其他网络配件组成。为了扩展网络范围和进行网络互联，还要使用集线器、交换机、路由器等网络互联设备。

4.1.1　主机

局域网中主机的主要功能是实现资源共享和提供网络服务，同时用户通过主机使用网络的资源和服务，进行信息处理。根据主机在局域网中的功能和作用不同，将主机分为服务器和客户机(或工作站)两种类型。

1. 服务器(Server)

服务器是指网络中能给其他主机提供服务，为网络中所有客户机提供共享资源，并对这些资源进行管理的高性能计算机，一般采用大型机、小型机或高性能的微型机。对服务器的基本要求是运算速度快、硬盘和内存容量大、处理能力强。

服务器上通常安装有网络操作系统和网络服务软件，具有网络管理、共享资源、管理网络通信和为用户提供网络服务的功能。局域网中通常有一台服务器，也可以有多台服务器，它是局域网的资源和服务核心，局域网中的共享资源大多都集中在服务器上。根据服务器在网络中提供资源和服务的类型，按功能将服务器分为文件服务器、打印服务器、通信服务器和数据库服务器等。

2．客户机(Client)/工作站(Workstation)

客户机是指网络中能够独立运行，具有本地处理能力，通过网络通信使用网络资源和服务的主机，即网络中除服务器以外的主机统称为客户机或工作站。

客户机与服务器不同，服务器为网络上许多网络用户提供服务以共享其资源，而客户机仅对操作该客户机的用户提供服务。也可以这样理解，客户机是用户和网络的接口设备，用户通过它可以与网络交换信息，使用共享的网络资源和网络服务。

4.1.2 网络适配器

1．网络适配器的功能

网络适配器又称为网络接口卡(Network Interface Card，NIC)，俗称网卡，它是构成网络的基本部件。网卡安装在计算机主板的扩展槽中，它是局域网的通信接口，负责将用户要传递的数据转换为网络上其他设备能够识别的格式，解决局域网通信中物理层和介质访问控制层的问题。

网卡的基本功能为：从并行到串行的数据转换，包的装配和拆装，网络存取控制，以及数据缓存和网络信号传输。一方面网卡要完成计算机与传输介质的物理连接；另一方面，它要根据所采用 MAC 介质访问控制协议实现数据帧的封装和拆封，以及差错校验和相应的数据通信管理。典型的以太网卡如图 4-1 所示。

图 4-1 典型以太网卡

网卡必须具备网卡驱动程序和 I/O 技术两大技术要素。驱动程序使网卡和网络操作系统兼容，实现 PC 机与网络的通信；I/O 技术可以通过数据总线实现 PC 机和网卡之间的通信。

2．网卡的分类

网卡的主要技术参数为带宽、总线方式、电气接口方式等，根据网卡所支持的物理层标准与主机接口的不同，网卡可以分为不同的类型。

(1) 按照网卡支持的计算机种类不同，主要分为标准以太网卡和 PCMCIA 网卡两类。

其中标准以太网卡用于台式计算机联网，而 PCMCIA 网卡用于便携式计算机联网。

（2）按照网卡支持的传输速率不同，主要分为 10 Mb/s 网卡、100 Mb/s 网卡、10/100 Mb/s 自适应网卡和 1000 Mb/s 网卡四类。

（3）针对不同的传输介质，网卡提供了相应的接口，按网卡所支持的传输介质类型和接口不同，主要分为 AUI 接口(粗缆接口)网卡、BNC 接口(细缆接口)网卡、RJ-45 接口(双绞线接口)网卡和光纤网卡四类。

● RJ-45 接口网卡：适用于非屏蔽双绞线的网卡，这是最为常见的一种网卡，也是应用最广的一种接口类型网卡。RJ-45 接口网卡应用于以双绞线为传输介质的以太网中，通常网卡上自带两个状态指示灯，通过这两个指示灯的颜色可初步判断网卡的工作状态。

● AUI 接口网卡：这种接口类型的网卡对应用于以粗同轴电缆为传输介质的以太网或令牌环网中，在早先的局域网中使用。

● BNC 接口网卡：这种接口类型的网卡对应用于以细同轴电缆为传输介质的以太网或令牌环网中，目前这种接口类型的网卡较少见。

● 光纤网卡：采用光纤端口，适用于与多模光纤的连接。

（4）根据网卡总线类型分类，主要分为 ISA 网卡、EISA 网卡和 PCI 网卡三大类。其中 ISA 网卡和 PCI 网卡较常使用。ISA 总线网卡的带宽一般为 10 Mb/s，PCI 总线网卡的带宽从 10 Mb/s 到 1000 Mb/s 都有。同样是 10 Mb/s 网卡，因为 ISA 总线为 16 位，而 PCI 总线为 32 位，所以 PCI 网卡要比 ISA 网卡的传输速度快。

4.1.3 集线器

1．集线器的功能

集线器(Hub)属于数据通信系统中的基础设备，是一种不需任何软件支持或只需很少管理软件管理的硬件设备。集线器应用于 OSI 参考模型的第一层，因此又被称为物理层设备。

集线器实质上是一个中继器，主要功能是对接收到的信号进行再生放大，以扩大网络的传输距离。虽然集线器只是一个信号放大和中转的设备，不具备交换功能，但价格便宜、组网灵活，所以经常使用。集线器适用于星型网络布线，优点是如果一个工作站出现问题，不会影响整个网络的正常运行。

集线器外部结构非常简单，面板正面分布有多个(多组)RJ-45 端口(接口)，每个 RJ-45 端口有一个对应的 LED 状态指示灯，背面有交流电源插座和开关。集线器的结构如图 4-2 所示。通常集线器都提供两类端口：一类是用于连接节点的 RJ-45 端口(普通端口)，这类端口数目通常是 8、12、16、24 等；另一类端口用于集线器之间的级联，这类端口称为级联端口或向上连接端口，通常端口规格有连接粗缆的 AUI 端口、连接细缆的 BNC 端口以及光纤连接端口。

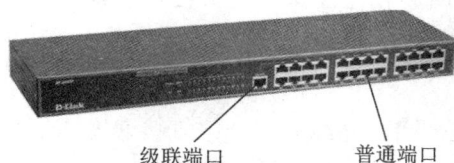

级联端口　　　　普通端口

图 4-2　集线器

由于从节点到集线器的非屏蔽双绞线最大长度仅为 100 m，因此利用集线器向上连接端口级联可以扩大局域网的覆盖范围。单一集线器结构适宜于小型工作组规模的局域网，如果需要联网的节点数超过单一集线器的端口数，则通常需要采用多集线器的级联结构，或者采用可堆叠式集线器。

集线器是以太网的中心连接设备，它是对"共享介质"总线型局域网结构的一种改进。用集线器作为以太网的中心连接设备时，所有的节点通过非屏蔽双绞线与集线器连接。这样的以太网在物理结构上是星型结构，但它在逻辑上仍然是总线型结构，并且在 MAC 层仍然采用的是 CSMA/CD 介质访问控制方法。当集线器接收到某个节点发送的帧时，它立即将数据帧通过广播方式转发到其他的连接端口。

2．集线器的分类

按照不同的分类方法，集线器可以分为不同的类型。

(1) 按照集线器支持的传输速率，可分为 10 Mb/s 集线器、100 Mb/s 集线器和 10/100 Mb/s 自适应集线器三类，其每个端口的传输速率分别达到 10 Mb/s、100 Mb/s 和 10/100 Mb/s。

(2) 按照集线器是否能够堆叠，可分为普通集线器和可堆叠式集线器两类。

普通集线器通过以太网总线提供中央网络连接，以星型的形式连接起来，仅适用于小型的网络中。普通集线器没有管理软件或协议来提供网络管理功能，不具备堆叠功能，当联网节点数超过单一集线器的端口数时，只能采用多集线器的级联方法来扩充。

堆叠式集线器是稍微复杂的集线器。它最显著的特征是 8 个转发器可以直接彼此相连。在应用中只需简单地添加集线器并将其连接到已经安装的集线器上就可以扩展网络，这种方法不仅成本低，而且简单易行，可方便地扩充连网的节点数。

(3) 按照集线器管理方式的不同，可以分为智能型集线器和非智能型集线器两类。

非智能型集线器只起到简单的信号放大和再生作用，无法对网络性能进行优化。非智能型集线器不能用于对等网络，而且所组成的网络中必须有一台服务器。

智能型集线器改进了普通集线器的缺点，增加了网络的交换功能，具有网络管理和自动检测网络端口速度的能力。

4.1.4　局域网交换机

1．交换机的功能

对于传统的以太网来说，当连接在集线器中的一个节点发送数据时，它将用广播方式将数据传送到集线器的每个端口，每个时间片内只允许有一个节点占用公用通信信道。交换机(Switch)的前身是网桥，采用硬件实现网桥的数据过滤和转发过程，使用了虚拟线路交换方式，技术上可在各输入、输出端口之间互不争用带宽的情况下，完成各端口间的数据高速传输，实现端口节点之间的多个并发连接，解决多节点之间数据的并发传输。因此，用交换机组建的交换式局域网可以增加网络带宽，改善局域网的性能与服务质量，从根本上改变"共享介质"的工作方式。交换机使用 MAC 地址来选择数据帧交换的目的地址，被看做 OSI 模型的第二层设备。

普通交换机设备在外观上与集线器相似，它的面板正面有多个端口，每个端口可以单独与一个节点连接，也可以与一个以太网集线器或交换机连接。交换机的端口类型分为半双工端口与全双工端口两类。对于 10 Mb/s 的端口，半双工端口带宽为 10 Mb/s，全双工端口带宽为 20 Mb/s；对于 100 Mb/s 的端口，半双工端口带宽为 100 Mb/s，而全双工端口带宽为 200 Mb/s。

2．局域网交换机的分类

(1) 从传输介质和传输速度划分，局域网交换机可分为以太网交换机、快速以太网交换机、千兆以太网交换机、FDDI 交换机、ATM 交换机和令牌环交换机等多种，这些交换机分别适用于以太网、快速以太网、FDDI、ATM 和令牌环网等环境。

(2) 从应用规模划分，局域网交换机可分为工作组交换机、部门级交换机和企业级交换机三种类型。

工作组交换机是最常见的一种交换机，其外形如图 4-3 所示，其特征是端口数量较少、功能单一、价格便宜、提供多个具有 100 Mb/s 传输速率的 RJ-45 连接端口。工作组交换机使用最广泛，常用于办公室、小型机房和业务受理较为集中、对带宽要求不高的业务部门。

部门级交换机可以是固定的配置，也可以是模块配置，一般有光纤接口，即工作组交换机，其外形如图 4-4 所示。部门级交换机一般具有较为突出的智能型特点，支持基于端口的 VLAN，可实现端口管理，可对流量进行控制，具有网络管理功能。通过其配置端口与 PC 机连接，可实现对交换机的配置、监控、测试和管理。部门级交换机通常用来作为扩充设备，在工作组交换机不能满足需求时，可用于级联工作组交换机，构建较多节点数量的局域网。

图 4-3　工作组交换机　　　　　　　　　图 4-4　部门级交换机

企业级交换机属于高端交换机，它采用模块化结构，可作为网络骨干构建高速局域网，其外形如图 4-5 所示。这种交换机应用相对较少，仅用于大型网络，且一般作为网络的骨干交换机，并具有快速数据交换能力和全双工能力，可提供容错等智能特性，还支持扩充选项及第三层交换中的虚拟局域网等多种功能。

图 4-5　企业级交换机

4.1.5　局域网传输介质

传输介质是网络中数据信号传输的载体，通过传输介质将计算机和网络连接设备相连。局域网中常用的传输介质有双绞线、同轴电缆、光纤以及无线传输介质等。在第 1 章 1.6 节"局域网传输介质"中已作介绍，在此不再赘述。

*4.2　局域网规划与设计介绍

在建设一个局域网时，人们都希望它将来能够实用，满足工作、学习、生活等各个方面的要求，同时也希望其性能先进，安全可靠，有一定扩张余地，适应未来网络发展等。网络系统的规划设计成功与否，是网络建设成败的关键。网络规划设计涉及的内容很多，在此仅作简要介绍。

4.2.1　局域网规划

组建任何局域网都有一定的目的和要求，在具体施工之前首先应该充分了解用户建立局域网的需求，再根据需求进行网络规划，为后续网络设计提供依据。

1. 需求分析

需求分析工作是组建局域网工作的前奏，其目的是明确组建局域网络的目标和具体任务，即局域网络的结构与规模、目标与功能。为了清楚地掌握用户的需求，就需要做深入仔细的调查研究工作，并采用多种途径，与用户多进行沟通，以便与用户在认识上达成共识。如果这部分工作做得到位，那么组建局域网工作始终会得到用户的支持和帮助，该项工作也能"多快好省"地顺利开展。

需求分析通常包括可行性分析、环境因素、功能和性能要求、成本/效益分析等方面。

1) 可行性分析

可行性分析是在了解现有网络的现状和组建网络具体需求的基础上，对局域网组建工作是否可行给出定性结论。主要包括社会上可行、技术上可行和经济上可行三个方面的内容。

2) 环境因素分析

环境因素是指网络规划人员应该确定局域网络日后的工作范围，业务人员利用局域网络进行工作的环境。各个节点之间的位置、相互距离、业务量大小和建筑物环境都对局域网络的规模、拓扑结构、设备的选择有直接影响。环境分析的目的是收集在这种环境中工作的局域网资料，从而确定网络结构、节点数量、传输介质和布线施工等因素。

3) 功能和性能需求分析

功能和性能需求分析是了解用户以后利用网络从事什么业务活动以及业务活动的性质，从而得出组建具有什么功能的局域网的结论。功能和性能需求分析包括服务器和客户机配置，采用的操作系统以及需要安装配置的服务，网络流量和传输速率的要求(从而确定采用的传输介质)，需要共享的设备名称、规格和数量，共享数据的性质和数量，用来确定配置相应的数据库系统和应用软件，网络安全的要求等方面内容。

4）成本效益分析

局域网的成本效益分析包括以下两方面内容：

（1）成本估算：硬件设备的费用、软件费用、设备安装和网络布线的人工成本、网络运行和维护费用。

（2）效益分析：包括网络运行以后带来的直接效益和由于提高工作效率、节省人力、改善工作环境所带来的间接效益。

设计人员将上述几个方面的费用进行估算，根据支出和收益，探讨可能的投资回报以及网络的整体效益。

2．局域网规划

通过需求分析，网络设计者对整个网络的轮廓有了大致了解，规划人员应该从尽量降低成本、尽可能提高资源利用率等方面考虑，本着先进性、安全性、可靠性、开放性、可扩充性和最大限度资源共享的原则，进行网络规划。局域网规划的最终结果要以书面的形式提交给用户。

局域网规划通常包括以下几个方面：

（1）场地规划。场地规划是根据需求分析的环境因素得出的结果，规划的目的是确定设备、网络线路的合适位置。场地规划应考虑服务器等关键设备的位置、线路敷设方式、网络终端位置等几个方面的因素。

（2）网络设备规划。网络设备规划应该根据需求分析来确定设备的品种、数量和规格，具体规划项目如下：确定服务器的规格、型号和硬件配置；客户机的标准和数量；网络连接设备的型号和数量；光纤、双绞线和电缆等传输介质的数量以及接头数量；其他安装和测试网络的辅助工具。

（3）操作系统和应用软件的规划。硬件确定以后，关键是确定软件。网络组建需要考虑的软件是操作系统，网络操作系统可以根据需求进行选择。应用软件包括网络管理软件、安全软件等，规划时要根据用户的安全策略进行应用软件的选择。

（4）网络管理的规划。网络组建投入运行以后，需要做大量的管理工作，在规划时应该考虑管理的易操作性和通用性。网络建设时需要既有专业知识又善于协调的人员进行管理，及时进行网络知识培训，安排专业人员进行网络的管理和维护工作，并制定网络访问和使用制度，保证网络不间断运行。

4.2.2　局域网设计

局域网的种类很多，不同的种类具有不同的设计规则。网络设计是在对网络进行规划以后，开始着手网络组建的第一步，其成功与否关系到网络的功能和性能。

1．网络设备的选择

从网络的物理体系结构来看，局域网处于网络体系结构的低层，由多个计算机、终端设备以及数据传输设备和通信数据处理机构成。小型局域网设备通常包括计算机、网卡、传输介质和连接交换设备(集线器、交换机)，大型局域网通常需要路由器以及光纤等设备。

　　一个简单的局域网的典型组合是只有几台计算机或几十台计算机相互通信，可以设置一台性能较高的计算机作为服务器，对于大型局域网，需要一台或多台高性能的服务器计算机。在选择计算机设备时，一般可用普通 PC 机作为客户机，满足日常信息和事务处理要求即可，而服务器设备则需要根据应用的需求、性能、可扩展性、可靠性等方面的具体要求进行设备选择，可选择不同配置的应用服务器。

　　网卡可以选择 100 Mb/s、1000 Mb/s 网卡，通常使用的是以太网卡。

　　传输介质选择可以从价格、性能等方面考虑性价比较高的 5 类双绞线，如果需要，可以选择光纤。

　　交换机(或集线器)选择通常根据网络的速度、连接计算机的数量、设备的接口数量、稳定性、价格等因素综合考虑，可选择 100 Mb/s、1000 Mb/s 速率。接口可以是 8 口、16 口或 24 口的设备，接口的多少是决定设备价格的主要因素。如果网络中计算机数量多于交换机的接口，这时就要将多个交换机连接，以构成较大规模的局域网，也可采用三层交换机(或路由器)构建更大规模的局域网。

2．网络拓扑结构设计

　　网络拓扑结构描述了网络设备连接的形式，常见的有星型结构、总线型结构和环型结构。网络拓扑结构的具体选择需要考虑很多因素，如网络中计算机的分布情况、网络工作环境以及选择的传输介质是否容易安装等。

　　在实际应用中普遍使用的是星型结构。星型结构的优点是网络相对稳定，网络中单台计算机的失效不会影响整个网络。另外，星型连接的拓扑结构相对简单。

　　对于简单的网络，通常采用星型网络结构。当多个计算机不能通过一个连接设备(集线器/交换机)连接时，必须使用多个连接设备。此时，可以考虑将网络结构设计成两级：第一级连接设备(如交换机)连接多个第二级连接设备和服务器，第二级连接设备连接客户机，两级之间通常选择星型结构。

　　设计网络拓扑结构时应从节约成本角度考虑，网线长度应该尽量短。为了网络的可靠性，第二级应该尽量使用星型结构，第一级结构尽量使用质量较好、传输速率高、性能稳定可靠的设备和传输介质，因为第一级设备使用率高，对整个网络影响相对较大。

　　采用分级星型结构时，第一级设备尽量使用集线器或者交换机；服务器应该连接在第一级，而不应该连接在第二级。因为虽然服务器连接在任何地方都可以有效管理整个网络以及提供服务，但是如果网络发生局部故障，且服务器恰好连接在该局部结构中，那么整个网络就会受到影响。

　　一般中小型网络通常采用分级星型结构，下层和上层都采用星型结构，总体为树型结构。

3．网络操作系统的选择

　　硬件只是网络的基石，而软件则是网络的灵魂。网络操作系统是局域网最重要的系统软件，具有 CPU 管理、进程管理、设备管理、存储管理以及文件管理等功能。除了这些功能外，网络操作系统还具备高效、可靠的网络通信能力和网络数据处理能力，如远程打印服务、文件传输服务、Web 服务、远程登录服务等。

　　选择网络操作系统的基本要求是具有丰富的通信协议，提供快速的网络数据处理能力，提供资源共享能力以及能管理多个用户之间文件的访问权限。

网络操作系统一般由两部分组成：一部分安装在服务器上，另外一部分安装在客户机上，两者都不能缺少。在进行网络操作系统选择时，应该在考虑用户处理习惯和用户网络知识水平的基础上进行选择。网络操作系统的种类很多，比较常用的操作系统有微软公司的 Windows NT、Windows 2000、Windows 2003 等和 Novell 公司的 NetWare 系列产品，目前 UNIX、Linux 操作系统在稳定性和效率上逐渐占据优势。

4．布线设计规划

在决定硬件和软件以后，网络设计的最后环节是布线设计，这是网络设计的重要内容之一。局域网布线设计的依据是网络的分布架构，网络布线必须有较长远的考虑。如果布线设计不到位或者有缺陷，在施工完成以后变更将非常困难，因此该项工作要在统一综合布线原则的指导下，认真细致地做好。

对于大型局域网，连接园区内各个建筑物的网络通常选择光纤，统一规划，冗余设计，使用线缆保护管道并且埋入地下。建筑物内又分为连接各个楼层的垂直布线子系统和连接同一楼层各个房间入网计算机的水平布线子系统。如果设有信息中心网络机房，还应该考虑机房的特殊布线需求。

在进行局域网布线时，应该充分考虑到将来网络扩展可能需要的最大接入节点数量、接入位置的分布和用户使用的方便性。若整座建筑物接入局域网的节点计算机不多，可以采用从一个接入层节点直接连接所有入网节点的设计。若建筑物的每个楼层都分布有大量接入节点，就需要设计垂直布线子系统和水平布线子系统，并且在每层楼设置专门的配线间，安置该楼层的接入层节点网络设备和配线装置。水平布线子系统通常采用非屏蔽双绞线或屏蔽双绞线，选择线缆类型和带宽根据应用需求决定。连接各个楼层交换机的垂直布线子系统通常采用光纤。

4.3 常见局域网组网方法

在学习局域网硬件组成的基础上，本节讨论局域网物理结构设计与局域网组网方法。组建局域网一般使用双绞线、光纤为传输介质，使用集线器或交换机等网络连接设备。目前，集线器已经逐渐退出历史舞台，组建局域网时多采用交换机，本节以交换机为连接设备说明局域网组网的一般方法。

4.3.1 双绞线组网方法

双绞线组建局域网具有造价低、易于安装、管理简便、系统可靠性好等优点，成为目前流行的以太网组网方式，并得到了广泛应用。

1．基本的硬件设备

在使用非屏蔽双绞线组建以太网时，需要使用以下几种基本硬件设备：

· 带有 RJ-45 接口的以太网卡；

· 交换机；

· 5 类非屏蔽双绞线；

· RJ-45 连接头。

2．双绞线组网方法

按照使用交换机的方式，双绞线组网方法可以分为以下几种：

1）单一交换机结构

使用单一交换机组建的以太网结构很简单，所有节点通过双绞线与交换机连接，并构成物理上的星型拓扑结构，其网络结构如图 4-6 所示。从节点计算机到交换机的非屏蔽双绞线最大长度为 100 m，采用直通线连接。这种方式很容易将多台计算机连接成一个局域网，适用于小型工作组规模的局域网。

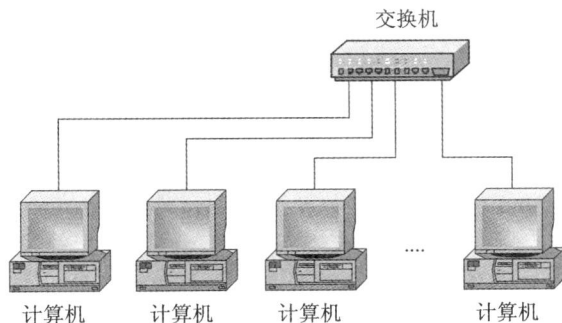

图 4-6　单一交换机局域网结构示意图

2）交换机级联结构

当连网的节点数超过单一交换机的端口数时，交换机就无法实现所有节点连接构成一个网络，可采用多个交换机级联结构，其结构如图 4-7 所示。普通的交换机一般都提供两类端口：一类是用于连接节点的 RJ-45 普通端口，另一类是向上连接的级联端口(UpLink)。各节点通过直通线与交换机 RJ-45 普通端口相连接，形成一段网络，再将交换机级联端口通过交叉线与上一级交换机的普通端口连接，实现交换机的级联，构成一个规模较大的局域网。

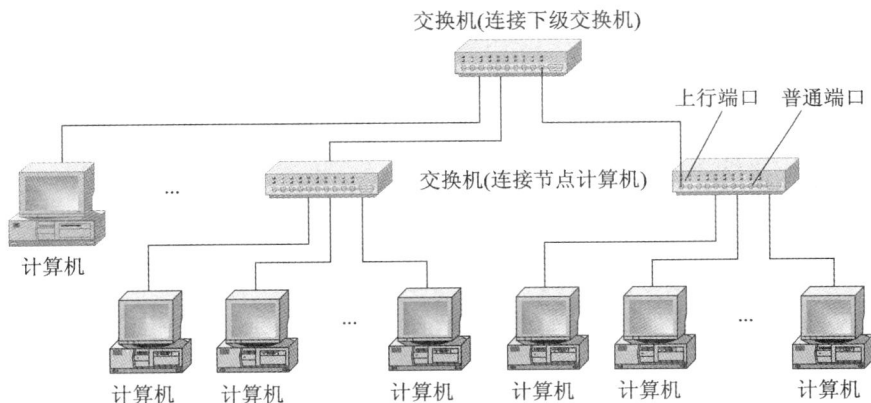

图 4-7　多交换机级联局域网结构示意图

在采用多交换机级联结构时，通常采用以下两种方法：

(1) 使用双绞线，通过交换机的 RJ-45 端口实现级联。

(2) 使用光纤，通过交换机提供的向上光纤连接端口实现级联。

通过交换机级联，可以扩大局域网覆盖范围，单根双绞线连接最大距离为 100 m，那么局域网中同一设备上两节点的最大距离可达 200 m。通过交换机级联的方法，可以延伸网络跨度距离，级联不超过四级，实际应用中通常不超过三级。

3) 堆叠式交换机结构

通过堆叠式交换机背板堆叠端口，将交换机彼此连接起来，构成一个更多端口的单一交换机设备。图 4-8 给出了典型的使用堆叠式交换机的以太网结构，该结构在实际应用中较少采用。

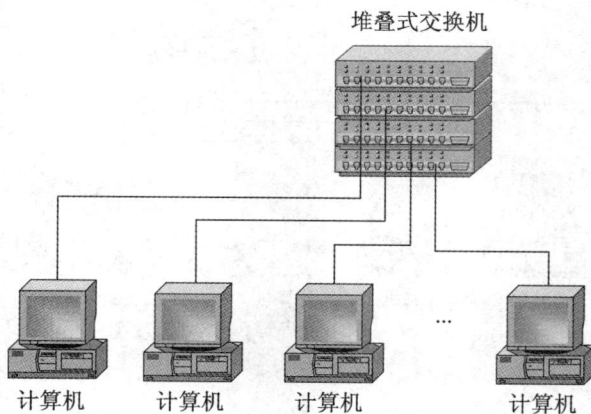

图 4-8　堆叠式交换机局域网结构示意图

堆叠式结构中的所有交换机从拓扑结构上可视为一个交换机，可以当作一台交换机来统一管理。交换机堆叠技术采用了专门的管理模块和堆栈连接电缆，这样做的好处是：一方面增加了用户端口，能够在交换机之间建立一条较宽的宽带链路，每个实际使用的用户带宽就有可能更宽(在不使用其他端口的情况下)；另一方面多个交换机能够作为一个大的交换机，便于统一管理。

4.3.2　快速以太网组网方法

随着以太网交换技术日趋成熟，以太网交换机的成本迅速下降，以太网交换机在组建局域网中已经得到广泛使用，成为主要的网络互联设备，100 Mb/s 的交换机已经成为组建局域网不可缺少的基本设备。

以太网交换机从根本上改变了共享式局域网的结构，解决了带宽瓶颈问题。通过交换机可以建立 VLAN，对连接到交换机端口的网络用户进行逻辑分段，不受网络用户的物理位置限制，提高了网络整体带宽，解决了对网络带宽有一定限制的应用的需要，例如支持多媒体图像和声音传输的需要。

1．基本的硬件设备

快速以太网组网主要采用传输速率为 100 Mb/s 的设备和传输介质，需要的基本硬件设备如下：

- 100 Mb/s 以太网交换机；
- 100 Mb/s 以太网卡；
- 双绞线或光纤。

2．快速以太网组网

快速以太网的网络拓扑结构、组网方法与传统以太网基本相同。快速以太网组网采用星型网络拓扑结构，各节点通过双绞线与 100 Mb/s 以太网交换机相连，交换机间采用级联的方式连接，通过双绞线或光缆连接，其拓扑结构如图 4-9 所示。

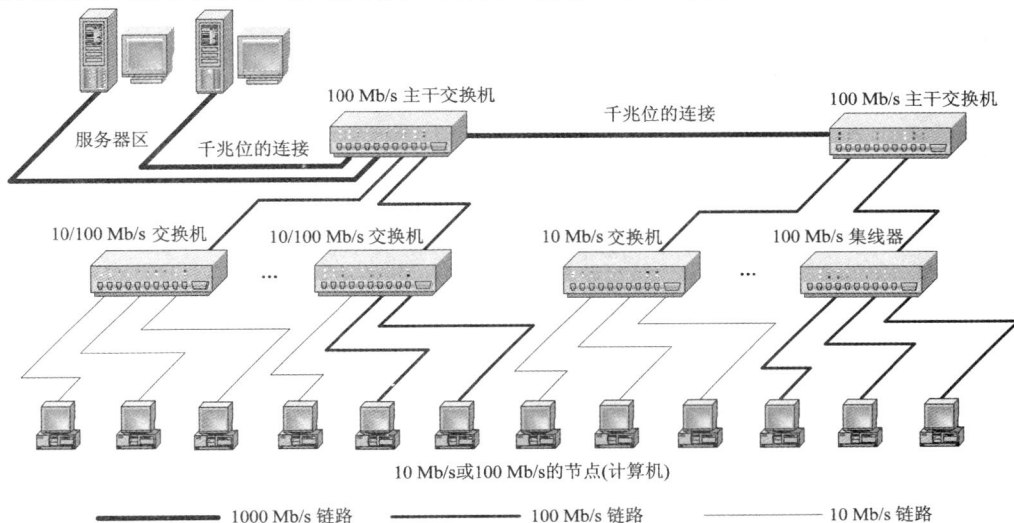

图 4-9　快速以太网拓扑结构示意图

4.3.3　千兆位以太网组网方法

1．基本的硬件设备

组建千兆位以太网时需要使用以下基本硬件设备：

- 1000 Mb/s 以太网交换机；
- 1000 Mb/s 以太网卡；
- 100 Mb/s 以太网交换机；
- 100 Mb/s 以太网卡；
- 双绞线或光纤。

1000Base-T 标准使用 5 类非屏蔽双绞线，双绞线长度可以达到 100 m；1000Base-LX 标准使用单模光纤，光纤长度可以达到 3000 m；而 1000Base-SX 标准使用多模光纤，光纤长度可以达到 300～550 m。

2．千兆位以太网组网方法

在千兆位以太网组网中，合理地分配网络带宽是很重要的，需要根据网络的规模与布局来选择合适的两级或三级网络结构。千兆位以太网拓扑结构示意图如图 4-10 所示。

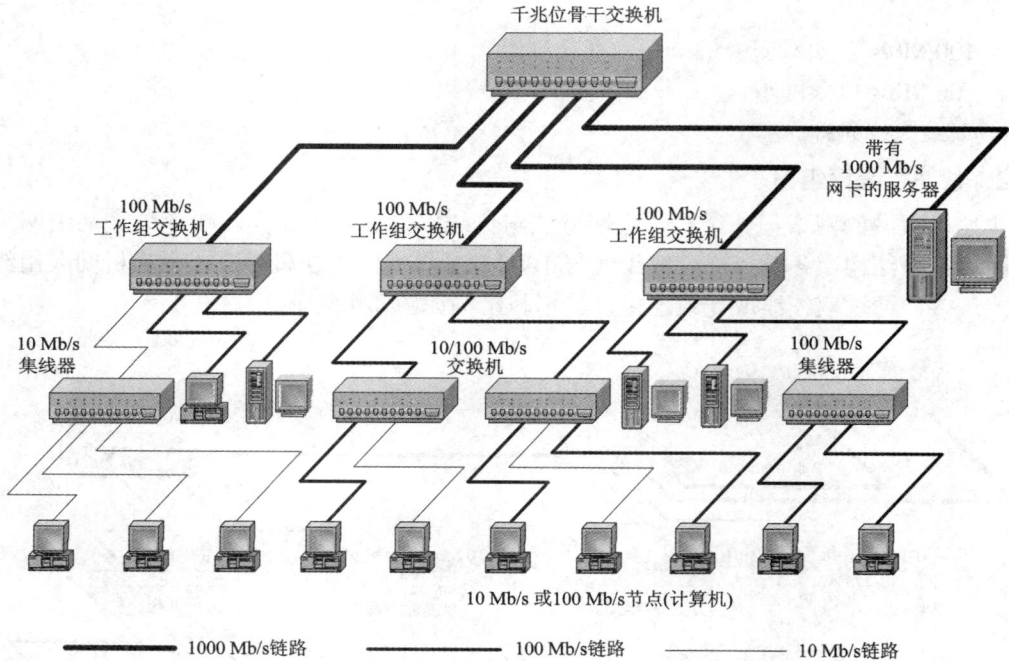

图 4-10　千兆位以太网拓扑结构示意图

在设计千兆位以太网时，需要注意以下几个问题：

(1) 一般在网络主干部分需要使用性能很好的千兆位以太网主干交换机，以解决由于网络带宽引起的瓶颈问题。

(2) 在网络支干部分可考虑使用性能较低一些的千兆位以太网支干交换机，以满足实际应用对网络带宽的需要。

(3) 在楼层或部门一级，根据实际需要选择 100 Mb/s 的以太网交换机。

(4) 用户端使用 10 Mb/s 或 100 Mb/s 的以太网卡，将工作站连接到 100 Mb/s 集线器或以太网交换机上。

4.4　局域网软件安装与配置

局域网硬件设备连接完成之后，物理网络组建已经完成，但是网络要投入运行和应用，还需要安装和配置相关的软件，进行网络测试等工作，这些工作完成后，网络才能够真正运行和使用。

4.4.1　局域网软件系统的基本组成

局域网软件主要包括网络操作系统、网卡驱动程序、协议软件、数据通信软件、应用软件等，在第 1 章中已经讲述了网络软件系统的组成，在此仅对局域网软件系统做简要说明。

目前较适用于局域网的主要有 Windows 2000 Server、UNIX、Linux 等几种网络操作系统。在日常的应用中，Windows 操作系统使用最为广泛，它包含了网络操作系统、协议软件、数据通信、网络应用等很多网络功能，下面就以 Windows 操作系统为例说明网络软件的安装。

4.4.2　网卡驱动程序安装

在计算机上完成网卡安装之后，通常先要安装网卡驱动程序。如果用户安装的网卡设备支持"即插即用"功能，那么在启动计算机后，系统会自动检测到新安装的网卡设备，并为其自动安装驱动程序，用户一般不需要专门安装网卡驱动程序。如果用户的网卡较新或 Windows 系统不能识别，则需要用户手工进行网卡驱动程序的安装。

1．网卡驱动程序的获取

在购买网卡设备时，一般都会提供网卡的驱动程序软件光盘或软盘，如果没有提供，则需要在互联网上搜索对应型号网卡的驱动程序，下载后方可安装使用。

2．网卡驱动程序软件的安装

在 Windows 环境中，安装网卡驱动程序的步骤如下：

(1) 打开"控制面板"，双击"添加硬件"，打开"添加硬件向导"对话框(如图 4-11 所示)，单击"下一步"按钮。

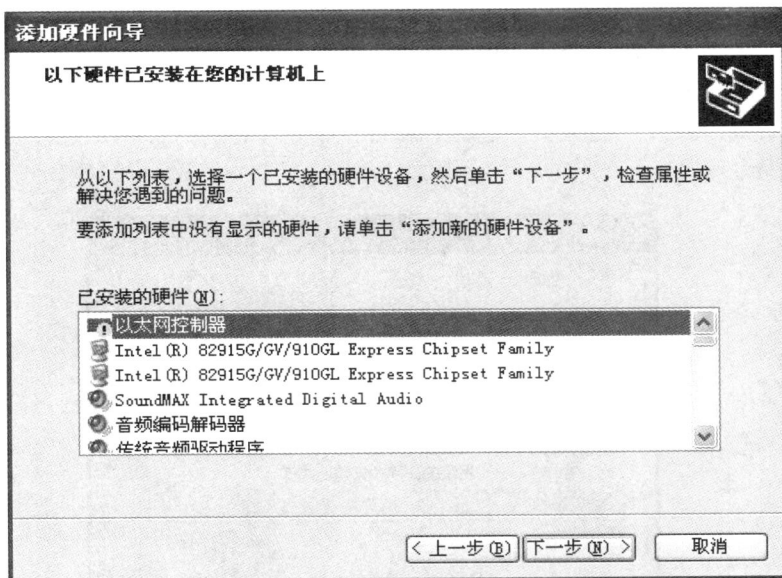

图 4-11　"添加硬件向导"对话框

(2) 系统提示搜索新硬件，在"硬件连接好了吗"界面中选择"是"，单击"下一步"按钮。

(3) 系统开始搜索即插即用设备，检测到新硬件后，选择对应的网卡设备，单击"下一步"按钮。

(4) 选择"从磁盘安装"，通过"浏览"按钮选择驱动程序路径及安装文件，单击"下一步"按钮。

(5) 系统将复制网卡并安装需要的文件，开始软件安装，结束后若提示用户重新启动计算机，则重启计算机后即可完成软件安装。

4.4.3 网络协议安装

网卡驱动程序安装后，还需要安装网络协议。在 Windows 操作系统中，网卡驱动程序安装后，系统通常会自动安装相关的网络协议，用户一般不需要进行手工安装，如果需要也可进行手工安装。

1. 局域网中的网络协议

局域网中通常使用的网络协议有 TCP/IP 协议、NetBEUI 协议、IPS/SPX 协议等。其中，NetBEUI 协议是由 IBM 公司开发的一种小型、高效、快速的通信协议，它被 Microsoft 公司使用，作为 Windows 操作系统的基础协议，主要用于部门级局域网，适用于 200 个以下用户的小型网络。该协议运行占用资源少，具有容错功能，并且在网络应用中基本不需要进行手工配置，使用简单方便，可方便实现局域网的通信和资源共享。

但是，如果局域网用户需要组建更大规模的网络，或者需要联入广域网或互联网，则需要安装 TCP/IP 协议。该协议主要用于广域网，也可用于局域网，是目前局域网中普遍使用的网络协议。

2. 局域网网络协议安装

如果需要手工安装网络协议，可按以下操作进行。

(1) 打开"控制面板"，双击"网络连接"，打开"网络连接"对话框。在"本地连接"上单击鼠标右键，打开快捷菜单，选择"属性"菜单项，打开"本地连接 属性"对话框，如图 4-12 所示。

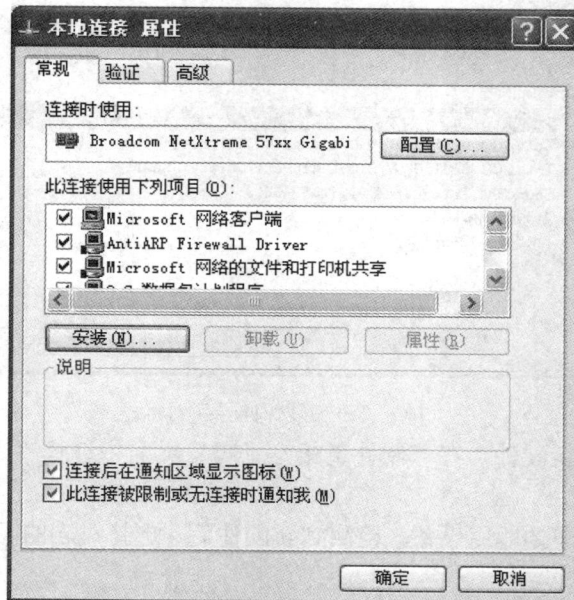

图 4-12 "本地连接 属性"对话框

(2) 单击"安装"按钮，打开"选择网络组件类型"对话框(如图 4-13 所示)，在列表框中选择"协议"，单击"添加"按钮，打开"选择网络协议"对话框。

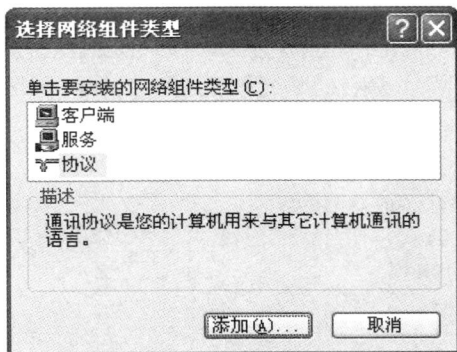

图 4-13 "选择网络组件类型"对话框

(3) 在"选择网络协议"对话框厂商列表中选择"Microsoft"，在网络协议中选择"TCP/IP 协议"，单击"确定"按钮，系统开始安装。如果对话框中没有要安装的协议，可以选择"从磁盘安装"。

(4) 协议安装完成后，系统提示用户重新启动计算机，以使安装的网络协议生效。

4.4.4 安装客户端程序

在客户计算机上，对于每一种不同类型的计算机网络，系统都需要安装一个客户端程序，这样才能实现与网络中其他计算机的连接。在 Windows 操作系统中，安装客户端程序的步骤如下：

(1) 打开"控制面板"，双击"网络连接"，打开"网络连接"对话框。在"本地连接"上单击鼠标右键，打开快捷菜单，选择"属性"菜单项，打开"本地连接 属性"对话框，如图 4-12 所示。

(2) 单击"安装"按钮，打开"选择网络组件类型"对话框(见图 4-13)，在列表框中选择"客户端"，单击"添加"按钮，打开"选择客户端"对话框。

(3) 在"选择客户端"对话框厂商列表中选择"Microsoft"，在网络客户列表中选择"Microsoft 网络用户"，单击"确定"按钮，系统开始安装软件。

4.4.5 TCP/IP 协议属性配置

在安装了 TCP/IP 协议之后，还需要对 TCP/IP 协议的属性进行设置，配置 TCP/IP 协议的有关参数，这样 TCP/IP 协议才能正确工作。

TCP/IP 协议的属性设置包括 IP 地址、子网掩码、默认网关、DNS 等参数，这些参数由网络管理人员统一分配，用户按要求进行配制。配置操作如下：

(1) 打开"控制面板"，双击"网络连接"，打开"网络连接"对话框。在"本地连接"上单击鼠标右键，打开快捷菜单，选择"属性"菜单项，打开"本地连接 属性"对话框，如图 4-12 所示。

(2) 在列表中选择 "Internet 协议(TCP/IP)"，单击"属性"按钮，打开"Internet 协议

(TCP/IP)属性"对话框，如图 4-14 所示。

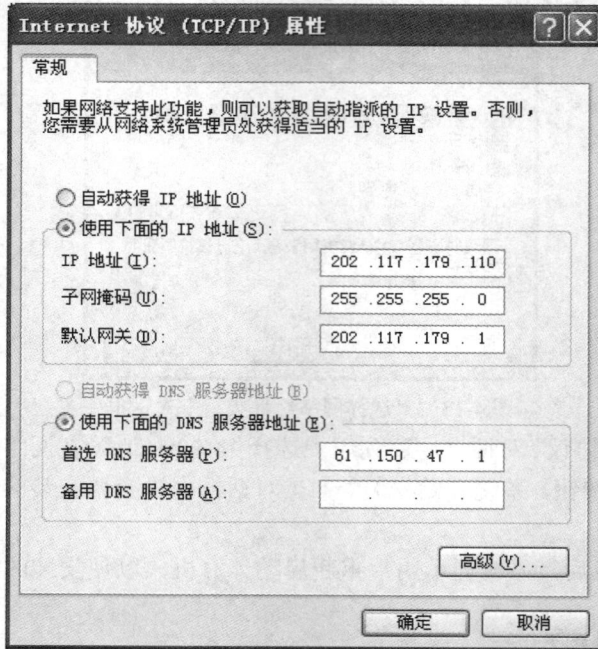

图 4-14　"Internet 协议(TCP/IP)属性"对话框

(3) 在"Internet 协议(TCP/IP)属性"对话框中，对于按网络管理员分配的 TCP/IP 属性参数，分别填写本机的 IP 地址、子网掩码、默认网关、DNS 服务器地址等网络配置参数。设置完成后，单击"确定"按钮保存设置结果，再单击"确定"按钮，退出"本地连接 属性"对话框。

如果所在的局域网环境中提供 DHCP 服务，每个主机可采用动态 IP 配置，选择"自动获得 IP 地址"，则系统自动为每个主机配置 TCP/IP 属性的相关参数。

4.4.6　网络配置检测

网络配置是否正确是网络正常使用的前提，如果参数不正确，网络将无法正常使用，因此，需要通过一定的检测方法，检查网络配置参数以及通信状况，找到导致网络不能正常工作的原因并解决。

Windows 中用于查看网络配置参数的命令是 IPConfig 命令，用于网络通信检测的命令是 Ping 命令。命令的使用方法是：单击"开始"菜单→选择"程序"→选择"附件"→选择"命令提示符"，打开命令操作窗口，可在命令提示符下输入命令并执行。命令的格式一般为"命令/参数"，如 Ping /?，其参数"？"用来查看 Ping 命令的帮助和说明。

1．IPConfig 命令

查看计算机网络参数的目的在于检查网络配置是否正确，IPConfig 命令用于查看当前主机的 TCP/IP 协议配置信息，这些信息可用来检验和判断 TCP/IP 配置参数的设置是否正确。如果计算机和所在的局域网使用了动态主机配置协议，则这个命令所显示的信息也许更加实用，它可以让用户了解计算机是否成功地租用到一个 IP 地址，如果租用到则可以了解它目前分配到的是什么地址。了解计算机当前的 IP 地址、子网掩码和缺省网关是进行测试和故障分析的必要项目。

IPConfig 命令用来查看当前的 TCP/IP 协议的基本配置，如果加"all"参数则可以查看全部配置信息。

在命令行下键入"ipconfig/all"，显示以下类似信息(具体内容因每台计算机的配置参数不同而异)：

Windows IP Configuration
    Host Name . . . . : tom(主机名)
    Primary Dns Suffix   . . . . :(DNS 后缀)
    Node Type . . . . : Unknown(节点类型)
    IP Routing Enabled. . . . . . : No(IP 路由器是否可用)
    WINS Proxy Enabled. . . . . : No
Ethernet adapter 本地连接:
    Connection-specific DNS Suffix   . :
    Description . . . . : 3Com 3C920 Integrated Fast Ethernet(网卡型号)
Controller (3C905C-TX Compatible)
    Physical Address. . . . . : 00-06-5B-75-53-C1(物理地址 MAC)
    Dhcp Enabled. . . . . : No(动态 IP 是否可用)
    IP Address. . . . . : 202.117.179.10(IP 地址)
    Subnet Mask . . . . : 255.255.255.0(子网掩码)
    Default Gateway . . . . : 192.168.0.1(网关)
    DNS Servers . . . . : 61.150.47.1(域名服务器 IP 地址)

2．Ping 命令

Ping 是测试网络连接状况以及信息包发送和接收状况非常有用的工具，是网络测试最常用的命令。Ping 向目标主机(地址)发送一个回送请求数据包，要求目标主机收到请求后给予答复，从而判断网络的响应时间和本机是否与目标主机(地址)连通。

如果执行 Ping 不成功，则可以预测故障出现在以下几个方面：网线故障，网络适配器配置不正确，IP 地址设置不正确。如果执行 Ping 成功而网络仍无法使用，那么问题很可能出在网络系统的软件配置方面，Ping 成功只能保证本机与目标主机间存在一条连通的物理路径。

命令格式：
    Ping IP 地址或主机名 [-t] [-a] [-n count] [-l size]
参数含义：
-t：不停地向目标主机发送数据；
-a：以 IP 地址格式来显示目标主机的网络地址；
-n count：指定要 Ping 多少次，具体次数由 count 来指定；
-l size：指定发送到目标主机的数据包的大小。
用 Ping 命令可以确定本地主机能否和另一台主机通信。Ping 本机的回送地址可确定本机的网络配置是否正确。在命令行下键入"Ping 127.0.0.1"，测试内网地址，确定本机的网络配置是否正确，显示以下类似信息：

Pinging 127.0.0.1 with 32 bytes of data:
Reply from 127.0.0.1: bytes=32 time<1ms TTL=128
Reply from 127.0.0.1: bytes=32 time<1ms TTL=128
Reply from 127.0.0.1: bytes=32 time<1ms TTL=128
Reply from 127.0.0.1: bytes=32 time<1ms TTL=128
Ping statistics for 127.0.0.1:
　　Packets: Sent = 4, Received = 4, Lost = 0 (0% loss),
Approximate round trip times in milli-seconds:
　　Minimum = 0ms, Maximum = 0ms, Average = 0ms

以上信息说明内网能够进行正常通信。

在命令行下键入"Ping 本机 IP 地址"，确定本机的网络配置是否正确。如果显示类似上面的信息，说明网络配置正确，否则显示连接测试不成功信息，需要检查网络配置。

4.4.7　应用软件安装

网络安装配置正确、通信检测正常后，还需要根据具体网络应用，安装相应的应用软件。网络应用主要采用 C/S 工作模式，服务器提供各种网络服务，客户机使用网络提供的服务，对于一般用户则要使用网络服务，需要在自己的客户机上安装各种使用网络服务的客户端软件。

通常客户端软件是网络服务商提供的，用户需要使用时，可以从互联网上下载程序文件，然后在安装的本地计算机上使用。如要上网浏览网页信息，则需要安装浏览器软件(Windows 中已经集成了 IE 浏览器)，也可以下载安装其他浏览器软件，如腾讯公司的 TT 浏览器；若要网上聊天，通常需要下载安装 QQ 软件。软件的安装方法与其他应用软件相同，在此不再详细说明。

4.5　局域网综合布线系统介绍

综合布线系统(Premises Distributed System，PDS)是一种集成化的通用传输系统，在楼宇和园区范围内，利用双绞线或光缆来传输信息，可以连接电话、计算机、会议电视和监视电视等设备的结构化信息传输系统，能支持语音、数据、图文、视频等多媒体业务需要。

综合布线系统使用标准的双绞线和光纤，支持高速率的数据传输。这种系统使用物理分层开放式星型拓扑结构，积木式、模块化设计，遵循统一标准，使系统的集中管理成为可能，也使每个信息点的故障、改动或增删不影响其他的信息点，使安装、维护、升级和扩展都非常方便，并节省了费用。

4.5.1　综合布线系统的组成

综合布线系统是建筑物或建筑群内的信息传输系统，使语音和数据通信设备、交换机设备、信息管理系统及设备控制系统彼此相连，也使这些设备与外部通信网络相连接。它包括建筑物到外部网络或电话局线路上的连线、与工作区的语音或数据终端之间的所有电缆及相关联的布线部件。布线系统由不同系列的部件组成，其中包括传输介质、线路管理硬件、连接器、插座、插头、适配器、传输电子线路、电器保护设备和支持硬件。

综合布线系统由工作区子系统、水平子系统、干线(垂直)子系统、设备间子系统、管理子系统和建筑群子系统构成。

1. 工作区子系统

工作区子系统由终端设备连接到信息插座之间的设备组成，包括信息插座、插座盒(或面板)、连接软线、适配器等，如图 4-15 所示。

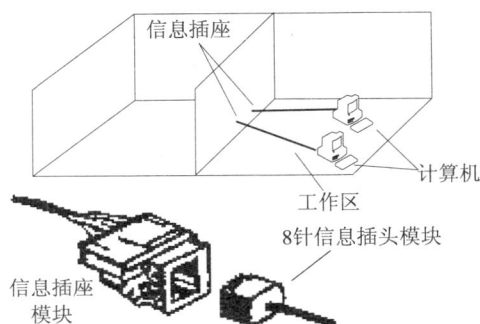

图 4-15　工作区子系统

工作区应由配线(水平)布线系统的信息插座延伸到工作站终端设备处的连接电缆及适配器组成。

一个独立需要设置终端设备的区域宜划分为一个工作区，每个工作区至少设置一个信息插座用来连接电话机或计算机终端设备，或按用户要求设置。

工作区的每一个信息插座均应支持电话机、数据终端、计算机、电视机及监视器等终端的设置和安装。

2. 水平子系统

水平子系统的功能是将干线子系统线路延伸到用户工作区的信息插座上，但不是到终端用户。水平子系统是布置在同一楼层上的，一端接在信息插座上，另一端接在楼层配线间的跳线架上。

水平子系统应由工作区的信息插座、信息插座至楼层配线设备的配线电缆或光缆、楼层配线设备和跳线等组成，如图 4-16 所示。

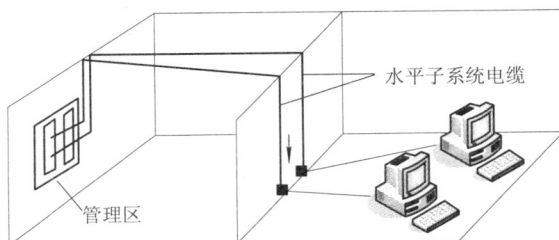

图 4-16　水平子系统

　　水平子系统主要采用 4 对非屏蔽双绞线，它能支持大多数现代通信设备，在某些要求宽带传输的情形下，可采用"光纤到桌面"的方案。

3. 干线(垂直)子系统

　　干线(垂直)子系统是结构化布线系统中连接各系统间、设备间的子系统，通常它是由主设备间(如计算机房、程控交换机房)至各层管理间。它采用大对数的电缆馈线或光缆，两端分别接在设备间和管理间的跳线架上。

　　干线子系统应由设备间的建筑物配线设备和跳线以及设备间至各楼层配线间的干线电缆组成，如图 4-17 所示。

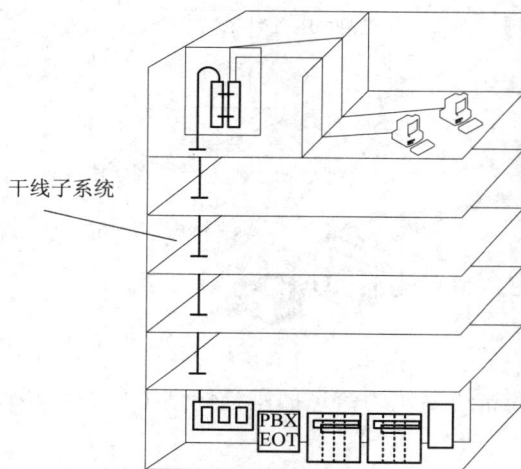

图 4-17　干线子系统

　　干线子系统是建筑物内网络系统的中枢，该子系统把公共系统设备互连起来，由它将各楼层的水平子系统联系起来。它通常是由垂直大对数双绞线、同轴电缆或光缆组成，一端接于设备机房的主配线架上，另一端接在楼层接线间的各个分配线架上。它提供建筑物的干线电缆路由。实际上可以这么理解，干线子系统就是总机房配线器与各楼层机房配线架之间的连接，它采用的是大对数双绞线电缆、同轴电缆或者光纤，属于网络中的总线。

4. 设备间子系统

　　设备间子系统是结构化布线系统中安装在设备间里的布线子系统，它由设备间的电缆、连续跳线架及相关支撑硬件、防雷电保护装置等构成。比较理想的设置是把计算机房、交换机房等设备间设计在同一楼层中，这样既便于管理又节省投资。当然也可根据建筑物的具体情况设计多个设备间。

　　设备间是在每一幢大楼的适当地点设置电信设备和计算机网络设备以及建筑物配线设备，进行网络管理的场所。对于综合布线工程设计，设备间主要安装建筑物配线设备。电话、计算机等各种主机设备及引入设备可合装在一起。

　　设备间里的所有总配线设备应用色标区别各类用途的配线区，设备间位置及大小应根据设备的数量、规模、最佳网络中心等因素来综合考虑确定。

5．管理子系统

管理子系统(又称为布线配线子系统)是结构化布线系统中对布线电缆进行端接及配线管理的子系统，它处于干线子系统与水平布线子系统的交接处，是干线子系统和水平子系统的桥梁，同时又可为同层组网提供条件。管理子系统将各个子系统连接起来，它是实现结构化布线系统灵活性的关键所在。管理子系统在结构化综合布线系统中的位置如图 4-18 所示。

管理子系统通常设置在一栋大楼的中央设备机房和各个楼层的配线间，一般由配线架和相应的跳线组成，在需要有光纤的布线系统中，还应有光纤跳线架和光纤跳线。当终端设备的位置或局域网的结构变化时，只要改变跳线方式即可，不需要重新布线。

6．建筑群子系统

建筑群子系统是结构化布线系统中由连接楼群之间的通信介质及各种支持设备组成的子系统，又成为"户外子系统"，是将多个建筑物的数据通信信号连接于一体的布线系统。它采用可架空安装或沿地下电缆管道(或直埋)敷设的铜缆和光缆，以及防止电缆的浪涌电压进入建筑的电气保护装置。

建筑群子系统应由连接各建筑物之间的综合布线缆线、建筑群配线设备和跳线等组成。建筑群子系统在结构化综合布线系统中的位置如图 4-18 所示。

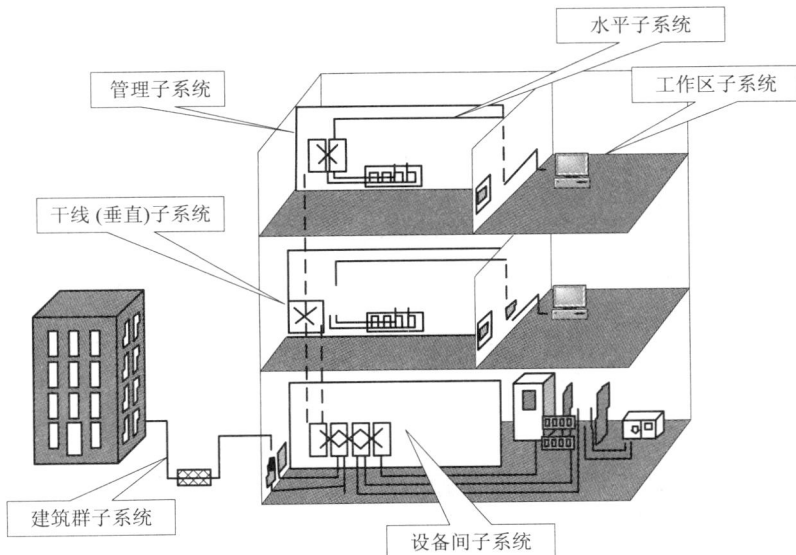

图 4-18　结构化综合布线系统

建筑群子系统宜采用地下管道或电缆沟的敷设方式。管道内敷设的铜缆或光缆应遵循电话管道和入孔的各项设计规定。此外，安装时至少应预留 1～2 个备用管孔，以供扩充之用。建筑群子系统采用直埋沟内敷设时，如果在同一沟内埋入了其他的图像、监控电缆，则应设立明显的共用标志。

4.5.2　典型的水平布线系统

实际应用中存在很多的小型布线应用，例如计算机数量不是很多时，通常只涉及到将一栋楼中某一层或者几个房间进行水平布线组建小型局域网的情况。因此，在布线系统中，水平布线系统使用最广。

由于布线规模和工作区域相对较小，在综合布线时，通常将布线配线系统置于设备间中，而水平布线系统则将设备间的电缆直接连接到用户工作区。典型的水平布线系统示意图如图 4-19 所示。

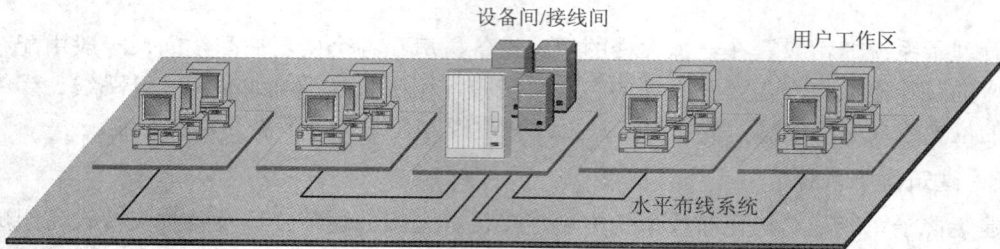

图 4-19 典型的水平布线系统

4.5.3 综合布线的特点

综合布线有许多优越性，是传统布线所无法相比的。其特点主要表现在它具有兼容性、开放性、灵活性、可靠性、先进性和经济性，而且在设计、施工和维护方面也给人们带来了许多方便。

1) 兼容性

综合布线将语音、数据与监控设备的信号经过统一的规划和设计，采用相同的传输媒体、信息插座、交连设备、适配器等，把这些不同信号综合到一套标准的布线方案中。这种布线方案比传统布线方案大为简化，可节约大量的物资、时间和空间。

在使用时，用户可不用定义某个工作区的信息插座的具体应用，只把某种终端设备(如个人计算机、电话、视频设备等)插入这个信息插座，然后在管理间和设备间的交接设备上做相应的接线操作，这个终端设备就被接入到各自的系统中了。

2) 开放性

对于传统的布线方式，只要用户选定了某种设备，也就选定了与之相适应的布线方式和传输媒体。如果更换为另一设备，那么原来的布线方式就要全部更换。对于一个已经完工的建筑物来说，这种变化是十分困难的，要增加很多投资。

综合布线由于采用开放式体系结构，符合多种国际上现行的标准，因此几乎对所有著名厂商的产品都是开放的，如计算机设备、交换机设备等，并对所有通信协议提供支持。

3) 灵活性

综合布线采用标准的传输线缆和相关连接硬件，模块化设计，所有通道是通用的，每条通道可支持终端、以太网工作站及令牌环网工作站。所有设备的开通及更改均不需要改变布线，只需增减相应的应用设备以及在配线架上进行必要的跳线管理即可。另外，组网也灵活多样，甚至在同一房间可有多用户终端、以太网工作站、令牌环网工作站并存，为用户组织信息流提供了必要条件。

4) 可靠性

综合布线采用高品质的材料和组合压接的方式构成一套高标准的信息传输通道。所有线槽和相关连接件均通过 ISO 认证，每条通道都要采用专用仪器测试链路阻抗及衰减率，以保证其电气性能。应用系统布线全部采用点到点端接，任何一条链路的故障均不影响其他链路的运行，这就为链路的运行维护及故障检修提供了方便，从而保障了应用系统的可靠运行。各应用系统往往采用相同的传输媒体，因而可互为备用，提高了备用冗余。

5) 先进性

综合布线采用光纤与双绞线混合布线方式，极为合理地构成了一套完整的布线系统。所有布线均采用世界上最新通信标准，链路均按八芯双绞线配置。5 类双绞线带宽可达 100 MHz，6 类双绞线带宽可达 250 MHz。对于特殊用户的需求可把光纤引到桌面。语音干线部分用铜缆，数据部分用光缆，为同时传输多路实时多媒体信息提供了足够的带宽容量。

6) 经济性

综合布线比传统布线经济，主要是综合布线可适应相当长时间的需求，而传统布线改造很费时间，耽误工作造成的损失更是无法用金钱来计算。

综合布线较好地解决了传统布线方法存在的许多问题，随着科学技术的迅猛发展，人们对信息资源共享的要求越来越迫切，尤其以电话业务为主的通信网逐渐向综合业务数字网过渡，越来越重视能够同时提供语音、数据和视频传输的集成通信网。因此，综合布线取代单一、昂贵、复杂的传统布线，是"信息时代"的要求，是历史发展的必然趋势。

习 题 4

一、填空题

1．局域网由两部分组成：网络硬件和网络软件。网络硬件通常由服务器、工作站、_____、集线器、交换器、_____和其他网络配件组成。

2．网卡是构成网络的基本部件，是工作在_____和_____的网络设备。

3．集线器是工作在局域网环境，应用于 OSI 参考模型的第_____层设备，因此又被称为物理层设备。集线器实质上是一个中继器，主要功能是对接收到的信号进行_____。

4．交换机使用_____来选择数据帧交换的目的地址，被看做是 OSI 模型的第_____层设备。

5．按应用规模划分，局域网交换机可以分为桌面型交换机、_____和_____三类。

6．局域网组网中集线器或交换机有连接方式单一结构、_____结构与_____结构等几种应用方式。

7．双绞线使用_____连接器实现与网卡和集线器(交换机)相连接，最大传输距离为_____ m。

8．集线器是_____局域网的中心连接设备，当它接收到某个节点发送的帧时，立即将该帧以_____方式转发到其他端口。

9．按照集线器支持的_____分类，集线器主要可以分为 10 Mb/s 集线器与 100 Mb/s

集线器。

10. 按照网卡支持的_____分类，网卡主要可以分为双绞线网卡、粗缆网卡、细缆网卡与_____网卡。

11. 局域网软件主要包括网络操作系统、_____、_____、数据通信软件、应用软件等。

12. 局域网中通常使用的网络协议有_____、_____、_____等。

13. TCP/IP 协议的属性设置包括_____、_____、_____、DNS 等参数。

14. 综合布线系统由工作区子系统、_____、_____、_____、设备间子系统和建筑群子系统组成。

15. 工作区子系统是由终端设备连接到信息插座之间的设备组成，包括_____、插座盒(或面板)、连接软线、_____等。

二、选择题

1. 以下关于集线器设备的描述中，错误的是(　　)。
   A. 集线器是共享介质式以太网的中心设备
   B. 集线器在物理结构上采用的是环型拓扑结构
   C. 集线器在逻辑结构上是典型的总线型结构
   D. 集线器通过广播方式将数据发送到所有端口

2. 在传统以太网中，(　　)是共享介质型的连接设备。
   A. 路由器　　　　B. 交换机　　　　　　C. 服务器　　　　　D. 集线器

3. 双绞线网卡通过(　　)接口来连接传输介质。
   A. RJ-45　　　　B. AUI　　　　　　　C. F/O　　　　　　D. BNC

4. 以下关于网络设备的描述中，错误的是(　　)。
   A. 网卡负责连接的是计算机与传输介质
   B. 集线器是共享介质式局域网的中心设备
   C. 交换机是交换式局域网的中心连接设备
   D. 集线器可以为多个计算机建立并发连接

5. 在以太网组网中，细缆采用的连接端口标准是(　　)。
   A. BNC　　　　　B. RJ-45　　　　　　C. AUI　　　　　　D. RJ-11

6. 在 10Base-5 物理层标准中，单根粗缆的最大长度是(　　)。
   A. 100 m　　　　B. 500 m　　　　　　C. 185 m　　　　　D. 2000 m

7. 双绞线网卡通过(　　)接口来连接传输介质。
   A. RJ-45　　　　B. AUI　　　　　　　C. F/O　　　　　　D. BNC

三、简答题

1. 简述局域网的硬件组成及作用。
2. 简述局域网的软件组成及功能。
3. 常见局域网的组网方法有哪些？
4. 简述 IPConfig 命令、Ping 命令的功能和作用。
5. 简述综合布线系统的组成。
6. 简述使用双绞线与交换机组网的基本方法。

第 5 章　网络互联与广域网

　　本章提示：本章介绍计算机网络互联和广域网的基本知识，主要涉及计算机网络互联的概念、互联层次模型、互联设备、广域网基础知识、公用数据通信网和网络接入技术等内容。

　　基本教学要求：

　　(1) 了解网络互联的概念、类型、互联层次等基础知识。

　　(2) 理解并掌握互联设备的功能和基本原理。

　　(3) 了解广域网的概念、结构、数据传输服务等基础知识，以及主要的公用数据通信网和网络接入技术。

　　随着计算机网络技术的迅速发展和计算机网络应用的日益多元化，人们已经不满足在局域网环境下进行数据通信和资源共享。不同部门、不同单位、不同地区甚至不同国家的计算机网络之间互联，实现更大范围、异构网络的数据通信和资源共享与服务，已成为计算机网络发展的必然趋势。网络互联是网络技术中一个重要的组成部分。

5.1　网络互联概述

　　计算机网络在发展和应用过程中，存在着诸如因网络传输介质长度的物理限制而难于满足更多的节点连接网络的要求，需要将相同的网络或不同的网络用互联设备连接在一起而形成一个范围更大的网络，实现异构网络的互相通信、资源共享和服务，需要接入 Internet 等问题，这些问题均需要采取网络互联技术来解决。

5.1.1　网络互联的概念

　　网络互联就是利用网络互联设备，将分布在不同地域上的计算机网络相连接，以构成更大的计算机网络系统，其目的在于实现处于不同网络上的用户间相互通信和相互交流，以实现更大范围的数据通信和资源共享。

　　网络互联实际上就是实现网络之间和网络上的主机间的互连、互通、互操作。

　　互连是指在互联网络之间至少存在一条物理连接线路，这是网络之间逻辑连接的物质基础。如果互联网络的通信协议相互兼容，则互联网络之间就能够进行数据交换，称为互通。互操作是指网络中不同的计算机系统之间具有访问对方资源的能力，它建立在互通的基础上。

　　互连、互通、互操作三者之间有密切的关系，互连是基础，互通是手段，互操作是目的。

5.1.2　网络互联的层次

由于网络体系结构上的差异，网络互联可在不同的层次上进行。按 OSI 模型的层次划分，可将网络互联划分为四个层次：物理层互联、数据链路层互联、网络层互联和高层互联。互联层次模型和网络互联设备如图 5-1 所示。

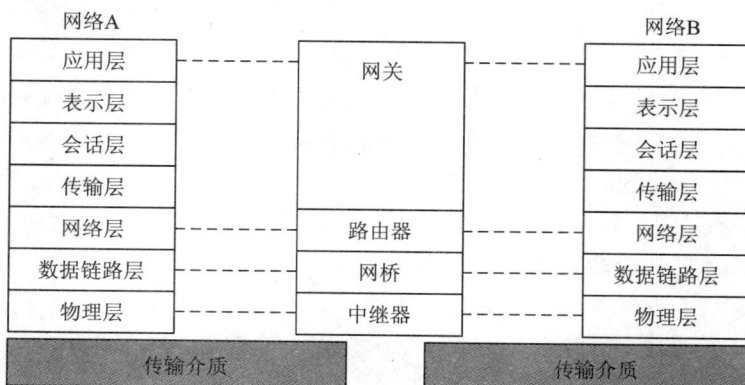

图 5-1　网络互联的层次及设备

(1) 物理层互联，互联设备为中继器(Repeater)。中继器在不同的电缆段之间复制位信号，主要解决局域网距离的延伸问题，互联时不需要进行协议转换，只需要对信号进行再生放大，将两个以上距离较远的物理网络连接在一起，构成一个物理局域网。

(2) 数据链路层互联，互联设备为网桥(Bridge)。网桥在局域网之间存储转发数据帧，主要用于局域网与局域网互联问题，即将两个以上独立的物理网络连接在一起，构成一个逻辑局域网。其特点是数据链路层互联时物理层、数据链路层的类型可以不同，将在数据链路层上进行协议转换。数据链路层上的互联可以扩大网络的距离，过滤信息流，减轻网络的负担。

(3) 网络层互联，互联设备是路由器(Router)。路由器在不同的网络之间存储转发数据分组，解决了网络之间的存储转发与分组问题。网络层互联包括路由选择、拥塞控制、差错处理与分段技术等。其特点是允许互联网络的网络层及以下各层协议可以相同也可以不同。通过网络层互联可以有效地隔离多个局域网的广播通信量，每一个局域网都是独立的子网。

(4) 高层互联，互联设备是网关(Gateway)。网关实现传输层及以上各层协议不同的网络之间的互联，通过在网络的高层使用协议转换完成网络的互联。其特点是高层互联允许两个网络的网络层及以下各层网络协议是不同的。高层互联实现不同类型、差别较大的网络系统之间的互联，或同一个物理网络而在逻辑上不同的网络之间的互联，以及不同大型主机之间和不同数据库之间的互联。

5.1.3　网络互联的类型

由于互联网络的类型和规模不同，因此网络互联的类型多种多样。本书仅讨论局域网和广域网的互联，故网络互联可分为以下三种主要类型：

- 局域网—局域网互联(LAN-LAN);
- 局域网—广域网互联(LAN-WAN);
- 广域网之间的互联(WAN-WAN)。

1. 局域网—局域网互联

局域网与局域网的互联是实际应用中最多、最常见的互联类型。局域网通常由使用单位组建管理，为了实现单位内部管理要求和资源共享，将各部门的局域网连接起来，形成这个单位范围内的计算机网络。例如大学各学院的计算机局域网和各行政管理部门的局域网相互连接起来，组建整个大学的校园网，实现学校内部信息资源共享和管理。

局域网与局域网互联可以分为同种局域网互联和异型局域网互联。同种局域网互联是使用相同协议的局域网之间的互联。这种互联比较简单，使用集线器、交换机等即可实现互联。例如，两个以太网之间的互联。异型局域网互联就是指具有不同协议的局域网之间的互联。这种互联需要互联设备在网络间进行协议转换，可使用网桥、交换机、路由器来实现。如一个以太网和一个令牌环网之间的互联就属于这种情况。

2. 局域网—广域网互联

局域网与广域网的互联是指将局域网通过网间设备连接到广域网上，其目的是局域网用户能够从广域网上获取资源和服务，或者是向外部用户提供局域网资源。如将一个大学的校园网互联到中国教育科研网上。局域网与广域网的互联也是常见的互联方式之一，可以通过路由器或网关来实现。

3. 广域网—广域网互联

广域网是一个国家或地区的信息高速公路，一般由国家投资建设和管理，为全社会提供数据通信和信息资源服务，一个国家通常有多个广域网络，这些广域网络需要相互连接起来，构成整个国家的信息高速公路。

广域网与广域网是通过路由器和网关将广域网进行互联，例如我国的中国公用计算机互联网和中国教育与科研计算机网之间的互联就属于广域网的互联。广域网的协议层次常处于 OSI 七层模型的低层，不涉及高层协议，目前没有公开的统一标准。

5.2 网络互联设备

一般来讲，互联层次越高，参加互联的网络之间差异就越大，互联设备就越复杂，由图 5-1 可知，针对网络互联的不同层次，采用的网络互联设备也不同。互联设备主要有中继器(或集线器)、网桥(或交换机)、路由器和网关等。

5.2.1 中继器

中继器又称转发器，是在物理层上实现局域网网段互联的设备。在网络中的传输介质都有传输距离的限制，中继器便成为扩展局域网的硬件设备，属于物理层的中继系统。

中继器的功能是在物理层内实现透明的二进制比特复制，补偿信号衰减，在网络数据传输过程中起到放大信号的作用。也就是说，中继器接收从一个网段传来的所有信号，再将其放大并发送到另一个网段。中继器可以延长网络的传输距离，其连接示意图如图 5-2 所示。例如，以太网段的最大连接距离是 500 m，经一个中继器将两个网段连接起来后可以使以太网长度达到 1000 m。

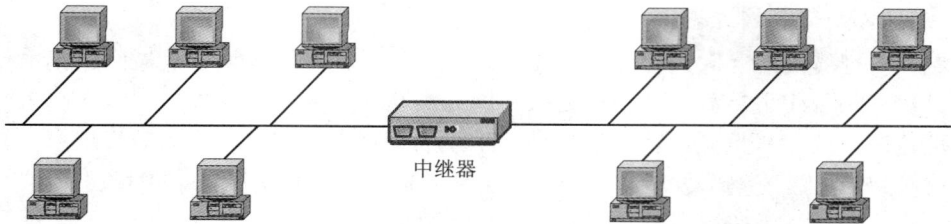

图 5-2　中继器的连接示意图

中继器连接的两个网络在逻辑上是同一个网络，严格地说，中继器不能称为网间互联设备，它只用于局域网络范围的扩大。中继器具有安装简单、使用方便、价格相对低廉等特点。中继器有两口和多口之分，多口中继器其实就是集线器。

集线器有一个端口与主干网相连，并有多个端口连接一组计算机。它应用于星型物理拓扑结构的网络中，用于连接多个计算机或网络设备。集线器是一种共享设备，它本身不能识别目的地址，当同一局域网内的 A 主机向 B 主机传输数据时，数据包在以集线器为架构的网络上是以广播方式传输的，由每一台计算机通过验证数据包头的地址信息来确定是否接收。

集线器的主要功能是对接收到的信号进行再生整形放大，以扩大网络的传输距离，同时把所有节点集中在以它为中心的节点上。它工作于 OSI 参考模型的物理层。集线器与网卡、网线等传输介质一样，属于局域网中的基础设备，采用 CSMA/CD 访问方式。

5.2.2　网桥

网桥也称桥接器，它是数据链路层上的局域网之间的互联设备。网桥的功能是负责在数据链路层上实现数据帧的存储转发和协议转换，用来实现多个网络系统之间的数据交换。网桥的作用是扩展网络的距离，并通过过滤信息流减轻网络的负担。图 5-3 为网桥的连接示意图。

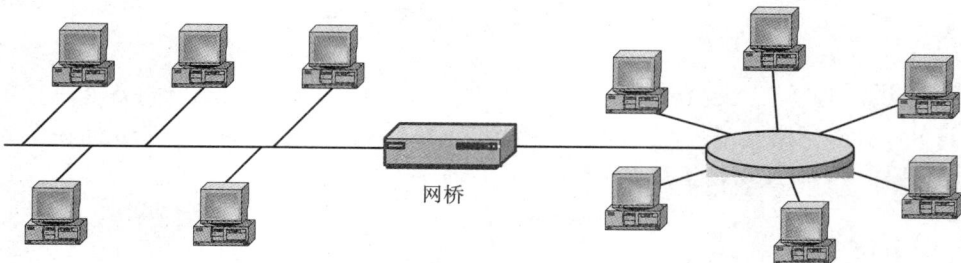

图 5-3　网桥的连接示意图

网桥独立于网络层协议，网桥工作的高层为数据链路层，它与上面运行何种网络层协议无关，也就是说网桥对网络层以上的协议是完全透明的。用网桥实现数据链路层互联时，允许互联网络的数据链路层与物理层协议是相同的，也可以是不同的。

网桥能够互联两个不同类型的局域网，对不同网络的数据帧从格式、大小、传输速率等方面进行网络协议的转换，实现在不同类型局域网之间的转换功能，其工作原理示意图如图 5-4 所示。

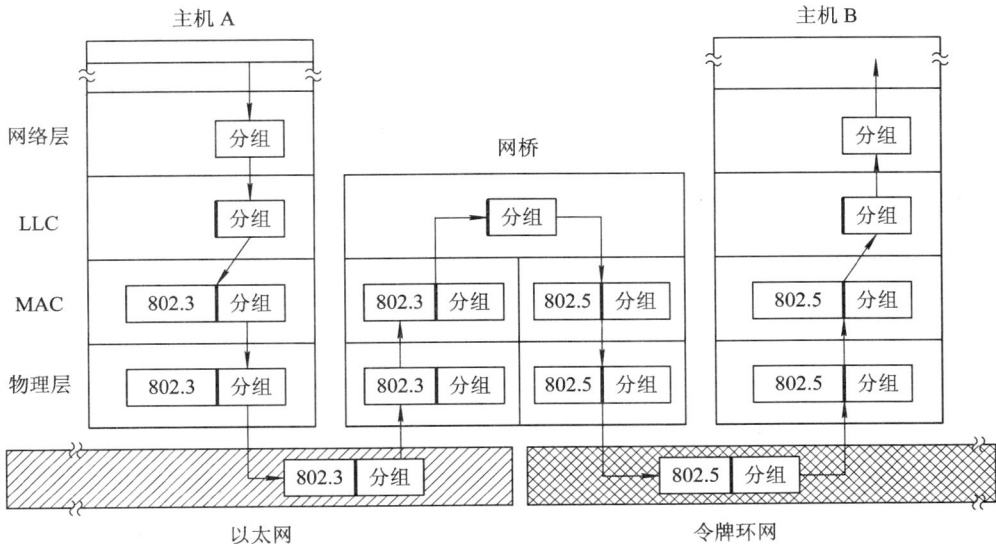

图 5-4 网桥的工作原理示意图

当主机 A 要将数据分组发送给主机 B 时，数据分组从主机 A 的高层一直下传到数据链路层的 LLC 子层，加上一个 LLC 分组头后，送给 MAC 子层，再加上 802.3 的分组头，通过传输介质，将 802.3 分组传输到网桥。网桥(802.3 的一边)将 802.3 分组从物理层上传到 MAC 子层，然后去掉 802.3 分组头，将分组数据送到 LLC 子层，通过 LLC 子层的处理，数据分组送给网桥的另一边(802.5 的一边)，在 MAC 子层加上 802.5 的分组头，通过物理层将数据转发到传输介质上。主机 B 通过传输介质接收来自主机 A 发送的数据分组。

通过网桥实现网络互联具有如下特点：

(1) 网桥在数据链路层上实现局域网互联，需要互联的网络在数据链路层以上采用相同的协议。

(2) 能够互联两个采用不同的数据链路层协议、传输介质与传输速率的网络。

(3) 网桥以接收、存储、地址过滤与转发的方式实现互联网络之间的通信。

(4) 由于网桥工作在数据链路层，不受 MAC 定时特性的限制，可以连接的网络跨度几乎是无限的。

(5) 网桥可分隔两个网络之间的广播通信，有利于改善互联网络的性能与安全性。

(6) 网桥可以将两个以上独立的物理网络连接在一起，构成一个单个的逻辑局域网，即连接起来的局域网从逻辑上是一个网络。

5.2.3 交换机

交换机和网桥有很多共同的属性。随着局域网由共享式发展到交换式，网桥已不再适合连接两个局域网，于是交换机便取代了网桥。

交换机也是工作在数据链路层(OSI 模型中第二层)上的设备，性能优于网桥，具体表现在如下几个方面：

(1) 网桥的数据帧转发功能是通过软件来实现的，而交换机的数据帧转发功能是通过硬件来实现的，转发速度快。

(2) 局域网交换机可以起到网桥的作用，具有低交换传输延迟、高传输带宽的优点。

(3) 通过硬件结构，交换机数据帧处理延迟时间由网桥的几百微秒减少到几十微秒。

(4) 交换机可以实现 VLAN 划分和网络管理等功能。

5.2.4　路由器

路由器工作在网络层，用于互联不同类型的网络。路由器可以互联两个或多个逻辑上相互独立的子网，每个子网可以采用不同的拓扑结构、传输介质和网络协议。

1. 路由器的功能

路由器(Router)是工作在 IP 协议网络层，实现子网之间转发数据的设备，它通过路由协议交换网络的拓扑结构信息，依照拓扑结构动态生成路由表。路由器用于连接多个逻辑网络。所谓逻辑网络，是一个单独的网络或者一个子网。一般来说，异种网络互联与多个子网互联都应采用路由器来完成。在局域网和广域网的互联中路由器是最关键、最重要的设备。图 5-5 为路由器实现的网络互联示意图。

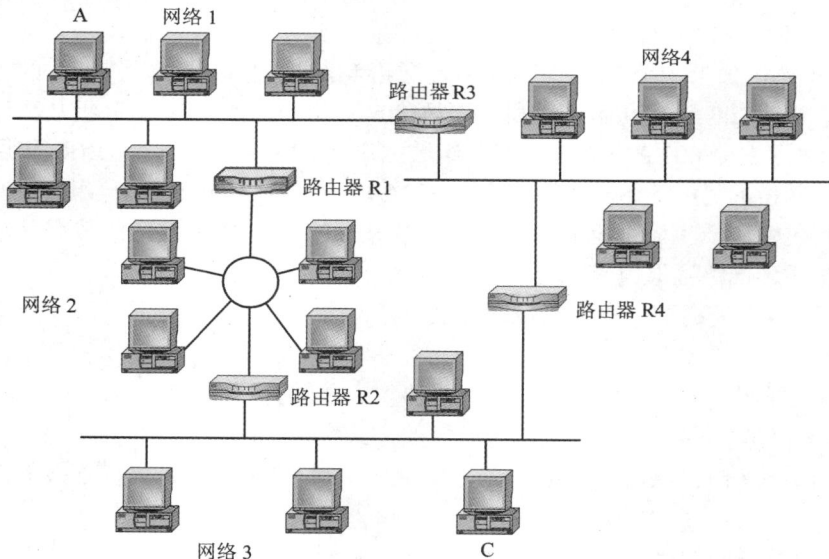

图 5-5　路由器实现的网络互联示意图

当数据从一个子网传输到另一个子网时，可通过路由器来完成。因此，路由器具有判断网络地址和选择路径的功能。路由器的主要工作就是为经过路由器的每个数据帧寻找一条最佳传输路径，并将该数据有效地传送到目的站点。它能在多网络互联环境中，建立灵活的连接，可用完全不同的数据分组和介质访问方法连接各种子网。

路由器只接受源站或其他路由器的信息，属于网络层互联设备，它不关心各子网使用的硬件设备，但要求运行与网络层协议一致的软件。路由器分本地路由器和远程路由器。

本地路由器是用来连接网络传输介质的，如光纤、双绞线；远程路由器是用来连接远程传输介质的，并要求相应的设备，如电话线要配调制解调器。

路由器在不同的网络之间存储转发分组，不仅具有网桥的功能，而且还具有路由选择、协议转换、多路重发和错误检测等功能。路由器在网络互联能力、网络安全控制能力和隔离广播信息的能力等方面都强于网桥，并能有效隔离各个子网。路由器和网桥的区别还在于它拥有自己的 IP 地址，路由器之间是按照内部的网间连接协议来交换路由信息，具有路由协议处理功能。路由器大多提供多种协议，提供多种不同的网络接口，从而可以使不同厂家、不同规格的网络产品以及不同协议的网络之间进行有效的互联。

2．路由器的工作原理

在网络中传输数据时，数据包只在相关的网络上传递而不会在所有的网络上流动，将数据包转发到下一站的过程叫做路由(Routing)。选择最佳路径的策略(即路由算法)是路由器的关键所在，为了完成这项工作，在路由器中有一个用于存储各种传输路径的相关数据表，称为路由表(Routing Table)，供路由选择时使用。

路由器的路由表中保存着子网的标志信息、网上路由器的个数和下一个路由器的名字等内容。路由表可以是由系统管理员固定设置好的，也可以由系统动态修改，可以由路由器自动调整，也可以由主机控制。由系统管理员事先设置好的固定路由表称为静态(Static)路由表，一般是在系统安装时就根据网络的配置情况预先设定的，它不会随未来网络结构的改变而改变。动态(Dynamic)路由表是路由器根据网络系统的运行情况而自动调整的路由表。路由器根据路由选择协议(Routing Protocol)提供的功能，自动学习和记忆网络运行情况，在需要时自动计算数据传输的最佳路径。

路由器的工作过程如图 5-6 所示。假设局域网 1、局域网 2、局域网 3 的网络地址分别为 IP 地址 202.117.179.0、203.118.1.0、210.27.80.0，而每一台主机也都有自己的地址，如局域网 1 节点 101 的 IP 地址为 202.117.179.101，局域网 2 节点 104 的 IP 地址为 210.27.80.104。

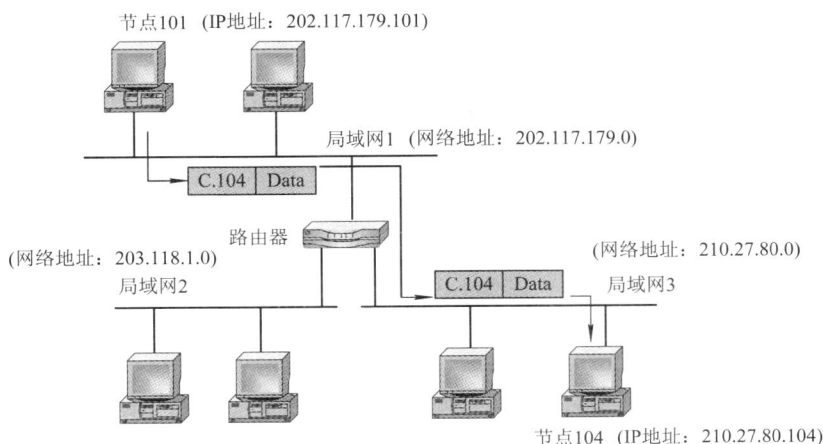

图 5-6　路由器工作原理示意图

假设主机 101 要给主机 104 发送信息，101 准备好数据后，它只要按正常工作方式将带有源地址和目的地址的分组装配成帧发送出去，路由器接收到来自 101 的数据包后，首先对其包头信息进行检查，比较源网络地址(202.117.179.101)和目标网络地址(210.27.80.104)是否相同，若不同，则说明接收主机和发送主机不在同一个网络上。此时再根据包头信息中的目标地址去查路由表，确定该数据包的输出路径，路由器确定该数据包的目标主机在局域网 3 中，于是它将会把数据包转发到局域网 3 的网络上。

图 5-6 是一个单路由器的结构，在实际应用中，主机与主机之间往往存在有多个路由器，可以有多条传输数据包的路径，如图 5-5 所示。对于路由器而言，要从多条路径中选择出一条最优的数据包传输路径并不是一件简单的事情，它依赖于当前的网络运行情况、节点间转发数据包的次数、数据传输速率以及网络拓扑结构等。这就要求路由器之间必须相互交换信息来获得网络上的动态情况。

3．路由器的特点

归纳起来，路由器具有如下几方面的特点：

(1) 路由器是在网络层上实现多个网络之间互联的设备。

(2) 路由器为两个或三个以上网络之间的数据传输解决最佳路径选择。

(3) 路由器要求节点在网络层以上的各层使用相同或兼容的协议。

(4) 路由器可以有效地隔离多个局域网的广播通信量，每一个局域网都是独立的子网。

(5) 路由器实现网络层互联时，允许互联网络的网络层及以下各层协议是相同的，也可以是不同的。

路由器与网桥的区别：网桥独立于高层协议，它把几个物理子网连接起来，向用户提供一个大的逻辑网络；路由器则是从路径选择角度为逻辑子网的节点之间的数据传输提供最佳的路线。

5.2.5　网关

网关是采用不同体系结构或协议的网络之间进行互通时，用于提供协议转换、路由选择和数据交换等网络兼容功能的网络连接设备，又称网间连接器或协议转换器。

1．网关的功能

网关是工作在传输层及以上各层，实现网络互联的设备，用于连接两个或多个物理网络结构完全不同、高层协议也不一样的网络，支持不同协议之间的转换，实现不同协议网络之间的互联，既可以用于广域网互联，也可以用于局域网互联。它提供从一个协议到另一个协议的转换，其主要功能是进行报文格式转换、地址映射、网络协议转换和原语连接转换等。网关具有对不兼容的高层协议进行转换的能力，为了实现异构设备之间的通信，网关需要对不同的链路层、专用会话层、表示层和应用层协议进行翻译和转换。

2．网关的基本类型

在早期的 Internet 中，网关是指那些用来完成专门功能的路由器，但是随着网络技术的发展，路由器的工作重点侧重于流经路由器的数据包的路径选择和转发，而网关的功能从路由器中分离出来。网关通常由软件来实现，网关软件运行在服务器上，以实现不同体系结构网络之间或 LAN 与主机之间的连接，它只能针对某一特定应用而言，不可能有通用网关。按照网关的功能不同大致可将网关分为三大类：协议网关、应用网关和安全网关。

1) 协议网关

协议网关的主要功能是在不同协议的网络区域间进行协议转换，这是一般公认的网关功能。在被互联的网络中，可能存在着数据封装格式、数据分组大小和传输率等方面的差异，这些网络之间相互进行数据通信时采用的网络协议不同。为实现网络互联就必须消除不同网络之间的差异，从而需要使用协议网关。

例如，以太网与令牌环网的数据帧格式不同，要在两种网络之间传输数据，就需要对帧格式进行转换，这种转换是第二层协议转换。又如 IPv4 数据分组由路由器封装在 IPv6 数据分组中，通过 IPv6 网络传输，到达目的路由器后解开封装，转换为 IPv4 数据分组并交给主机，这种转换是第三层协议转换。

2) 应用网关

应用网关在应用层上进行协议转换，是在不同数据格式间翻译数据的系统。主要是针对一些专门的应用而设置的网关，其主要作用是将某个服务的一种数据格式转化为该服务的另外一种数据格式，从而实现数据交流。这种网关通常是作为某个特定服务的服务器，但是又兼具网关的功能。

最常见的此类服务器就是邮件服务器。例如，一个主机执行的是 ISO 电子邮件标准，另一个主机执行的是 Internet 电子邮件标准，如果这两个主机需要交换电子邮件，那么必须经过一个电子邮件网关进行协议转换，这个电子邮件网关就是一个应用网关。

3) 安全网关

最常用的安全网关就是包过滤器，实际上就是对数据包的源地址、目的地址和端口号、网络协议进行授权。通过对这些信息的过滤处理，让有许可权的数据包传输通过网关，而对那些没有许可权的数据包进行拦截甚至丢弃。这跟软件防火墙有一定的相同之处，但是与软件防火墙相比较安全网关数据处理量大，处理速度快，可以很好地对整个本地网络进行保护而不对整个网络造成瓶颈。

上面介绍了网络互联中的常用设备，为了便于掌握和记忆，下面将几种网络互联设备做一个简单的比较。

(1) 中继器是在物理层上实现局域网网段互联的设备，它可以延长网络的传输距离，在网络数据传输过程中起到放大信号的作用。中继器只是机械地复制二进制位，并不关心二进制位代表的信息是什么。

(2) 网桥在数据链路层连接两个网络，以地址过滤、存储转发的方式实现互联网络之间的通信。当网络具有不同的数据链路层而网络层却相同时，可以使用网桥进行互联，如在以太网和令牌环网之间的互联常采用网桥。

(3) 路由器能够连接两个具有不兼容编址格式的网络，它在不同的网络之间存储转发分组，还具有路由选择、协议转换、多路重发和错误检测等功能。当两个网络的传输层相同而网络层不同时，就需要用路由器实现互联。

(4) 网关是在高层进行网络互联的设备，其主要功能是进行协议转换。

5.2.6　第三层交换技术

第三层交换技术是 1997 年前后才开始出现的一种交换技术，最初是为了解决广播域的问题。经过多年的发展，第三层交换技术已经成为构建多业务融合网络的主要力量。简单地说，可以处理网络第三层数据转发的交换技术就是第三层交换技术。

1. 第三层交换技术的基本概念

第三层交换技术也称为多层交换技术、IP 交换技术或高速路由技术，是相对于传统交换概念而提出的。传统的交换技术是在 OSI 网络标准模型中的第二层即数据链路层上进行操作的，而第三层交换技术是在网络模型中的第三层实现数据包的高速转发的。

简单地说，第三层交换技术是"第二层交换技术 + 第三层转发技术"。将局域网交换机的设计思想应用到路由器的设计中，就是第三层交换机。传统的路由器通过软件来实现路由选择功能，而采用第三层交换技术的路由器是通过硬件来实现路由选择功能的。

第三层交换技术并不是网络交换机与路由器的简单堆叠，而是二者的有机结合，形成了一个集成的、完整的解决方案。第三层交换设备的数据包处理时间将传统路由器的几千微秒量级减少到几十微秒量级，甚至可以更短，大大缩短了数据包的传输延迟时间，解决了传统路由器因低速、复杂所造成的网络瓶颈问题。

2. 第三层交换技术的应用

三层交换从概念的提出到今天的普及应用，它在网络建设中的应用越来越广泛，从最初骨干层、中间的汇聚层一直渗透到边缘的接入层。三层交换机以其速度快、性能好、价格低等众多的优势已经把路由器排挤到网络的"边缘"。凡是没有广域网连接需求而同时又需要路由器的地方，都可以用三层交换机来代替。

图 5-7 是传统路由器作为主干节点的网络结构示意图。路由器作为核心设备，必须处理大量的业务流量，如果采用传统的路由器，虽然可以隔离广播，但是性能又得不到保障。

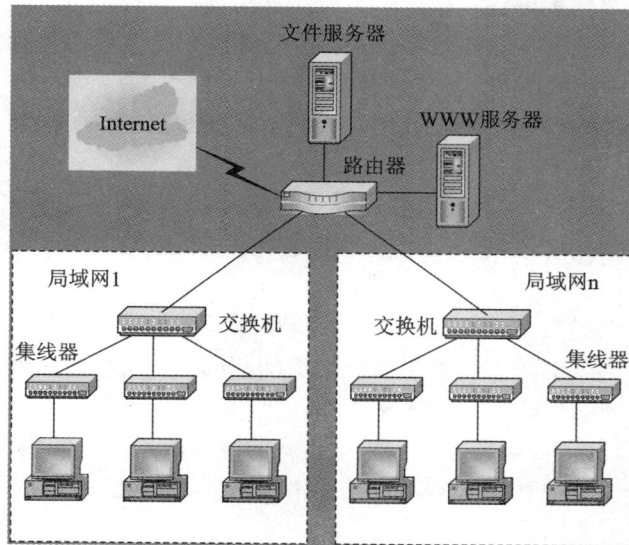

图 5-7　路由器作为主干节点的结构图

图 5-8 是第三层交换机作为主干节点的网络结构示意图。由于三层交换技术的出现，增加第三层交换机后，大量的业务流量完全由第三层交换机的汇聚层完成，而第三层交换机的性能非常高，既有三层路由的功能，又具有二层交换的网络速度。二层交换基于 MAC 寻

址，三层交换则是转发基于第三层地址的业务流；除了必要的路由决定过程外，大部分数据转发过程由二层交换处理，提高了数据包转发的效率，极大地提高了网络性能。

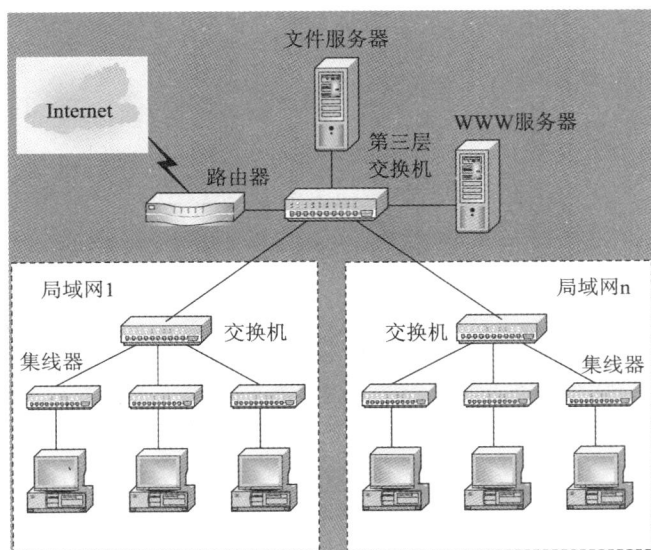

图 5-8　第三层交换机的主干节点结构

第三层交换机通过使用硬件交换机构实现了 IP 的路由功能，其优化的路由软件使得路由过程效率提高，解决了传统路由器软件路由的速度问题。可以说三层交换机具有"路由器的功能、交换机的性能"。

由于目前第三层交换机在网络层协议上受到一定的限制，难于适应网络体系结构各异、传输协议不同的广域网环境，其应用领域具有一定的局限性。但在企业内联网和数字化小区中，第三层交换技术正发挥着越来越重要的作用，第三层交换机正在取代传统的路由器。

随着第三层交换技术的发展与创新，第三层交换机的应用已从企业网络环境的骨干层、汇聚层，开始渗透到网络边缘接入层，尤其是小区宽带网络的发展，第三层交换机很适合用于小区中心和多个小区的汇聚层位置，以取代传统路由器实现与 Internet 的高速互联。

*5.3　广域网简介

广域网并没有严格的定义，通常跨接很大的物理范围，所覆盖的范围从几十千米到几千千米，它能连接多个城市或国家，并能提供远距离通信，形成国际性的远程网络。

5.3.1　广域网概述

广域网(WAN)又称为远程网，是指覆盖范围广、传输距离远的远程网络，是将局域网连接起来的更大网络。广域网由一些节点交换机(也称通信处理机)以及连接这些交换机的链路(通信线路和设备)组成，传输距离没有限制。广域网的节点交换机实际上就是配置了通信协议的专用计算机，是一种智能型通信设备。除了传统的公用电话交换网之外，目前大部分广域网都采用存储转发方式进行数据交换，是基于分组交换技术的。为了提高网络的可靠性，节点交换机同时与多个节点交换机相连，目的是在两个节点交换机之间提供多条冗余的链路，这样当某个节点交换机或线路出现问题时不至于影响整个网络的运行。

1. 广域网的结构

广域网分为通信子网与资源子网两部分，广域网的通信子网主要由节点交换机和连接这些交换机的链路组成。节点交换机完成分组存储转发的功能，节点间都是点对点的连接，为了提高网络的可靠性，通常将一个节点交换机与多个节点交换机相连。广域网结构示意图如图 5-9 所示。

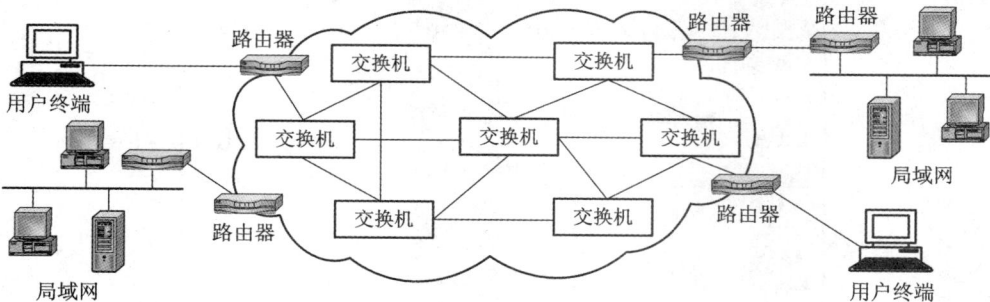

图5-9　广域网结构示意图

广域网是将不同城市、省区甚至国家之间的 LAN、MAN 利用远程数据通信网连接起来的网络，可以提供计算机软、硬件和数据信息资源共享。将局域网通过广域网连接起来，广域网与广域网的不断结合，最终成为遍布全球的 Internet，Internet 就是最典型的广域网。

在广域网内，节点交换机和它们之间的链路一般由电信部门提供，网络由多个部门或多个国家联合组建而成，规模很大，能实现整个网络范围内的资源共享和服务。广域网一般向社会公众开放，因而通常被称为公用数据网。

广域网的线路一般分为主干线路和末端用户线路。根据末端用户线路和广域网类型的不同，有多种接入广域网的技术和接口标准，接入广域网的主机系统或网络必须遵守这些接口标准，从而接入该通信子网，利用其提供的服务来实现特定资源子网的通信任务。目前常用的公共广域网络系统有公用交换电话网(PSTN)、分组交换数据网(X.25 网)、数字数据网(DDN)和帧中继网(FR)等。

传统的广域网采用存储转发的分组交换技术构成，目前帧中继和 ATM 快速分组已经大量使用。随着计算机网络技术的不断发展和广泛应用，一个实际的网络系统常常是 LAN 和 WAN 的集成。三者之间在技术上不断融合，同时新的通信技术也不断地应用于广域网。

2. 广域网的特点

广域网与局域网的本质区别在于采用的网络协议不同：局域网使用的协议主要在物理层和数据链路层上，采用 IEEE 802 协议；广域网采用的是 TCP/IP 协议，网络可划分为通信子网和资源子网，广域网通信子网主要工作在物理层、数据链路层和网络层。此外，局域网主要考虑的是资源共享，通常由用户组建，而广域网则提供优良的数据传输业务及接入服务，由国家组建和管理。

广域网的特点具体概括如下：

(1) 覆盖范围广，可达数千千米甚至全球。

(2) 广域网没有固定的拓扑结构，但通信子网多为网状拓扑结构。

(3) 广域网通常使用高速光纤作为传输介质。

(4) 局域网可以作为广域网的终端用户与广域网连接。

(5) 广域网主干带宽大，目前可达 10 Gb/s，但提供给单个终端用户的带宽小。

(6) 数据传输距离远，往往要经过多个广域网设备转发，延时较长。

(7) 广域网管理、维护困难。

3. 广域网提供的服务

从层次上看，广域网的最高层为网络层，为连接到网络的主机提供数据传输服务，按照为上层提供的数据服务传输方式可分为两大类，即无连接的网络服务和面向连接的网络服务。

1) 无连接的网络服务

无连接的网络服务的具体实现就是数据报服务，网络层将主机上待传输的数据进行分组，形成若干长度相等的数据报，每个数据报都附加有传输地址和序号等信息，网络层为每个数据报独立地选择路由，网络只是尽力地将数据报交付到目的主机，但对源主机没有任何承诺，即网络不保证所传输的数据报不丢失，也不保证传输顺序、传输时限等。当各个数据报到达目的主机时需先进行存储，等待其他沿不同路径到达的数据报，然后将各数据报进行拼装组合，此过程有可能不成功。

数据报提供的是一种不可靠的服务，不能保证服务质量，但具有高度灵活、网络资源利用率较高、传输效率高等特点。

2) 面向连接的网络服务

面向连接的网络服务的具体实现就是虚电路服务，可在源主机与目的主机间进行可靠的数据传输。顾名思义，这种方式需要在主机间建立一个虚电路，建立过程是：源主机的传输层向网络层发出连接请求，网络层通过虚电路访问协议向目的主机的传输层提出连接请求，目的主机的传输层接受请求后，通过目的主机的网络层发回响应信息，虚电路建立。虚电路建立后，主机的网络层对待传输的数据进行分组，各分组按顺序通过虚电路到达目的主机，目的主机对传输的数据分组进行校验，校验成功再进行高层转换，若校验不成功则需重新发送。

虚电路服务是一种可靠的服务，能保证服务质量，且具有路由固定、数据转发开销小、服务质量稳定、适于一次性大量数据传输等特点。

5.3.2　公用数据通信网

广域网常用于互联相距很远的局域网，所以在许多广域网中，公用网络系统一般用来充当通信子网，广域网的通信子网一般都是由公用数据通信网充当。广域网可以分为公用传输网络、专用传输网络和无线传输网络。

公用传输网络一般由政府或电信部门组建、管理和控制，网络内的传输和交换装置可以提供(或租用)给任何部门和单位使用。

公用传输网络的优势在于投资小，配置简单，使用灵活，网络技术成熟，一般不需要用户维护；其缺点主要是速度相对较慢，易受干扰。

公用传输网络大体可以分为以下两类：

(1) 电路交换网络，主要有公用交换电话网和综合业务数字网。

(2) 分组交换网络，主要有 X.25 分组交换网、帧中继和交换式多兆位数据服务。

专用传输网络是由一个组织或团体自己建立、使用、控制和维护的私有通信网络。一个专用网络需要拥有自己的通信和交换设备，可以向公用网络或其他专用网络提供服务。它的优点是所有者拥有完全的支配权，可以确保网络内的计算机完全不受外界干扰，以提高网络的安全性；缺点主要是安装和维护花费较大，对技术的要求较高。

专用传输网络主要是数字数据网，它可以在两个端点之间建立一条永久的、专用的数字通道。它的特点是在租用该专用线路期间，用户独占该线路的带宽。

无线传输网络主要是移动无线网，典型的有 GSM 和 GPRS 等。

下面简要介绍常见的公用数据通信网。

1．公用电话交换网

公用电话交换网(Public Switch Telephone Network，PSTN)即日常生活中的电话网，是一种以模拟技术为基础的电路交换网络，其特点是通信资费低、数据传输质量差、传输速率低、网络资源利用率低等。

2．综合业务数字网

综合业务数字网(Integrated Services Digital Network，ISDN)以公用电话交换网作为通信网络，提供端到端的数字连接，可完成包括语音和非语音的多种电信业务。

综合业务数字网具有以下特点：

(1) 传输速率较快，在没有 ISDN 时，人们使用调制解调器上网，传输速率不超过 56 kb/s，利用 ISDN 后传输速率可达 128 kb/s。

(2) 可靠性较强，ISDN 是数字传输，比模拟信号传输受静电和噪声的影响小，传输质量提高；

(3) 可处理包括语音、文本、图像、视频等在内的各种类型信息。

(4) 可同时执行多个通信任务，在一条 ISDN 线路上可以用一个信道进行电话业务，另一个信道进行网络传输业务。ISDN 是普遍使用的电话网的一部分，也被称为"一线通"。

3．公共分组交换数据网

分组交换网诞生于 20 世纪 70 年代，是一个以数据通信为目的的公共数据网，基于分组交换技术，采用全网状结构。国际电信联盟为分组交换网制定了一系列通信协议，其中最著名的标准是 X.25 协议，因此人们把分组交换网简称为 X.25 网。X.25 协议是分组交换网接口协议，该协议支持两种基本业务功能，即交换虚电路和永久虚电路。

分组交换网的特点是：通信对象广泛，具有网络管理和诊断功能，传输质量较高，安全保密性高，可以在一条线路上同时开放多条虚电路等。

4．帧中继网

帧中继网(Frame Relay，FR)是在分组交换技术基础上发展起来的广域网技术，它简化了传统分组交换技术的传输协议，使网络的中继带宽得到充分的利用，同时极大地提高了网络的传输能力，降低了网络传输延时，被称为快速分组交换网。

帧中继的特点如下：

(1) 帧中继只完成 OSI 模型中物理层和数据链路层的功能，将流量控制和纠错等功能交给智能终端完成，从而大大简化了节点间的协议，提高了传输速率，减少了网络延时。

(2) 帧中继采用虚电路技术，能够充分利用网络资源，是远程 LAN 间互联的最佳选择。

5. 数字数据网

数字数据网(Digital Data Network，DDN)是为用户提供专用的中高速数字数据传输信道，利用数字信道传输数据的一种数据接入业务网络，集合数据通信、数字通信、光纤通信等技术，为用户提供点对点、点对多点的中高速电路。

数字数据网的特点如下：

(1) 传输质量高，时延短，速率高。

(2) 提供的数字电路为全透明的半永久性连接。

(3) 网络的安全性高。

(4) 方便用户组建虚拟专用网。

(5) 提供灵活的接入方式，支持数据、语音、图像等服务。

5.3.3　广域网接入

1. 网络接入的概念

广域网接入解决的是网络用户(包括单位局域网用户、社区群体用户、家庭个人用户等)终端如何接入到广域网(特别是 Internet)的问题，也就是常说的"最后一千米接入"问题。随着网络技术向综合化、宽带化、智能化和个性化方向的发展，用户需要声音、图像、数据和文本等的多媒体通信综合服务，网络传输速度成为网络应用的瓶颈，解决网络传输速度的关键是网络接入技术问题。不同的网络采用不同的接入技术，同一网络由于采用不同的接入技术，因此也存在着显著的差异。

广域网接入技术包括以电话线为传输介质的宽带接入技术、混合光纤同轴接入技术、DDN 数字专线接入技术、帧中继技术、无线接入技术、光纤接入技术、以太网宽带接入技术等，不同的接入技术采用不同的接入方式。

2. 网络服务提供商

用户要接入广域网，需要网络服务提供商(Internet Service Provider，ISP)的支持。网络服务提供商是网络的拥有者和管理者，为网络用户提供网络接入技术支持和服务。网络用户接入网络(特别是广域网及 Internet)需要与当地的网络服务提供商进行联系，一方面取得合法的网络使用权限，另一方面需要得到网络的技术支持和信息服务。

ISP 是经国家主管部门批准的正式运营企业，享受国家法律保护，向广大用户综合提供互联网接入业务、信息业务和增值业务的电信运营商。中国三大基础运营商及其提供的技术和服务如下：

中国电信：拨号上网、ADSL、1X、EVDO。

中国移动：GPRS 及 EDGE 无线上网、FTTx。

中国联通：GPRS 及 CDMA 无线上网、拨号上网、ADSL、FTTx。

5.3.4　接入 Internet 的常用方法

互联网普遍使用，已成为人们日常生活中必不可少的部分。若要访问 Internet 上的服务和信息资源，首先需要将用户的计算机或所使用的局域网通过 Internet 服务提供商(ISP)提供的接入服务实现与 Internet 的互联，解决接入 Internet 的问题。

接入 Internet 的主要方式有两种：一种是拨号接入，另一种是通过局域网接入。

1. 拨号接入方式

拨号接入方式一般是个人(如家庭)用户接入 Internet 时采用的方法，它是将用户计算机(如 PC 等单机系统)通过公共通信线路(如电信电话通信线路)与 ISP 接入设备相连，再通过 ISP 边缘路由器与 Internet 相连接。这种接入方式主要采用两种技术：拨号调制解调器和新型带宽接入技术。

1) 拨号调制解调器

将用户计算机通过电话线用拨号调制解调器与 ISP 相连。用户方通过调制解调器将 PC 输出的数字信号转换为模拟信号，以便在模拟电话线(双绞线)上传输。ISP 方的调制解调器再将模拟信号转换成数字信号，作为 ISP 路由器输入。

这种接入技术的缺陷是：① 由于电话线带宽较低，用户获得的最大传输速率为 56 kb/s，实际应用中低于该速率，下载时间长；② 用户线路同一时刻只能传输一种信号，因此用户上网和拨打普通电话不能同时进行。

2) 宽带接入

宽带接入为个人用户提供更高的比特率，用户可以同时接入 Internet 和打电话。主要有两种接入技术：混合光纤同轴电缆(Hybrid Fiber Coaxial Cable，HFC)和数字用户线路(Digital Subscriber Line，DSL)。

HFC 是传统广播电视电缆系统的改进，采用同轴电缆和光纤混合接入方式，头端通过光缆连接到相邻域级的连接点(光纤节点)，再使用传统的电缆到达各个用户住宅。其特点是使用特殊的调制解调器(电缆调制解调器)，将家庭 PC 连接到一个 10Base-T 以太网端口。将信道划分为下行信道和上行信道，下行信道带宽更大，传输速率更快。HFC 比 DSL 带宽更高，带宽由所有用户共享，几个用户同时发送分组时将会冲突，降低上行带宽的效用。

DSL 由电话公司或独立 ISP 提供，特点是采用新型调制解调器技术和频分复用技术，实现高速率传输和接收数据，用户和 ISP 调制解调器间进行短距离数据传输和语音通信。DSL 在家庭和 ISP 之间建立了一条点对点连接，所有带宽专用而非共享。

xDSL 是 DSL 的统称，它是基于公共电话交换网的扩充方案，是目前应用最为普遍的网络接入技术之一。xDSL 是以铜质电话线为传输介质的点对点传输技术，解决了网络服务提供商与分散的用户或小型网络间的“最后一千米”的传输瓶颈问题，在普通电话线路上实现了高速传输(1.5～52 Mb/s)，使现有的电话网络资源得以充分利用，也使分散的互联网用户能够快速上网。

xDSL 技术分为对称(上行速率和下行速率相同)和非对称两类，包括 ADSL(非对称数字用户线)、RADSL(速率自适应数字用户线)、HDSL(高速数字用户线)、VDSL(甚高速数字用户线)、SDSL(单线数字用户线)等技术。

ADSL(Asymmetric Digital Subscriber Line)是一种新的数据传输方式,通过现有普通电话线为家庭、办公室提供宽带数据传输服务,是最基本和被广泛使用的技术。它使用单对铜介质电话线作为传输介质,采用频分复用技术把普通电话线分成了电话、上行和下行三个相对独立的信道,从而避免了相互之间的干扰。ADSL 的信道划分示意图如图 5-10 所示。由于上行和下行带宽不对称,因此称为非对称数字用户线环路。

图5-10　ADSL的信道划分示意图

ADSL 把 1.1 MHz 的频带分为 3 个频率段:0~4 kHz 用于传输电话语音信号,10~50 kHz 用于上行信息流的传输带宽,52 kHz~1.1 MHz 用于下行信息流的传输带宽。ADSL 为网络用户提供比普通拨号更高的传输速率,提供 32 kb/s~8.192 Mb/s 的下行速率和 32 kb/s~1.088 Mb/s 的上行速率。在同一根线上同时提供语音电话服务和传输数据服务,传输距离达 3~5 km。ADSL 的典型连接结构如图 5-11 所示。

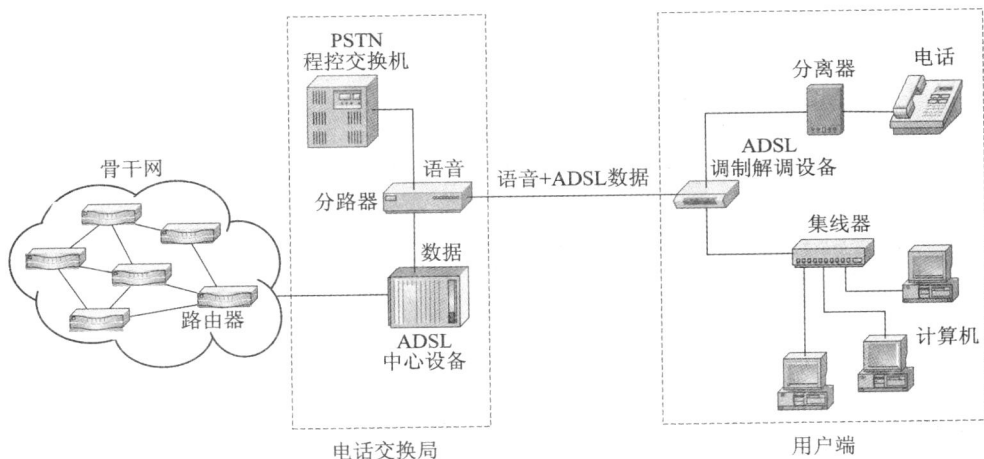

图 5-11　ADSL 典型连接结构

可以看到,对于原先的电话信号而言,仍使用原先的频带,而基于 ADSL 的业务使用的是语音以外的频带,所以原先的电话业务不受任何影响。

ADSL 技术的主要特点是可以充分利用现有的铜缆网络(电话线网络),在线路两端加装 ADSL 调制解调设备即可为用户提供高带宽服务。ADSL 是众多 DSL 技术中较为成熟的一种,其带宽较大、连接简单、投资较小,因此发展很快,而区域性应用更是发展快速。但从技术角度来看,ADSL 对宽带业务来说只能作为一种过渡性方法。

2. 局域网接入方式

局域网接入是通过某种通信线路和相关设备将整个局域网与 Internet 实现互联。随着网络技术的发展和迅速普及应用,政府、企业、事业等单位都建立了自己的局域网,实现了单位内部的网络化应用。局域网内的用户若要实现与 Internet 的连接,采用局域网接入是一个非常有效的方法。

将局域网与边缘路由器连接，边缘路由器负责为目的地不在本局域网的分组选路。边缘路由器通过数据通信网与 ISP 的路由器相连，通过 ISP 与 Internet 的连接通道实现局域网与 Internet 的连接。局域网接入 Internet 的结构示意图如图 5-12 所示，数据通信线路可以使用 DDN、X.25、帧中继等。

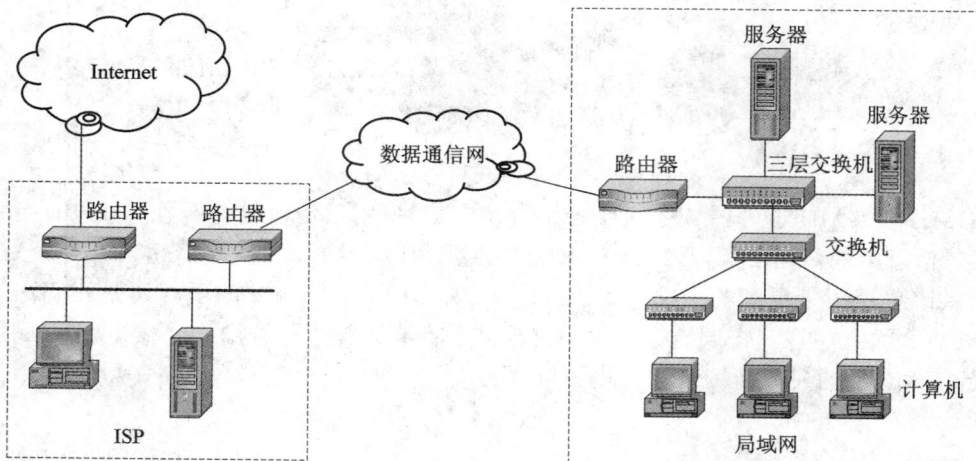

图 5-12　局域网接入示意图

局域网接入方式适于具有一定规模的局域网用户(单位局域网、企业网、校园网等)采用，其特点是：局域网中每个主机都拥有一个合法的 IP 地址，可以获得较大带宽，可靠性较高，单位可在局域网内部建立网络服务器，对内、对外均可提供各种资源的访问服务，但接入成本较高，需要专门的网络设备和专业网络管理人员，技术要求也较高。

习　题　5

一、填空题

1. 网络互联就是利用网络_____，将分布在不同地域上的计算机网络相连接，以构成更大的网络系统，实现更大范围的数据通信和网络_____。

2. 实现网络互联，就是在不同的网络体系结构上，选定一个相应的协议_____，使得从该层开始，被互联的网络设备中的高层协议都是_____，其低层和硬件的差异可通过该层_____，从而使网络用户的应用得以互通。对于网络用户来说，互联的网络结构是透明的。

3. 网络互联的类型主要有三种：_____互联(LAN-LAN)；_____互联(LAN-WAN)；_____互联(WAN-WAN)。

4. 物理层互联解决的问题是局域网距离的_____，不需要进行_____，只需要对信号进行再生放大，将两个以上距离较远的物理网络连接在一起，构成一个物理局域网。

5. 网络层互联允许互联网络的网络层及以下各层协议是_____，也可以是不同的。

6．传输层及以上各层协议不同的网络之间的互联属于_____。

7．网桥是一种_____层的网络互联设备，负责在_____层将数据帧进行存储转发，一般不对转发帧进行修改。

8．交换机是工作在_____层(OSI 模型中第二层)上的设备，性能更优于网桥。

9．路由器不仅具有网桥的功能，而且还具有_____、协议转换、多路重发和错误检测等功能。

10．在局域网和广域网的互联中，_____是最关键、最重要的设备。

11．将局域网交换机的设计思想应用到路由器的设计中，就是_____，传统的路由器通过软件来实现路由选择功能，而采用第三层交换技术的路由器是通过硬件来实现路由选择功能的。

12．局域网的数据传输过程主要由集线器、_____来控制，而广域网则需要经过_____来进行数据转发，甚至需要经过多个广域网，延时较长。

13．广域网的线路一般分为主干线路和_____线路。根据末端用户线路和广域网类型的不同，有多种接入广域网的技术和接口标准，接入广域网的主机系统或网络必须遵守这些接口标准。

14．从 OSI 层次模型上看，广域网的最高层为_____。

15．接入 Internet 的主要方式有两种：一种是_____方式，另一种是_____方式。

二、选择题

1．路由器和网桥比较，性能上的优点主要表现在(　　)。
　　A．速度快　　　　　　　　　　　B．网络的隔离性能好
　　C．硬件易实现　　　　　　　　　D．效率高

2．在网络系统中，中继器处于(　　)。
　　A．物理层　　　　　　　　　　　B．数据链路层
　　C．网络层　　　　　　　　　　　D．高层

3．在计算机局域网的构件中，本质上与中继器相同的是(　　)。
　　A．网络适配器　　　　　　　　　B．集线器
　　C．网卡　　　　　　　　　　　　D．传输介质

4．在网络互联的层次中，(　　)是在数据链路层实现互联的设备。
　　A．路由器　　　　　　　　　　　B．网桥
　　C．集线器　　　　　　　　　　　D．网关

5．网桥的功能是(　　)。
　　A．网络分段　　　　　　　　　　B．广播
　　C．LAN 之间的互联　　　　　　　D．路径选择

6．路由就是网间互联，其功能发生在 OSI 参考模型的(　　)。
　　A．物理层　　　　　　　　　　　B．数据链路层
　　C．网络层　　　　　　　　　　　D．以上都是

7．在同一个办公楼的两个部门，都已分别组建了自己部门的以太局域网，并且都选用

了 Windows 2000 Server 作为网络操作系统，那么将这两个网络互联起来，最简单的方法是
选用(　　)设备。

    A．路由器   B．网桥

    C．集线器   D．网关

  8．如果有多个局域网需要互联，并且希望将局域网的广播信息量能够很好地隔离开，
那么最简单的办法是采用(　　)将各网络互联。

    A．路由器   B．交换机

    C．集线器   D．网关

三、简答题

1．简述网络互联层次及互联设备。

2．简述路由器的主要功能。

3．简述第三层交换技术。

4．简述广域网的结构。

5．简述常见的公用数据通信网。

第 6 章　网络操作系统与网络服务

本章提示：本章介绍网络操作系统的基本概念及功能，主要介绍 Windows 2000 Server 网络操作系统的网络管理和服务；主要讲解 Windows 2000 Server 用户管理、文件管理和资源共享管理，重点讲解 Windows 2000 Server 的 WWW 服务、FTP 服务和 DHCP 服务配置与管理。

基本教学要求：

(1) 了解网络操作系统的基本概念、功能和常见网络操作系统。

(2) 理解 Windows 2000 Server 的管理功能，掌握用户管理、文件管理和共享资源设置与访问操作方法。

(3) 掌握 WWW 服务、FTP 服务和 DHCP 服务配置与管理。

6.1　网络操作系统概述

网络操作系统(Network Operating System，NOS)是最主要的网络软件，是计算机网络的心脏和灵魂，为计算机网络中的计算机提供服务、实现资源共享，为网络用户提供服务的特殊操作系统。它通常被安装在服务器上，对网络实施高效、安全的管理和控制，为用户提供各种网络服务功能，并使各类网络用户能够方便、高效、安全地使用和管理网络资源，是网络用户和计算机网络的接口。

6.1.1　网络操作系统的功能

网络操作系统作为网络用户和计算机之间的接口，负责整个网络系统的软、硬件资源的管理、网络通信、任务调度以及网络的安全性服务。一般要求网络操作系统具有如下功能与服务：

(1) 文件服务：它是最重要和最基本的网络服务功能之一。文件服务以集中管理的方式管理文件，并允许对不同的用户根据规定的权限对文件进行读/写及其他操作。

(2) 网络打印服务：是将打印机安装在服务器端，然后通过共享使网络中的用户如同使用本地打印机一样使用服务器端打印机的一种服务。

(3) 网络安全：指网络系统的硬件、软件及其系统中的数据受到保护，不因偶然的或者恶意的原因而遭受到破坏、更改、泄露，系统连续可靠、正常地运行，网络服务不中断。网络操作系统必须做到保护系统中的资源不被破坏。

(4) 负载均衡：它是由多台服务器以对称的方式组成一个服务器集合，每台服务器都具有同等的地位，都可以单独对外提供服务。通过某种负载分担技术，将外部发送来的请求均匀分配到对称结构中的某一台服务器上，而接收到请求的服务器独立回应客户的请求。均衡负载能够平均分配客户请求到服务器阵列，解决大量并发访问服务的问题。

(5) 支持远程管理：远程管理是在服务器上安装一个服务软件，并开启远程管理服务，用户可以通过网络管理远程计算机，使用特定的软件通过网络来管理和使用此服务器。比如 Windows Server 2000 操作系统支持的终端服务。

(6) Internet 服务：它是一组服务的总称，主要包括 WWW 服务、FTP 服务、电子邮件服务等。WWW 服务主要为用户提供网页浏览服务，FTP 服务为用户提供在网络中进行文件传输和存储的服务，电子邮件服务为用户提供发送邮件和接收邮件的服务。

(7) 支持对称多处理：要求操作系统支持多个 CPU，以减少事务处理时间，提高操作系统的性能。

6.1.2　常见网络操作系统

网络操作系统可实现操作系统的所有功能，并实现网络资源管理，提供网络服务。目前应用较为广泛的网络操作系统有 Microsoft 公司的 Windows Server 系列、Novell 公司的 NetWare、UNIX 和 Linux 等。

1. Windows Server 系列

Windows Server 系列是由 Microsoft 公司推出的具有良好的互操作性、支持多种协议、管理方式高效的新一代操作系统。Windows 最大的特点是，完全图形化的操作系统对系统的任何操作和管理都可以通过图形化的界面来完成，这样就降低了管理员的操作难度。网络操作系统使用较多的主要有 Windows 2000 Server 和 Windows 2003 Server 两个系列，其主要特点如下：

(1) 基于图形化的操作界面，大量的向导简化了特定服务器角色的安装和日常服务器管理任务，便于部署、管理和使用。

(2) 支持"即插即用"及广泛的硬件支持，使得硬件的安装和升级变得非常简单。

(3) Windows Server 中内建的 IIS 服务组件，能提供增强安全性和可靠的 Internet 信息服务(Web 站点、FTP 站点等)。

(4) 提供大量的常用服务，如文件打印与共享服务、DNS 服务、DHCP 服务、目录服务等，使部署高可用的企业网变得简单且有效降低了成本。

2. UNIX

UNIX 操作系统是一个功能强大的多用户、多任务操作系统，支持多种处理器架构，它于 1969 年在 AT&T 的贝尔实验室被开发出来，经过长期的发展和完善，已成长为一种主流的操作系统技术和基于这种技术的产品大家族。UNIX 系统具有强大的可移植性，适合多种硬件平台，可运行在微机、工作站、小型机、多处理机和大型计算机上。

UNIX 具有系统的规范性、很好的可移植性和良好的用户界面，具有强稳定性和健壮的系统核心以及增强的系统安全机制，具有系统的专业性和可定制性，可以直接支持网络功能，可满足各行各业的实际需要，特别能满足企业重要业务的需要，已经成为主要的工作站平台和重要的企业操作平台。

3. Linux

Linux 是一套免费使用和自由传播的类 UNIX 操作系统，它主要用于基于 Intel x86 系列 CPU 的计算机上。Linux 最早是由芬兰赫尔辛基大学的学生 Linux Torvalds 开发的，它具有 UNIX 操作系统的特征。Linux 以它的高效性和灵活性著称，它能够在 PC 机上实现全部的 UNIX 特性，通过世界各地成千上万程序员的不断设计和完善，现已成为了一个强大的多用户多任务的新一代网络操作系统。

Linux 操作系统的最大特征在于其源代码是向用户完全公开的，其目的是建立不受任何商品化软件版权制约的、全世界都能自由使用的 UNIX 兼容产品。任何人均可免费得到、使用和发布 Linux，用户可根据自己的需要修改 Linux 操作系统的内核。

Linux 具有 UNIX 所有的优点，发展速度非常迅猛，而且已经成为了一种受到广泛关注和支持的操作系统，包括 IBM 和惠普在内的一些计算机业巨头也开始支持 Linux。Linux 操作系统具有如下特点：

(1) 可完全免费获得，不需要支付任何费用。

(2) 可在任何基于 x86 的平台和 RISC 体系结构的计算机系统上运行。

(3) 可实现 UNIX 操作系统的所有功能。

(4) 具有强大的网络功能。

(5) 完全开放源代码。

6.2　Windows 2000 Server 简介

Windows 2000 Server 操作系统是 Microsoft 公司开发的新一代网络操作系统，具有良好的互操作性，支持多种网络协议，具有高效的管理方式，提供了全面的 Internet 及应用程序平台。Windows 2000 Server 采用了一些新特性，包括增强端对端管理的可靠性、可用性及可延展性，允许组织利用最新的网络技术，提供全面的 Web 及 Internet 服务。另外，Windows 2000 Server 还可以为部门工作组或中小型公司用户提供文件、打印、应用软件、Web 和通信等各种服务器，特别是增加的多用户终端服务技术，可以作为 Windows 终端的终端服务器。

6.2.1　Windows 2000 Server 的特点

作为新一代的网络操作系统，Windows 2000 Server 提供了很多强大的功能和特性，主要包括以下几个方面：

(1) 活动目录。目录是一个存储网络对象信息的分层结构的数据库，目录服务则提供存储目录数据及网络用户和管理员使用这些数据的方法。Windows 2000 Server 活动目录的目标是将一个网络中的所有计算机设备和用户管理，按照类型、功能进行分层，并集成在一起统一管理，以简化日常的管理操作，减少冗余数据。

(2) 文件服务。Windows 2000 Server 采用了 NTFS(New Technology File System)文件系统，增加了两个新的文件访问管理，即"权限改变"和"拥有所有权"。磁盘配额在磁盘卷的属性中设定，允许管理员根据文件或文件夹的所有权限向用户分配空间、设定警报以及观察所剩空间。加密文件系统以公开密钥为基础，对用户透明，可在文件夹的高级属性中设置"加密内容"以保护数据，该文件夹中的文件和子文件夹均被加密，进一步提高了数据的安全性。

(3) 网络和通信。Windows 2000 Server 提供了强大的网络管理、服务和通信功能，主要有：域名服务支持动态更新、增量区域传送和服务记录；服务质量可以控制如何为应用程序分配合理的网络带宽；资源预留协议，允许信息的收发双方建立用于设置 QoS 的高速通道，提高连接的可靠性；支持异步传输模式(ATM)，安装 ATM 适配器后，可以利用 Windows ATM 服务软件与 ATM 网络通信；集成 Web 服务，Windows 2000 Server 平台提供 IIS(Internet Information Services，Internet 信息服务)。

6.2.2　Windows 2000 Server 网络服务

Windows 2000 Server 是一个优秀的网络操作系统，提供众多的网络服务以方便用户使用，下面介绍 Windows 2000 Server 提供的几种常见服务。

1. 活动目录(Active Directory)

Microsoft Active Directory 服务是 Windows 平台的核心组件，它为用户管理网络环境各个组成要素的标识和关系提供了一种有力的手段。其主要目标是存储有关网络对象(网络中的所有计算机设备和网络设备)信息、用户信息并使管理员和用户可以方便地查找与使用。其主要功能有：对登录用户进行安全性验证、对目录中的对象进行访问控制。

2. DNS 服务

DNS 是域名解析系统，是 Windows 2000 Server 提供的标准网络服务之一。DNS 服务主要用于建立 IP 地址和域名之间的映射关系，即对 IP 地址和域名进行双向解析。在 Windows 2000 Server 中，通过 DNS 的图形化管理工具可以快速、方便地建立此服务。

3. DHCP 服务

在使用 TCP/IP 协议的网络上，每一台联入网络的计算机都拥有唯一的计算机名和 IP 地址，都需要进行 TCP/IP 协议的配置。手工配置每台计算机 IP 地址(静态 IP 地址分配)的工作量很大，同时也是一种是繁琐的工作。另外，当用户将计算机从一个子网移动到另一个子网时，需要重新设定计算机的 IP 地址，采用静态 IP 地址的分配方法将增加网络管理员的负担。

DHCP 是动态主机分配协议，它是一个简化主机 IP 地址分配管理的 TCP/IP 标准协议。通过 DHCP 服务器提供的服务，自动为网络中的计算机分配 IP 地址(即动态 IP 地址分配)，进行 TCP/IP 协议的配置，适应网络变化，从而减轻网络管理员的负担，提高管理效率。用户可以利用 Windows 2000 Server 提供的 DHCP 服务，在网络管理中自动地分配 IP 地址及完成相关环境的配置工作。

4. IIS 服务

IIS 是微软公司主推的信息服务器软件，与 Windows 2000 Server 完全集成在一起，因而用户能够利用 Windows NT Server 和 NTFS 内置的安全特性，建立强大、灵活而安全的 Internet 和 Intranet 站点。其中包括 Web 服务器、FTP 服务器、NNTP 服务器和 SMTP 服务器，分别用于网页浏览、文件传输、新闻服务和邮件发送等方面，它使得在网络(包括互联网和局域网)上发布信息成为一种简单的操作。

5．终端服务

Windows 2000 Server 的终端服务简称 WBT，是 Windows 2000 Server/Advanced Server 推出的一项标准服务，它允许用户以 Windows 界面的客户端访问服务器，运行服务器中的应用程序，使用户如同操作本地计算机一样访问服务器。

终端服务提供了通过作为终端仿真器工作的"瘦客户机"软件远程访问服务器桌面的能力，终端服务只把该程序的用户界面传给客户机，客户机返回键盘和鼠标单击动作，以便由服务器处理。每个用户都只能登录并看到自己的会话，这些会话由服务器操作系统透明地进行管理，而与其他任何客户机会话无关。客户软件可以运行在多个客户机硬件设备上，包括计算机和基于 Windows 的终端。

6.3　Windows 2000 Server 管理

Windows 2000 Server 系统是一个真正的多任务操作系统，它可以给数以百计的用户提供各种稳定的服务。Windows 2000 Server 为了方便管理员对操作系统进行有效的管理，将系统管理分为用户管理、资源管理、服务管理等几个模块。

6.3.1　Windows 2000 Server 用户管理

Windows 2000 Server 作为网络服务器，在同一时间可以有多个用户同时登录，对每个用户应该根据其身份分配不同的权限，以保证系统的安全运行，因此用户管理是系统管理的一个重要组成部分。

1．用户管理

用户帐号是网络操作系统为用户使用系统资源和服务设置的安全凭证，它是用户在操作系统中的一个标识，使用户能够登录到操作系统及网络并访问网络资源。通过用户帐号验证使用者身份，将系统资源和网络资源的访问权限授权给用户。

Windows 2000 Server 提供一些预定义用户帐号，可以使用户登录到 Windows 系统。这些用户是：管理员帐号(Administrator Account)、来宾帐号(Guest Account)。每个预定义帐号都有不同的权限和权限组合，管理员帐号具有最高权限，可以管理整个系统，而来宾帐户则只有最低的使用权限。

为了使系统能够安全运行，一般系统管理员会给每个使用者创建一个用户帐号，以便限制用户对系统资源的使用，也可以随时通过管理用户帐号来修改用户的权限。在 Windows 2000 Server 中，通过"管理工具"中的"计算机管理"完成对用户帐号的创建、修改和删除。

用户管理的操作方法如下：以管理员(Administrator)或具有管理员权限的用户身份登录系统，单击"开始"菜单→选择"程序"→选择"管理工具"→单击"计算机管理"，打开"计算机管理"窗口，再双击"用户和本地组"展开列表。Windows 2000 Server 进行用户管理的界面如图 6-1 所示。

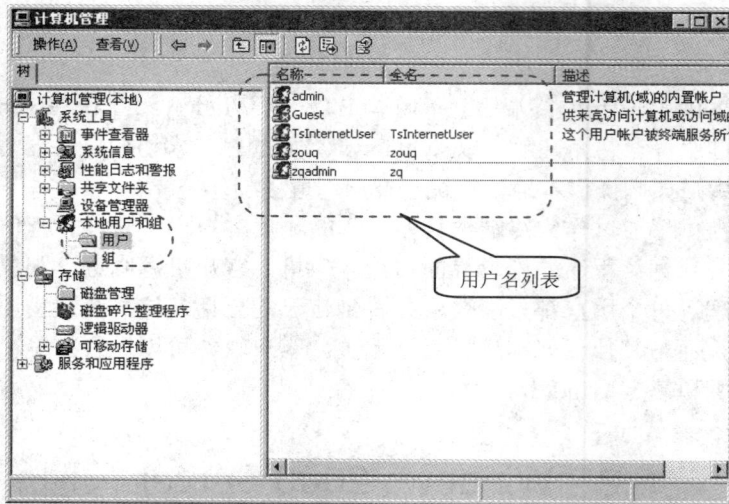

图 6-1　"计算机管理"窗口——用户管理界面

1) 创建新用户

在图 6-1 左侧列表框的"用户"选项上单击鼠标右键，从弹出的快捷菜单中选择"新用户"命令，打开"新用户"窗口，如图 6-2 所示。输入用户名、密码等相关信息，然后单击"创建"按钮即可创建一个新用户。

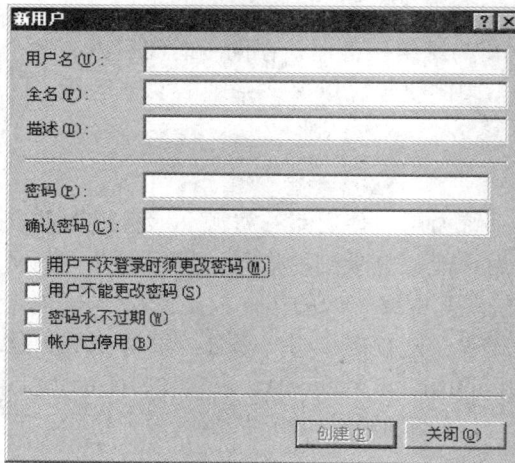

图 6-2　创建新用户窗口

"新用户"窗口中各项的功能如下：

- 用户名：设置登录系统时的名称，该项必须输入。要求必须以英文字母或汉字开始，后面可以是数字，不能包含任何标点符号和空格，不能是已存在的用户名。
- 全名：输入用户的真实姓名，该项可选。
- 描述：对用户进行简单的描述，该项可选。
- 密码和确认密码：输入用户的登录密码，两次必须相同，该项可选。

此窗口最下面的四个复选框用来设置用户的一些行为，可以按需要进行选择。

• 用户下次登录时须更改密码：设置本次修改生效后，用户下次登录是否必须修改自己的登录密码。

• 用户不能更改密码：设置用户是否可以修改自己的登录密码。

• 密码永不过期：设置用户登录密码有效性是否有时间限制。为了保证系统的安全，一般要求用户在使用一段时间以后更改登录密码，以保证用户密码不被他人猜出。

• 帐户已停用：设置用户是否可以使用此用户名登录系统。若复选该项后，用户就不能登录系统了。

2) 修改用户属性

(1) 修改密码：在用户管理界面右侧的用户列表中，用鼠标右键单击待修改密码的用户名，在弹出的菜单中选择"设置密码"命令，在弹出的"设置密码"对话框中输入两次新的密码。修改密码时，当前用户必须是管理员或待修改用户自己，否则不能修改。

(2) 修改用户属性：在用户管理界面右侧的用户列表中，用鼠标右键单击待修改属性的用户名，在弹出的菜单中选择"属性"命令，弹出如图 6-3 所示的用户属性对话框。对话框中有四个选项卡分别对用户帐号属性进行设置，其中"常规"和"隶属于"最为常用。

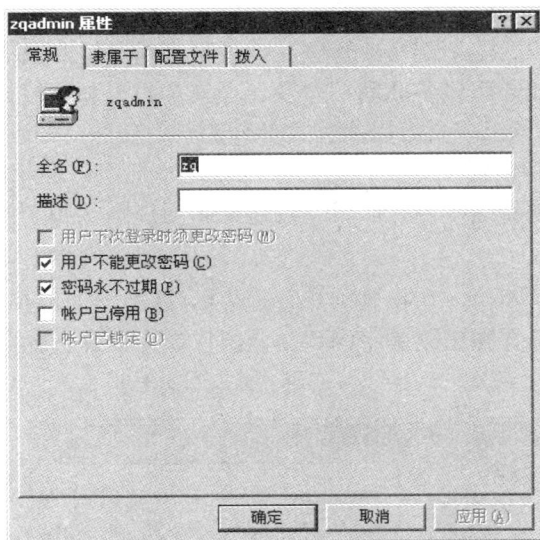

图 6-3　用户属性对话框

"常规"选项卡中各项目的功能同"新用户"窗口中的内容。按照需要选择复选框、填写用户全名和描述即可。"隶属于"选项卡的内容将在组管理中涉及。

(3) 修改用户名：在创建好用户后，若需要也可以对用户的用户名进行修改。方法是：用鼠标右键单击用户列表中待修改的用户名，选择弹出菜单中的"重命名"命令，用户名便会成为可编辑文本框，在其中输入新的用户名，修改完成后单击文本框外的区域即可。

(4) 删除用户：在用户管理界面右侧的用户列表中，用鼠标右键单击待删除的用户名，选择弹出菜单中的"删除"命令即可。

2. 组管理

组(Group)是本地计算机的一种对象，包含用户、联系、计算机和其他组，是可以通过管理员创建或删除的一些用户帐号的集合。每一个帐号都属于某一个组，一个帐号也可属于多个组，此时该帐号就拥有从多个组中得到的权限。

当 Windows 2000 Server 系统安装完成后，系统将默认创建一些内置组，这些组代表了不同的权限。当某个用户(组)成为该组的成员时，该用户(组)便拥有了该组所拥有的权利。管理员可以根据需要利用内置组创建自己的组来管理用户。各内置组的名称和权限如下：

• Administrators：管理员组，该组成员对计算机具有完全访问权限。Administrator 用户便属于该组。

• Backup Operators：备份操作员组，该组成员可以备份和还原计算机上的文件，而不管保护这些文件的权限如何设置。该组成员也可以登录计算机和关闭计算机，但不能更改安全设置。

• Guests：来宾组，它允许临时用户登录，并授予有限的权限。来宾组的成员也可以关闭系统。

• Power Users：超级用户组，该组成员可以创建用户帐户，但只能修改和删除他们所创建的帐户。超级用户可以创建本地组并从创建的本地组中删除用户，也可以从超级用户、用户和来宾组中删除用户，但不能修改管理员或备份操作员组，也不能拥有文件的所有权、备份或还原目录、加载或卸载设备驱动程序及管理安全日志和审核日志。

• Users：用户组，该组成员可以执行大部分的普通任务，如运行应用程序、使用本地和网络打印机以及关闭和锁定工作站。用户可以创建本地组，但只能修改自己创建的本地组。用户不能共享目录或创建本地打印机。创建的新用户默认归于此组。

1) 创建组

打开"计算机管理"窗口，切换到用户管理界面(见图 6-1)。在其左侧列表中的"组"选项上单击鼠标右键，选择弹出菜单中的"新建组"命令，弹出如图 6-4 所示的"新建组"对话框。

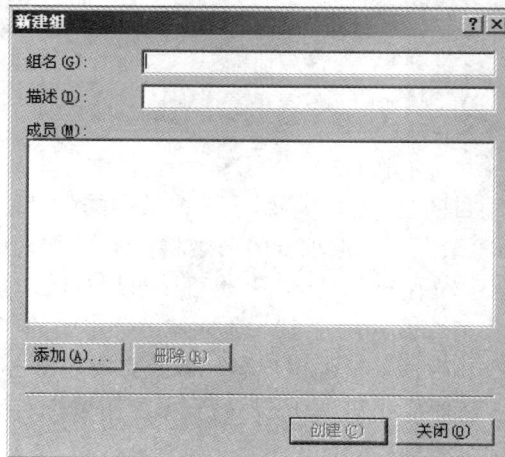

图 6-4　"新建组"对话框

对话框中各项的功能如下：

· 组名：指定新用户组的名称，规则同用户名。

· 描述：对所创建的组做简单的说明。

· 成员：组中的成员列表，可以通过"添加"按钮将已存在的用户或组添加为该组成员，或通过"删除"按钮从列表中删除指定用户或组。

填写完相应信息后，单击"创建"按钮，即完成组的创建。

2）重命名组

在用户管理界面右侧的组名列表中，用鼠标右键单击待重命名的组名，选择弹出菜单中的"重命名"命令，之后被选择组的名称会变为可编辑的文本框，在文本框中输入新的组名，最后单击文本框之外的区域即可。

3）删除组

在用户管理界面右侧的组名列表中，用鼠标右键单击待删除的组名，选择弹出菜单中的"删除"命令，在弹出的对话框中单击"确定"按钮即可。

4）修改组成员

当创建好一个组后，可以通过如下两种方法随时修改其组内成员。

(1) 通过组管理修改。进入组管理界面后，用鼠标右键单击其右侧的组名列表中待修改的组名，在弹出菜单中选择"添加到组"命令，弹出如图 6-5 所示的组属性对话框。单击"添加"按钮可以将已有的用户或组加为成员，或通过"删除"按钮将选择的成员删除掉。

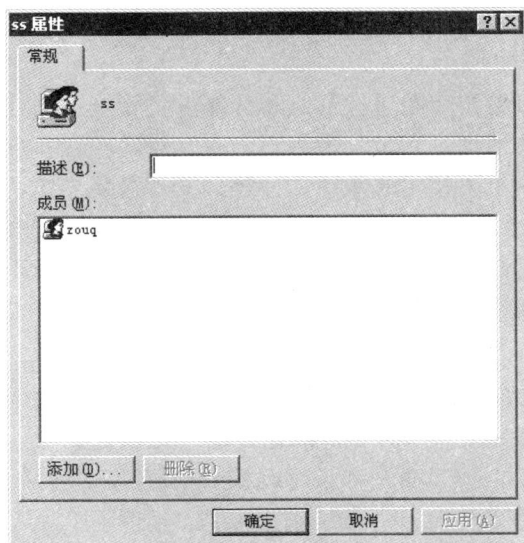

图 6-5　组属性对话框

(2) 通过"用户属性"修改。通过用户属性，可以将一个用户添加到一个组中或从某个组中删除。进入用户管理界面，在其右侧的用户列表中用鼠标右键单击待修改的用户，选择弹出菜单中的"属性"命令，在弹出的用户属性对话框中选择"隶属于"选项卡，如图 6-6 所示。通过"添加"按钮向"隶属于"列表中添加组，这样便将该用户添加为列表中每个组的成员。通过"删除"按钮，删除列表中被选择的组，便可将用户从该组中删除。

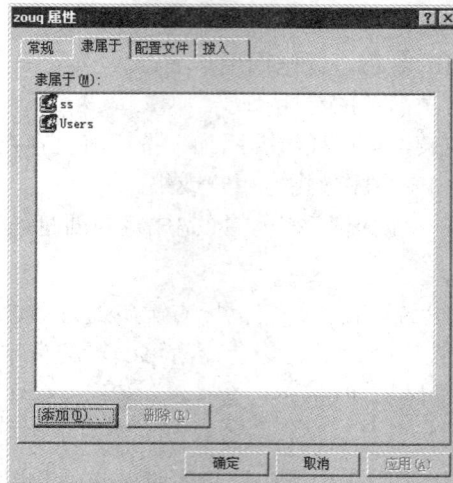

图 6-6　用户属性对话框

6.3.2　Windows 2000 Server 资源安全性

随着计算机网络的不断发展，信息安全已成为一个非常重要的问题，它涉及到从硬件到软件、从单机到网络的各个方面的安全机制。而作为信息存储的文件系统安全则是整个网络安全体系中最重要、最基础的方面。

1. 文件系统安全

1) 文件系统的概念

文件系统是对文件存储器空间进行组织和分配，负责文件的存储并对存入的文件进行保护和检索的系统。具体地说，它负责为用户建立文件，存入、读出、修改、转储文件，控制文件的存取，当用户不再使用时撤销文件等。文件系统规定了文件存储的大小机制、安全机制以及文件名的长短，用户对文件和文件夹的操作都是通过文件系统来完成的。

Windows 系统中常用的文件系统有两种：FAT32 和 NTFS。一般用户的操作系统都采用 FAT32，但对于服务器应该使用 NTFS 文件系统，它可以提供文件的安全性设置。

2) 文件安全性的概念(NTFS 文件系统)

文件安全性是指为文件或文件夹对于不同用户设置不同的使用权限，以保护文件和文件夹安全。每个文件或文件夹对每位用户或组都有一组权限列表，包括完全控制、修改、读取及运行、列出文件夹目录(只有文件夹有此权限项目)、读取及写入。

3) NTFS 权限的类型

NTFS 文件系统权限包括 NTFS 文件权限和 NTFS 文件夹权限。

标准 NTFS 文件权限的类型包括读取、写入、读取及运行、修改、完全控制等，其具体权限如下：

- 读取：读取文件内的数据，查看文件的属性。
- 写入：此权限可以将文件覆盖，改变文件的属性。
- 读取及运行：除了"读取"的权限外，还有运行"应用程序"的权限。
- 修改：除了"写入"及"读取与运行"的权限外，还有更改文件数据、删除文件、改变文件名的权限。

- 完全控制：它具有所有的 NTFS 文件权限。

标准 NTFS 文件夹权限的类型包括读取、写入、列出文件夹目录、读取及运行、修改、完全控制等，其具体权限如下：

- 读取：此权限可以查看文件夹内的文件名称及子文件夹的属性。
- 写入：可以在文件夹里创建文件与文件夹，更改文件的属性。
- 列出文件夹目录：除了"读取"的权限外，还有"列出子文件夹"的权限，即使用户对此文件夹没有访问权限。
- 读取与运行：与"列出文件夹目录"的权限几乎相同，但在权限的继承方面有所不同，"读取与运行"是文件与文件夹同时继承的，而"列出子文件夹目录"只具有文件夹的继承性。
- 修改：除了具有"写入"及"读取与运行"的权限外，还具有删除、重命名子文件夹的权限。
- 完全控制：具有所有 NTFS 文件夹的权限。

2．设置文件系统访问权限

在"Windows 资源管理器"或"我的电脑"中可对文件及文件夹进行 NTFS 权限设置，包括属性设置、权限设置、继承权设置等。

1）属性设置

在"我的电脑"中选择一个文件夹(其所在盘的文件系统必须为 NTFS)，单击鼠标右键选择"属性"命令，弹出如图 6-7 所示的对话框。在"常规"标签下，可以了解这个文件夹的一般情况，包括位置、大小、包含文件数量等信息。选中"只读"或"隐藏"复选框，可以对属性进行设置。一般来说，属性优先于权限，也就是说对文件夹的访问是属性和权限相结合的结果。若某用户具有写入权，但该文件夹具有只读属性，那么该用户不能完成写入的操作。

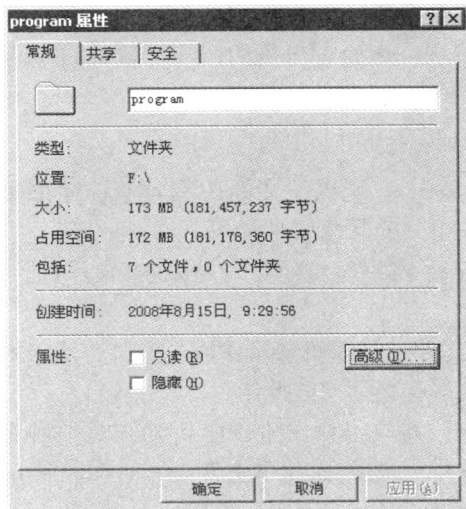

图 6-7　属性设置对话框

2) 权限设置

单击图 6-7 中的"安全"选项卡，弹出如图 6-8 所示的对话框。此对话框用于权限设置，其中列表框显示了对该文件夹具有访问权的对象。选中一个对象，下面的列表框显示该对象所具有的权限。在复选框中，选中"允许"复选框表示具有该项权限，否则表示不具有该项权限。当同时选中"允许"和"拒绝"复选框时，"拒绝"权限优先于"允许"权限。

设置权限的方法为：单击图 6-8 中的"添加"按钮，在弹出的对话框中选择待授权访问的用户或组，将其添加到访问对象列表中并设置其权限，结果如图 6-9 所示。

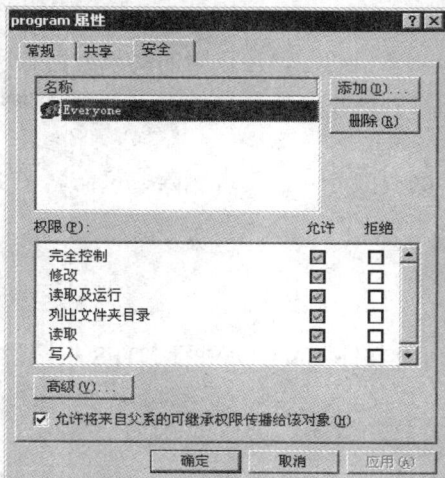

图 6-8　权限设置对话框　　　　　　　图 6-9　新用户或组权限设置

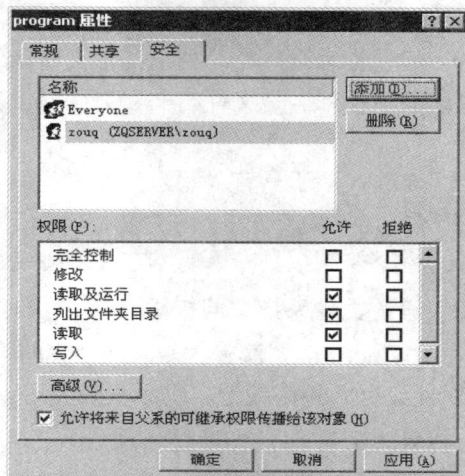

6.3.3　Windows 2000 Server 文件夹/打印机共享设置与访问

所谓共享文件夹/打印机，就是指将某台计算机作为服务器，把其中的某个或多个文件夹/打印机共享给网络中的其他计算机来使用。共享文件夹/打印机是在网络上发布资源以及客户从网络上获得资源的便捷途径，在局域网上得到了广泛应用。作为服务器的计算机可以把共享文件夹设置为共享，作为客户机的用户可以通过网上邻居访问共享文件夹而获得网上的文件资源。

1. 安装有关网络组件

使用 Windows 2000 Server 提供的文件夹/打印机共享服务的前提是必须安装相应的网络组件。与网络共享服务相关的网络组件如下：

• Microsoft 网络客户：网络客户组件，是微软对等网网络客户端，用于访问局域网内共享的文件夹和打印机。

• Microsoft 网络的文件和打印机共享：服务组件，用于对外提供服务；若要向网络用户提供文件夹或打印机共享就必须安装此组件。

• NetBEUI Protocol：协议组件，NetBEUI 协议是一种短小精悍、通信效率高的广播型协议，若要在局域网内共享资源(如共享文件夹、打印机等)就必须安装此协议。

• Internet 协议(TCP/IP)：协议组件，进入 Internet 所必须遵循的协议。

2．组件安装

在进行设置文件共享之前，必须确认以上组件已经安装。确认方法：用鼠标右键单击桌面上的"网上邻居"→选择"属性"，或通过"控制面板"双击"网络和拨号连接"，打开"网络和拨号连接"窗口，用鼠标右键单击 "本地连接"，选择"属性"，打开"本地连接 属性"对话框，如图 6-10 所示。确认相关组件已经出现在"此连接使用下列选定的组件"列表中(注：网络组件列表前的方框若被选择，表示启用此组件，否则不使用此组件)。

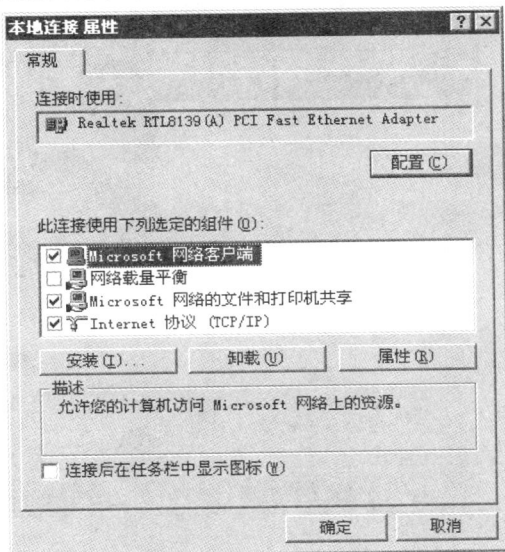

图 6-10 "本地连接 属性"对话框

3．设置文件夹网络共享

在对等网环境下，每台计算机都可以向网络发布文件资源。在 Windows 2000 Server 计算机中，Administrators 组和 Power User 组的成员可以设置共享文件夹。

可以通过很多途径新建文件夹以实现网络共享，例如"我的电脑"、"资源管理器"或"计算机管理"等。在此以资源管理器为例介绍，执行"开始"→"程序"→"附件"→"Windows 资源管理器"选项，在弹出的资源管理器窗口中用鼠标右键单击一个文件夹，在快捷菜单中选择"共享"命令或"属性"→ "共享"选项卡，弹出如图 6-11 所示的建立文件夹共享对话框。选中"共享该文件夹"选项，然后在"共享名"中输入用于标识共享文件夹的共享名，单击"确定"按钮即可。

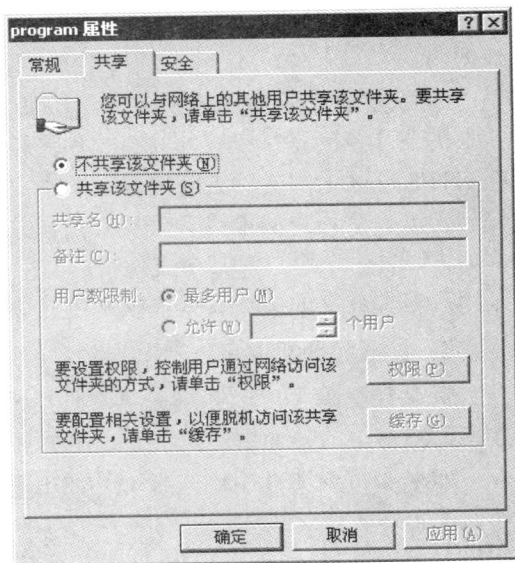

图 6-11 建立文件夹共享对话框

4．设置共享文件夹权限

当创建一个新的共享时，默认的访问权限是"Everyone 完全控制"，即任何用户都可以在此文件夹中删除或新建文件。若想为不同的用户设置不同的权限，可通过单击图 6-11 中的"权限"按钮，在弹出的"权限"对话框(如图 6-12 所示)中进行设置。通过此对话框可以设置访问此文件夹的用户及其权限。

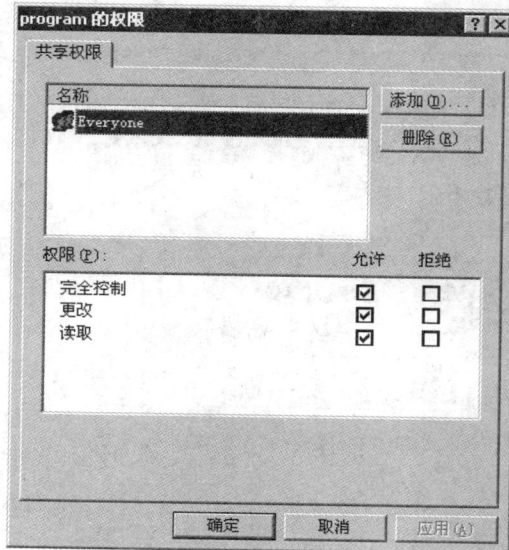

图 6-12　设置共享权限对话框

共享文件夹的权限类型包括以下几种：

· 读取：可以查看文件夹内的文件名称、子文件夹名称以及文件内的数据，并可运行程序、遍历文件夹等。

· 更改：除上述权限外，还可以向共享文件夹添加文件、子文件夹，修改文件夹内的数据。

· 完全控制：除上述权限外，还可以删除文件与子文件夹。

需要注意的是，设置的共享文件夹权限并不是这个文件夹的最终访问许可(有效权限)。在 NTFS 分区上的文件夹既可以设置用户的共享文件夹的权限，也可以设置 NTFS 权限。系统规定，一个用户的最终有效权限是在共享文件夹的权限和 NTFS 权限中最严格的权限。例如，如果一个用户对某个文件夹的有效权限是"读取"和"写入"，NTFS 权限是"读取"，则用户对文件夹的最终有效权限是"读取"。

5．设置打印机共享

资源共享除了可以共享磁盘文件给网络用户外，还可以将硬件(如刻录机、打印机等)共享给网络中的其他用户。下面说明如何将本地打印机共享给其他用户。

如果要将本地打印机共享给其他用户，首先应确认本地已经正确安装了打印机驱动程序并能正常工作，然后按下列步骤进行即可。单击"开始"菜单→选择"设置"→单击"打印机"，打开"打印机"窗口，如图 6-13 所示。在待共享的打印机图标(如图中的"jbc")上单击鼠标右键，选择"共享"命令，弹出如图 6-14 所示的打印机属性对话框。选择对话框中的"共享"选项，并在其后输入标识共享打印机的共享名(图中为"jbc")，单击"确定"
按钮即可完成打印机的共享。

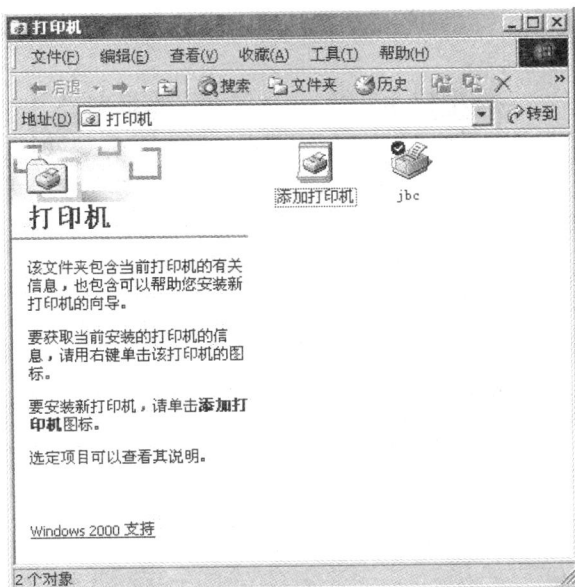

图 6-13　"打印机"窗口

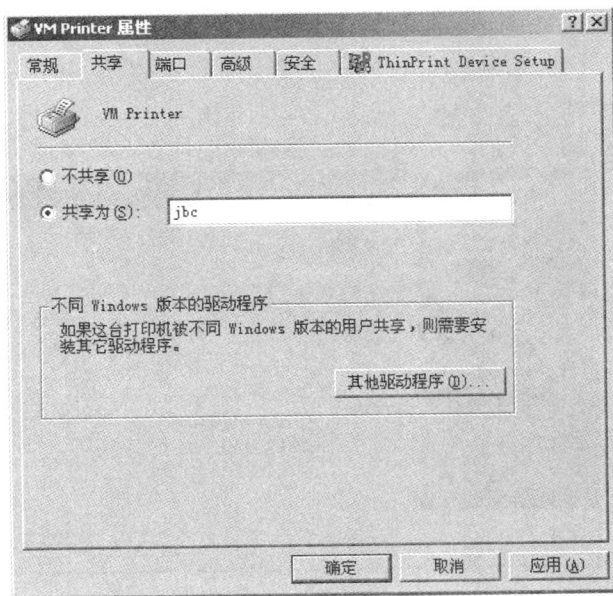

图 6-14　打印机属性对话框

6．共享资源访问

打印机和文件夹共享完成后，网络中的其他用户便可以寻找并使用此打印机。网络用
户的操作系统可以是任何一种 Windows 操作系统。下面以 Windows XP 为例介绍共享资源
的访问方法。

　　用鼠标右键单击其他用户的"网上邻居"图标,选择"搜索计算机"选项,在打开窗口的"计算机名"文本框中输入已经设置打印机共享的计算机的名称,然后单击"搜索"按钮,找到此计算机并打开,便可以看到被共享出来的文件夹(share)及打印机(jbc),如图 6-15所示。

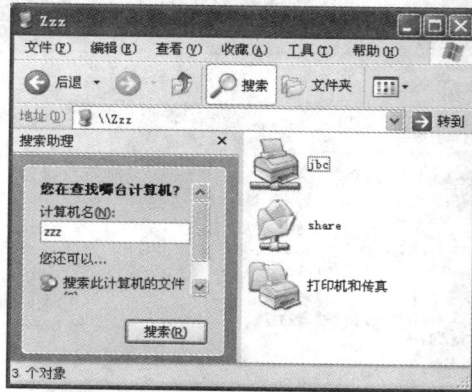

图 6-15　搜索到的计算机共享

1) 文件夹访问

　　搜索到共享文件夹后,直接双击打开就可以对其内容进行操作。这种访问方法不是很方便,因为当搜索窗口被关闭或重新启动了计算机后,下次再想使用此共享文件夹时,就必须重新搜索。因此最好的方法是,搜索到共享文件夹后,在其上单击鼠标右键,选择弹出菜单中的"映射网络驱动器(M)..."命令,弹出如图 6-16 所示的"映射网络驱动器"对话框,选择适当的"驱动器"并复选"登录时重新连接",将共享文件夹映射为一个本地驱动器来使用,在下次登录系统后,系统将自动搜索并连接到此共享文件夹。

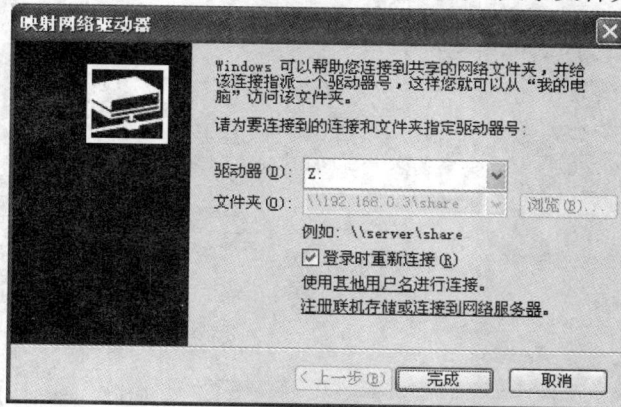

图 6-16　"映射网络驱动器"对话框

2) 打印机共享访问

　　用鼠标右键单击搜索到的共享打印机,如图 6-15 中的"jbc",在弹出的快捷菜单中选择"连接"命令,在弹出的对话框中选择"确定",等待几秒后打开本地的打印机列表便可以看到被安装的网络打印机,如图 6-17 所示的"jbc 在 192.168.0.3 上"。现在便可以像使用本地打印机一样使用共享打印机了。

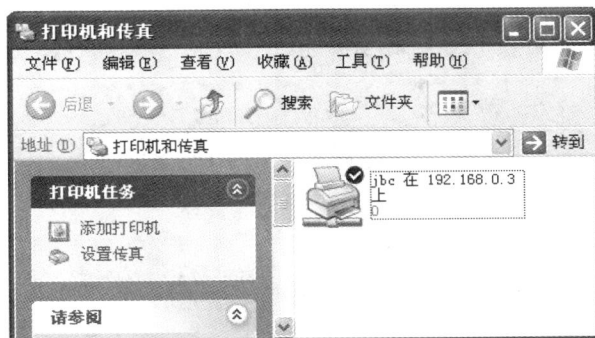

图 6-17　连接后的共享打印机

6.4　常用网络服务配置与管理

Windows 2000 Server 提供很多网络服务，但这些服务在系统安装完之后是不能直接使用或不能满足实际需求的，还需要进行必要的配置和管理。下面简单介绍 Windows 2000 Server 中常见的几个网络服务的配置与管理。

6.4.1　WWW 服务配置与管理

Windows 2000 Server 中，WWW 服务和 FTP 服务都被包含在 IIS 服务组件中，因此要使用这两项服务必须确定已经安装了 IIS 组件。若没有安装可通过控制面板中的"添加/删除程序"来安装。

1. 配置 Web 站点

当 WWW 服务被安装完成后，系统已经创建了一个 Web 站点——默认 Web 站点，对此站点进行简单的配置就可以对外提供 WWW 服务了。对 Web 站点的配置内容主要包括：站点监听的 IP 地址和 TCP/IP 端口、主目录、默认文档等。设置方法如下：

(1) 依次选择"开始"→"程序"→"管理工具"→"Internet 服务管理器"，打开"Internet 信息服务"窗口，如图 6-18 所示。

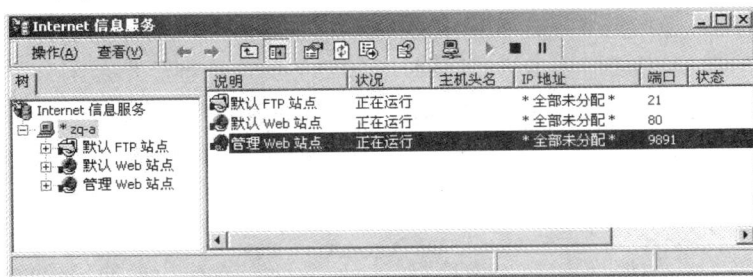

图 6-18　"Internet 信息服务"窗口

(2) 在左侧的目录树中，用鼠标右键单击"默认 Web 站点"，在弹出的快捷菜单中选择"属性"命令，打开如图 6-19 所示的"默认 Web 站点属性"对话框。

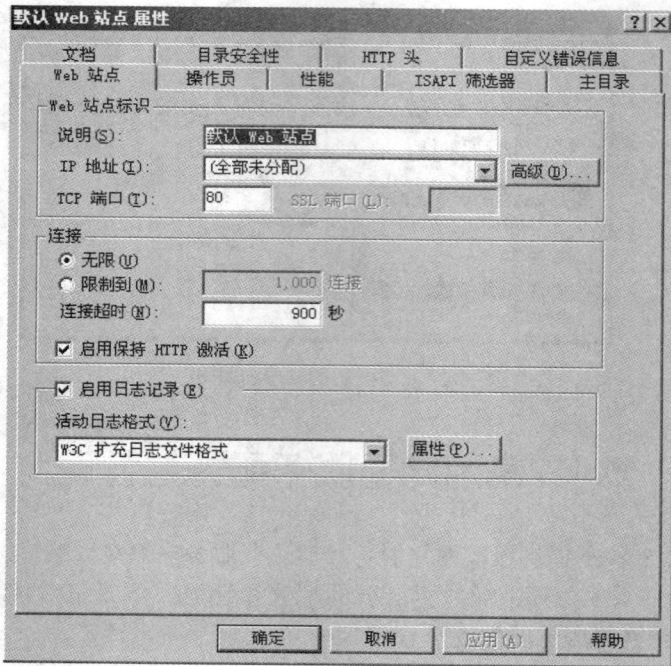

图 6-19 "Web 站点属性"对话框

（3）选择"Web 站点"选项卡，在"IP 地址"列表框中输入本机的 IP 地址，也可以不输入，采用系统默认值"全部未分配"。在"TCP 端口"文本框中输入本站点的监听端口，默认为 80。注意修改时要确定此端口未被使用。

（4）选择"主目录"选项卡，此选项卡用于设置网站主目录的位置，默认是"c:\inetpub\wwwroot"，可按照实际情况进行设置，其他设置采用默认值。

（5）选择"文档"选项卡，此选项卡中主要设置网站首页的默认文件名称列表，当客户使用浏览器访问本网站时，服务器会依次寻找列表中的文档，并传送给客户。若所指定的文档在主目录中不存在，则服务器会告诉客户"找不到指定网页"。

（6）单击"确定"按钮完成 Web 站点的配置。

2. 添加虚拟目录

所谓虚拟目录，是指把本地计算机中实际存在的一个目录(文件夹)映射为 Web 站点主目录中的一个子目录，实质上这两个目录并不是父子关系，甚至不在同一个分区上。虚拟目录的好处是可以将一个大的站点内容分门别类地放到不同的目录中，并可以由不同的人员分别管理；另外，虚拟目录对用户隐藏了其在服务器上的物理位置，从而增强了服务器的安全性。

创建虚拟目录的方法如下：

（1）在图 6-18 中，用鼠标右键单击"默认 Web 站点"，在弹出的快捷菜单中选择"新建"→"虚拟目录"，打开"虚拟目录创建向导"。

（2）单击"下一步"按钮，打开如图 6-20 所示的界面。在"别名"文本框中输入新建虚拟目录的名称(如 text)，命名必须符合 Windows 系统文件的命名规则。

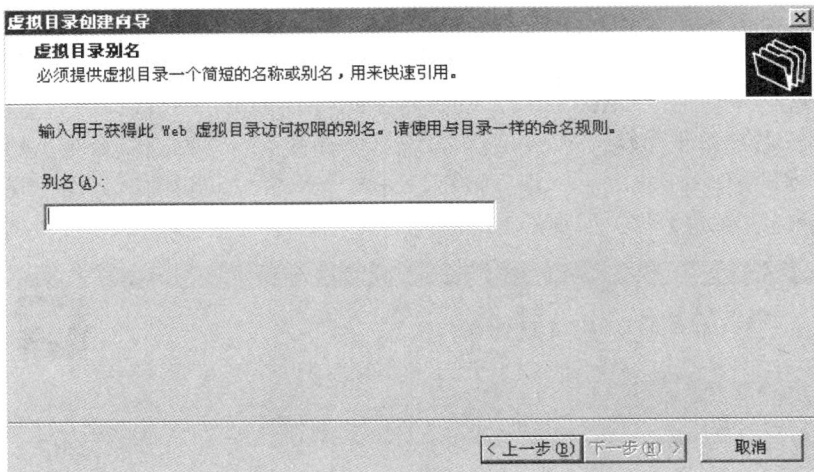

图 6-20　虚拟目录创建向导——定义别名

　　(3) 单击"下一步"按钮。这个步骤用于指定虚拟目录映射的真实文件夹的路径，可通过点击"浏览"按钮进行选择或直接输入。确定后单击"下一步"按钮进入如图 6-21 所示的访问权限设置界面。

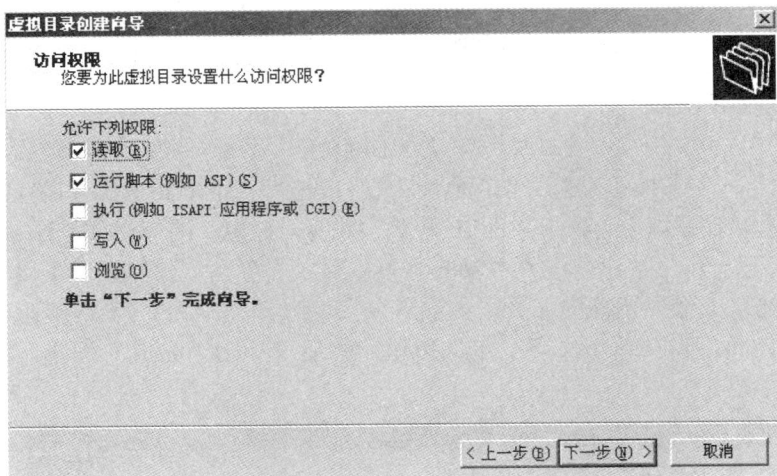

图 6-21　虚拟目录创建向导——访问权限设置

　　访问权限的类型有以下几种：
　　• 读取：允许客户读取该文件夹及其子文件夹中的文件，这个权限是必需的，否则用户就不能访问网页。
　　• 运行脚本：允许客户访问该文件夹及其子文件夹中的 ASP 脚本程序。
　　• 执行：允许客户访问该文件夹及其子文件夹中的二进制可执行程序。
　　• 写入：允许客户在该文件夹及其子文件夹中创建文件和文件夹。
　　• 浏览：允许客户浏览该文件夹的目录列表。
　　(4) 访问权限设置使用默认即可，也可根据需要设置，完成后点击"下一步"按钮进入完成界面，点击"完成"按钮即创建了一个虚拟目录。

3. 创建新站点

Windows 2000 Server 的 IIS 服务管理器可以管理多个 Web 站点，这个功能方便管理员在同一台服务器上建立多个 Web 站点。创建新 Web 站点的方法如下：

(1) 用鼠标右键单击"默认 Web 站点"，选择"新建"→"站点"命令，打开"Web 站点创建向导"对话框，单击"下一步"按钮，进入"Web 站点说明"界面，在"说明"文本框中输入新建站点的名称，如图 6-22 所示。

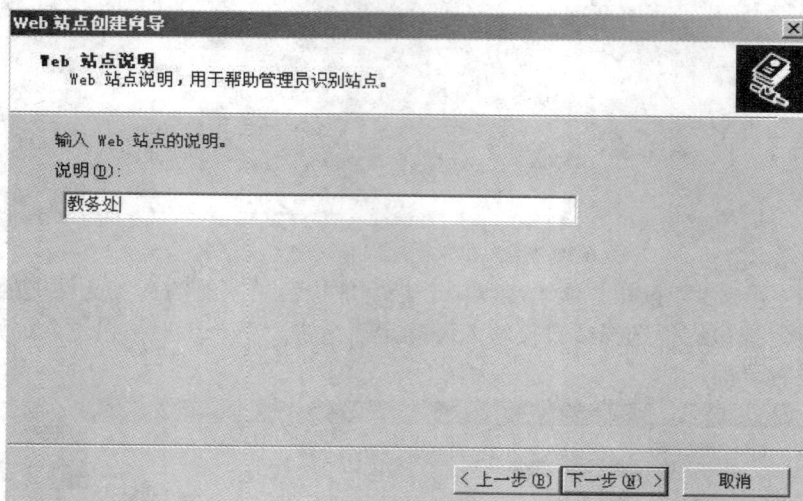

图 6-22　Web 站点创建向导——站点说明

(2) 单击"下一步"按钮，进入"IP 地址和端口设置"界面，IP 地址和端口设置同"Web 站点配置"中"Web 站点"选项卡中的 IP 和端口设置。注意：端口必须是未被使用的端口。

(3) 单击"下一步"按钮，进入"Web 站点主目录"界面，此界面用于设置新建站点主目录的位置，输入或选择正确的路径，如图 6-23 所示。单击"下一步"按钮进入"Web 站点服务权限"界面，直接单击"下一步"按钮，然后再单击"完成"按钮，即可完成站点的创建。结果如图 6-24 所示。

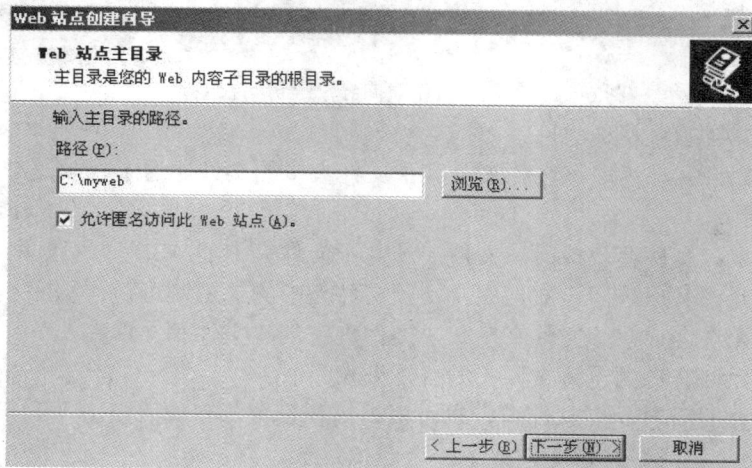

图 6-23　Web 站点创建向导——站点主目录设置

图 6-24　新建站点结果

　　站点创建完成后，还可通过站点属性对站点作进一步的设置和配置，使其符合应用的具体要求。例如可设置站点的主目录、访问权限、默认首页、服务端口等参数，具体操作可参考图 6-19 所示的"Web 站点属性"对话框中的各项内容。

6.4.2　FTP 服务配置与管理

　　FTP 服务为网络用户提供文件的上传和下载，同 WWW 服务一样包含在 Windows 2000 Server 的 IIS 服务组件中，通过 IIS 管理器进行管理。FTP 的管理和 WWW 服务基本相同，下面简要说明。用鼠标右键单击 IIS 信息服务管理器左侧列表中的"默认 FTP 站点"，在弹出的快捷菜单中选择"属性"，打开 FTP 站点属性对话框，其中主要包含以下几个选项卡。

　　(1)　"FTP 站点"选项卡：标识部分设置同 WWW 服务，注意 FTP 端口默认为 21；"连接"部分设置允许同时有多少个客户访问服务器，如图 6-25 所示。

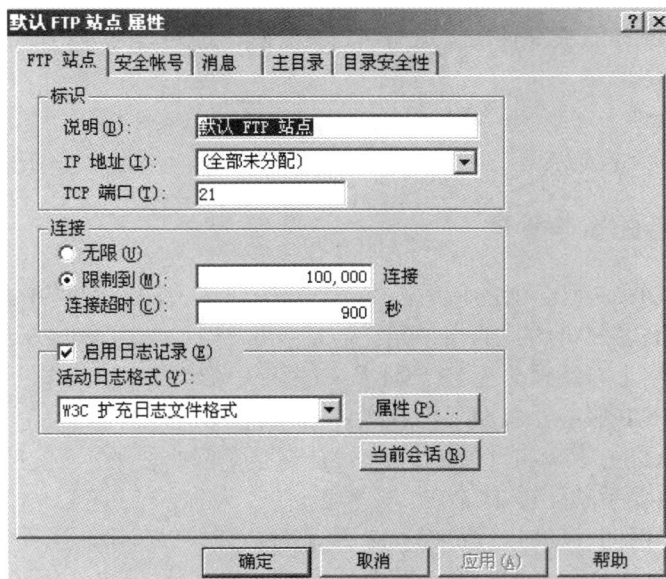

图 6-25　FTP 站点属性中的"FTP 站点"选项卡

　　(2)　"安全帐号"选项卡：设置是否允许匿名用户访问此站点，若不允许则只有系统用户才能登录服务器，即必须通过用户管理为用户开设系统帐号。

(3)"主目录"选项卡：设置客户上传、下载文件在本机所在的位置以及对该目录的访问权限，如图 6-26 所示。

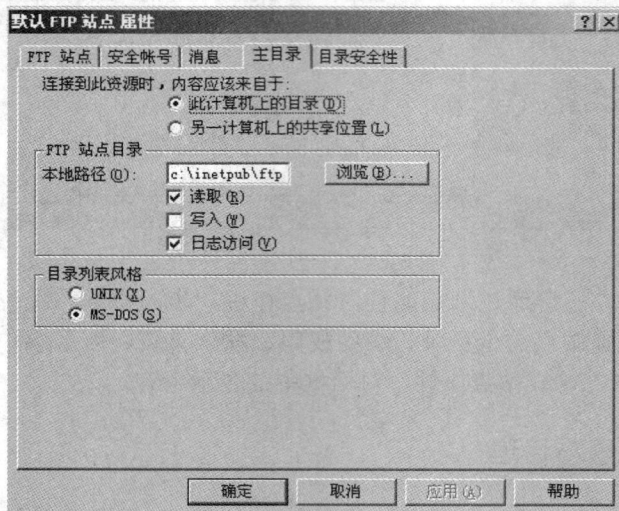

图 6-26　FTP 站点属性中的"主目录"选项卡

权限类型说明如下：

· 读取：允许客户读取或下载存储在此目录中的文件，若没有此权限，客户将不能下载文件。

· 写入：允许客户向此文件夹中上传文件及创建新文件夹。

· 日志访问：是否对客户的访问过程进行记录。

注意：若 FTP 服务的主目录被指定在 NTFS 分区中，则必须为访问 FTP 服务的帐号分配足够的文件访问权限。

(4)"目录安全性"选项卡：通过设置特定 IP 地址的访问权限，来阻止某些个人或群组访问服务器。

6.4.3　DHCP 服务配置与管理

DHCP 协议为 DHCP 服务器的使用提供了一种有效的方法：管理 IP 地址的动态分配以及网络上启用 DHCP 客户机的其他相关配置信息。用户可以利用 Windows 2000 Server 提供的 DHCP 服务在网络上自动地分配 IP 地址及完成相关环境的分配工作。

为网络配置 DHCP 服务器有如下优点：

(1) 管理员可以集中管理和设置 TCP/IP 参数供整个网络使用。

(2) 客户机不需要手动配置 TCP/IP。

(3) 客户机在子网间移动时，原来的 IP 地址将被释放以重用。当计算机在其新位置启动时，客户机将自动从 DHCP 服务器上获取新的 TCP/IP 配置信息以配置计算机。

默认情况下，Windows 2000 Server 在安装时已经自动安装了 DHCP 服务组件，在"控制面板"的"管理工具"窗口中有 DHCP 的程序项。如果系统没有安装该组件，则安装的方法是：打开"控制面板"中的"添加/删除程序"，单击"添加/删除 Windows 组件"选项，在"Windows 组件向导"的组件列表中，选择"网络服务"项目，然后单击"详细信息"
打开其详细组件，选择"动态主机配置协议(DHCP)"，如图 6-27 所示，单击"确定"按钮
即可自动完成安装。

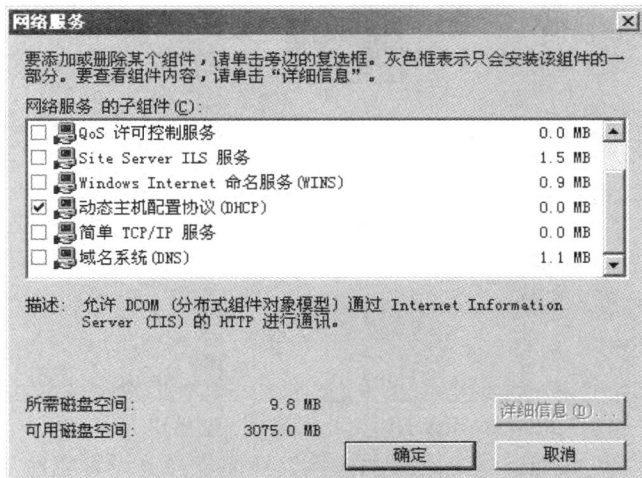

图 6-27　DHCP 安装界面

1．新建作用域

若要使用 DHCP 服务，首先需要新建作用域。作用域用来设定为局域网中客户机分配
IP 地址的范围及相关信息。新建作用域的步骤如下：

(1) 依次选择"开始"→"程序"→"管理工具"→"DHCP"，打开 DHCP 管理器，
如图 6-28 所示。用鼠标右键单击节点"zq-a"(节点名为本机计算机名称)，在弹出的快捷菜
单中选择"新建作用域"，打开"新建作用域向导"，单击"下一步"按钮，进入"作用域
名"设置界面，在此界面中输入新建作用域的名称和说明，以便以后区别不同的作用域。

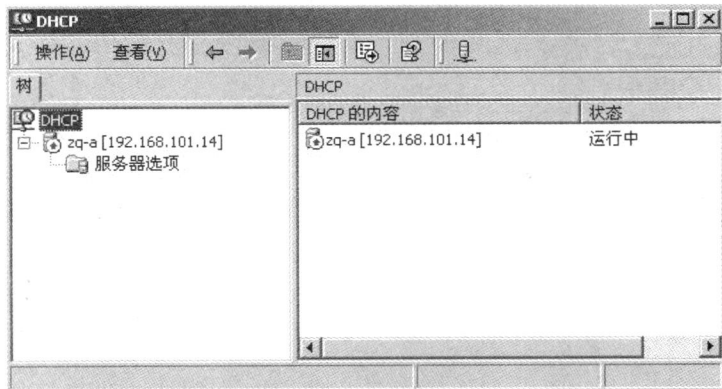

图 6-28　DHCP 管理器

(2) 单击"下一步"按钮，进入"IP 地址范围"设置界面，在此设置动态分配给客户机
IP 地址的取值范围及子网掩码，如图 6-29 所示。例如，"起始 IP 地址"设为 192.168.101.100，
"结束 IP 地址"设为 192.168.101.200，标识此服务器可以为 101 台客户机分配 IP 地址。由
于 192 段为 C 类地址，因此按标准子网掩码 255.255.255.0 来设置。

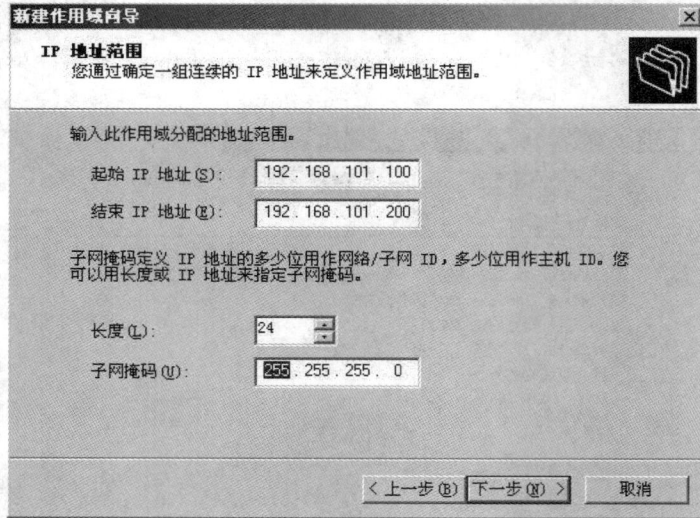

图 6-29 新建 DHCP 作用域——设置 IP 范围

(3) 单击"下一步"按钮，进入"添加排除"界面，在此设置哪些 IP 地址不分配给客户机。

(4) 单击"下一步"按钮，进入"租约期限"界面，在此设置客户机使用服务器分配 IP 地址的期限。默认为 8 天，可以根据实际情况设置期限的长短。如果局域网中主要是移动用户，其期限可以设置短一些，而对于固定用户其期限可以设置长一些。

(5) 单击"下一步"按钮，进入"配置 DHCP 选项"界面。DHCP 不仅仅是自动指定 IP 地址，它还可以设定客户机的其他配置，例如默认网关、DNS 服务器和 WINS 设置。这样做的好处是免去了手工设置的麻烦，并且如果这些参数发生改变，也不用到客户机上去修改，直接在服务器端修改即可。选择"是，我想配置这些选项"，单击"下一步"按钮，进入"路由器(默认网关)"界面，在此添加客户机上网所需的默认网关，如图 6-30 所示。

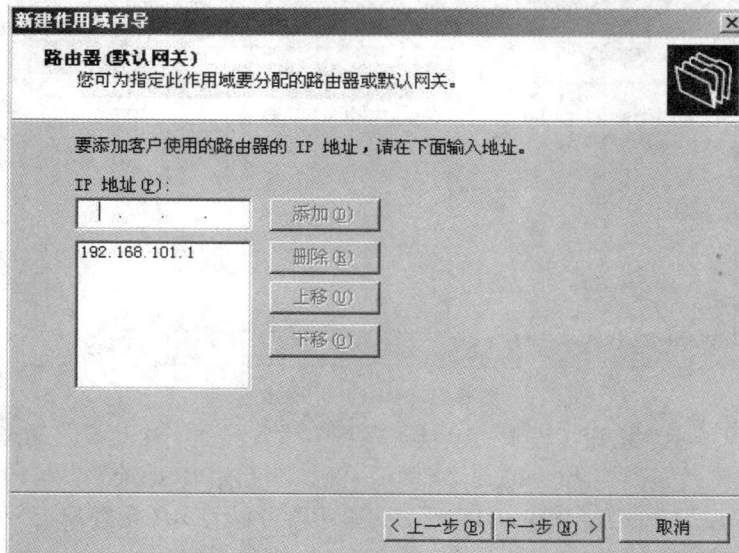

图 6-30 新建 DHCP 作用域——设置默认网关

(6) 单击 "下一步" 按钮，进入 "域名称和 DNS 服务器" 界面，在此设置客户机上网时使用的 DNS 服务器，在 "IP 地址" 列表中添加所用的 DNS 服务器的 IP 地址。若只知道 DNS 服务器的名称(域名)，则在 "服务器名" 的文本框中输入服务器的名称，单击 "解析" 按钮，便可获得其 IP 地址，如图 6-31 所示。

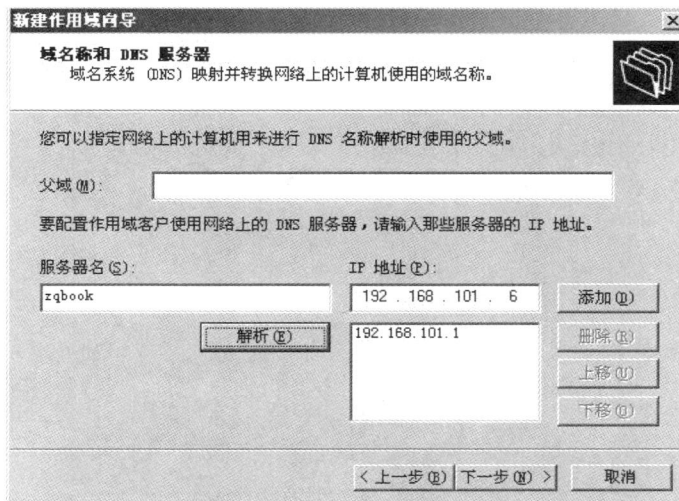

图 6-31　新建 DHCP 作用域——设置 DNS 服务器

(7) 单击 "下一步" 按钮，进入 "WINS 服务器" 设置界面，在此设置局域网中对计算机名的解析，类似于 DNS，也可以不设置，直接单击 "下一步" 按钮，进入 "激活作用域" 界面，选择 "是，我想现在激活作用域"，便可以在创建完作用域后，直接让此作用域向外服务。

(8) 单击 "下一步" 按钮，进入最后界面，单击 "完成" 按钮便完成了 DHCP 作用域的创建，如图 6-32 所示。

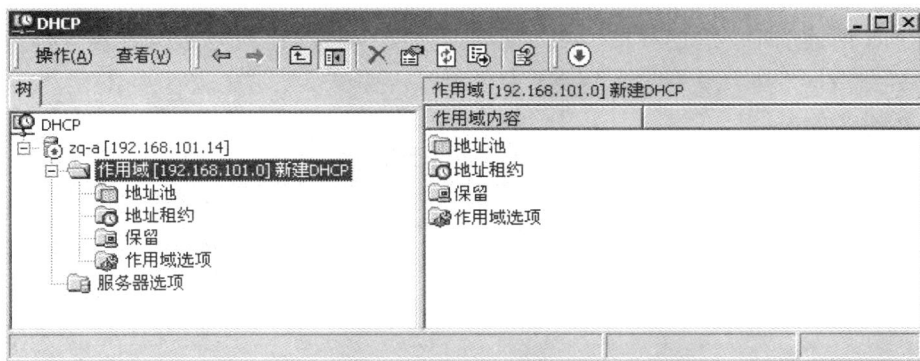

图 6-32　新建的 DHCP 作用域

2．修改 DHCP 配置

创建完新的作用域后，还可以随时按需要对作用域设置进行修改。

1) 修改属性

用鼠标右键单击待修改的作用域，在弹出的快捷菜单中选择 "属性" 命令，打开作用域 DHCP 属性对话框，如图 6-33 所示。可以重新设定作用域的范围和租约期限，还可以进行 DNS 和高级参数的设置。

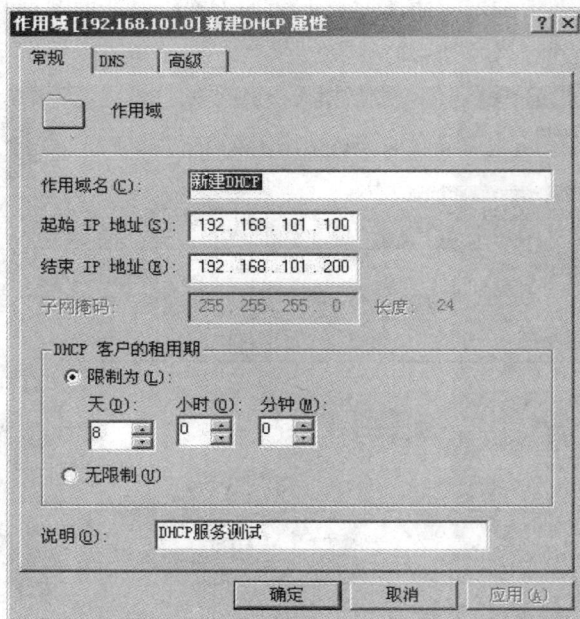

图 6-33　作用域 DHCP 属性对话框

2) 新建排除

单击"地址池"可以查看作用域的 IP 地址范围和排除的 IP 地址，可以在这里新建排除地址。在"地址池"窗口中单击鼠标右键，在弹出的菜单中选择"新建排除范围"，输入起始和结束的 IP 地址即可。

3) 作用域选项

选择"作用域选项"右键菜单中的"配置选项"，可在其中设定 DHCP 服务器指派给客户机的额外参数，例如默认网关、WINS 服务器等，都可以在这里进行修改。

3．客户端设置

完成了服务器端的 DHCP 配置修改工作，客户端的设置就很简单了，只需要将其 IP 地址设置为自动分配即可。方法是：打开客户机中的网络设置，在 TCP/IP 的属性中设定其"IP 地址"为"自动获得 IP 地址"就完成了客户端的设置，这样客户机在启动时就能自动完成 IP 地址等相关的一系列设置工作。

习　题　6

一、填空题

1. 常见的网络操作系统有 Windows 系列、_____和_____。

2. Windows 2000 Server 系统安装完成后，系统已经预定义好的两个用户分别是_____和_____。

3．Windows 2000 Server 中的 IIS 集成的四个服务是_____、_____、NNTP 服务和 SMTP 服务。

4．可以通过_____来实现动态地为网络中的设备分配 IP 地址。

5．Web 服务和 FTP 服务默认使用的 TCP 端口分别是_____和_____。

6．标准 NTFS 文件权限有_____、_____和_____三种。

7．要使 Windows 2000 Server 提供文件/打印机共享服务，必须安装的 Windows 组件有_____、_____、_____和_____。

8．Windows 2000 Server 中，文件夹共享的权限有_____、_____和_____三种。

二、选择题

1．Windows 2000 Server 提供的两个内置用户帐号是(　　)与 Guest。

  A．Administrator   B．Guest

  C．Replicator   D．User

2．以下不是网络操作系统的是(　　)。

  A．Netware   B．Windows NT

  C．UNIX   D．MS-DOS

3．IP 地址可以标识 Internet 上的每台电脑，但是它很难记忆，为了便于记忆，使用(　　)给主机赋予一个用字母代表的名字。

  A．DNS 域名系统   B．Windows NT 系统

  C．UNIX 系统   D．数据库系统

4．下列对网络服务的描述错误的是(　　)。

  A．DHCP——动态主机配置协议，动态分配 IP 地址

  B．DNS——域名服务，可将主机域名解析为 IP 地址

  C．WINS——Windows 互联网名称服务，可将主机域名解析为 IP 地址

  D．FTP——文件传输协议，可提供文件上传、下载服务

5．IIS 服务器使用(　　)协议为客户提供 Web 浏览服务。

  A．FTP   B．HTTP

  C．SMTP   D．NNTP

三、简答题

1．简单描述网络操作系统的功能。

2．什么是 DHCP？DHCP 的好处有哪些？

3．简述 NTFS 文件权限和 NTFS 文件夹权限。

4．简述在网络操作系统中用户管理的重要性。

5．什么是虚拟目录？使用虚拟目录有什么好处？

6．在一个 NTFS 分区中建立一个文件夹 Test，要将此文件夹共享，允许所有人可以读取但不能修改，允许 uu1 用户完全控制，应如何设置？

第 7 章　Internet 基础与应用

本章提示：本章介绍 Internet 的基本概念、主要功能和发展趋势，讲解 Internet 的主要服务和应用，包括 WWW 服务、网络信息资源检索、电子邮件、网络文件传输与存储、网络信息交流、数字图书、网络多媒体应用等常用信息服务。

基本教学要求：

(1) 了解 Internet 的基本概念、结构与组成、主要应用和发展趋势。

(2) 理解 Internet 常用服务的基本原理。

(3) 掌握 Internet 信息服务的使用方法。

Internet 是世界范围内最大、覆盖面最广的计算机互联网，它将全世界不同国家、不同地区、不同的单位和不同类型的计算机、局域网、骨干网、广域网通过网络互联设备连接在一起，形成了一个巨大的计算机网络。

7.1　Internet 概述

Internet 实际上是由世界范围内众多计算机网络连接而成的，它并不是独立形式的网络，而是计算机网络互联形成的网络集合体，被称为"计算机网络的网络"。Internet 主要通过 TCP/IP 协议将各种网络连接起来，它就像是在计算机与计算机之间架起的一条条信息公路，各种信息在上面快速传递，实现资源共享、信息交流、提供各种各样的网络应用和服务的全球性计算机网络。

7.1.1　Internet 的发展

Internet 诞生于 20 世纪 60 年代，1969 年美国国防部所属的 ARPA(美国国防部高级研究计划署)为了能够实现国防部与各地军事基地之间的数据传输通信，建立了一个采用存储转发方式的分组交换广域网 ARPANET。建网的最初宗旨是为在美国军方工作的研究人员能够通过计算机网络完成信息交换，以防止核战争爆发引起大量电话业务中断导致军事通信瘫痪局面的出现。ARPANET 就是今天 Internet 的前身。

20 世纪 70 年代中期，更多计算机科学家认识到网络的重要性，ARPA 随后又组织有关专家开发了第三代网络协议——TCP/IP 协议，成为 Internet 发展史上的一个里程碑。1986 年 NSF(National Science Foundation，美国国家科学基金会)建立了 NSFNET(National Science Foundation NET，美国国家科学基金网)，它分为主干网、地区网和校园网三级计算机网络，覆盖了全美国主要的大学和研究所。后来 NSFNET 接管了 ARPANET，并将网络改名为Internet。

　　20 世纪 90 年代，NSF 和美国其他政府机构开始放松了有关 Internet 的使用限制，允许使用 Internet 进行部分商务活动。Internet 的迅猛发展源于 CERN(European Organization for Nuclear Research，欧洲原子核研究组织)开发的万维网 WWW(World Wide Web)的广泛使用，它极大地方便了广大非网络专业人员对网络的使用，成为 Internet 用户人数以指数级增长的主要驱动力。1996 年美国的一些研究机构和 34 所大学提出研制和建造新一代 Internet 的设想，同年 10 月美国总统克林顿宣布在今后 5 年内用 5 亿美元的联邦资金实施"下一代 Internet计划"，它的目标是开发下一代网络结构，大幅提高网络传输速度，研发更加先进的网络技术，并带来一些革命性的应用。

　　目前随着 Internet 技术和应用的不断发展，基于 Internet 的各种应用涉及人类社会的各个领域，电子商务、电子政务、远程教育、远程医疗、网上娱乐等新生事物也随之产生并发展起来，Internet 在各国的政治、经济、文化、科研、军事、教育和社会生活等各个领域正发挥着越来越重要的作用。

7.1.2　Internet 的结构与组成

1．Internet 的结构

Internet 的逻辑结构如图 7-1 所示。

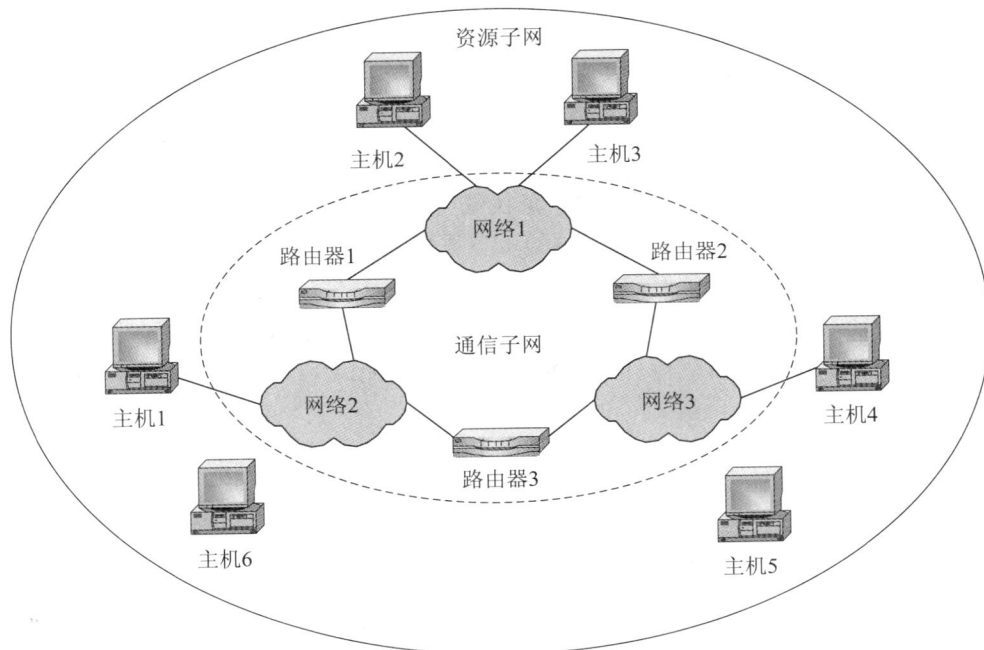

图 7-1　Internet 的逻辑结构示意图

Internet 通过路由器将全世界成千上万的不同类型、不同规模的计算机网络互联在一起，形成了一个可以相互通信的计算机网络系统。与其他计算机网络相同，从 Internet 的逻辑结构来看，可以将其划分为通信子网和资源子网。通信子网包括全球范围的广域网通信线路以及分布在世界各地的大小不等的局域网中的通信线路；资源子网则由世界各地的局域网中的服务器、客户机、信息资源以及其他相关的网络资源等组成。从使用者角度来看，Internet 是由大量计算机连接在一个巨大的通信系统平台上而形成的一个全球范围的信息资源网。

2．Internet 的组成

Internet 主要由通信线路、路由器、局域网及信息资源组成。

(1) 通信线路是连接各个局域网和路由器的通信设施。通信线路一般分为有线通信线路和无线通信线路。

(2) 路由器是 Internet 中最重要的设备之一，通过路由器可以将各个局域网或广域网连接起来，形成一个覆盖全球的信息网。

(3) 局域网是 Internet 的基本组成部分，每个局域网通过通信线路和路由器连接在一起成为 Internet 的一部分。

(4) 信息资源也是 Internet 中最宝贵的资源之一，是用户最关心的问题，它影响到 Internet 受欢迎的程度。通常信息资源都存储于分布在世界各地的局域网服务器中，用户通过对这些服务器的访问来获取信息资源。

7.1.3　Internet 的主要功能

Internet 是一个全球性的信息和资源网络，任何人、任何时间、任何地点都可以加入 Internet，利用 Internet 进行通信和共享资源。Internet 的功能及提供的服务可以归纳为以下几种。

1．信息获取与交流

用户可以通过浏览器软件查看新闻、查找资料、浏览信息、看电影、听音乐等形式获取信息，同时还可以利用网络服务器提供的可下载资源来获取软件资源。

用户可以登录网络聊天室，通过留言的方式与在线用户进行信息交流；利用 QQ、MSN、网络电话等信息交流软件，可以实时进行文字、语音、视频等的信息交流；利用 E-mail、博客等形式同其他 Internet 用户进行非实时性的信息交流。

2．在线服务

Internet 可以做到全方位、实时的全天在线服务。无论是信息查询、资料检索、电子商务、网络影视等网络活动都可以是每天 24 小时、每年 365 天地进行。例如，用户可在任何时间修改博客、查看天气预报、收发电子邮件等，这些活动都可视为在线服务。

3．科学研究

科学研究工作者可以利用 Internet 在各种数据库中检索数据、查找资料，从而获取研究专题信息，同时可以发表不同的看法和观点，与国际最新动态接轨。图 7-2 所示为"科学引文索引"(SCI)数据库的查询界面，通过对查找字段 Topic、Author 等的设定，就可以显示与之相关的资料。

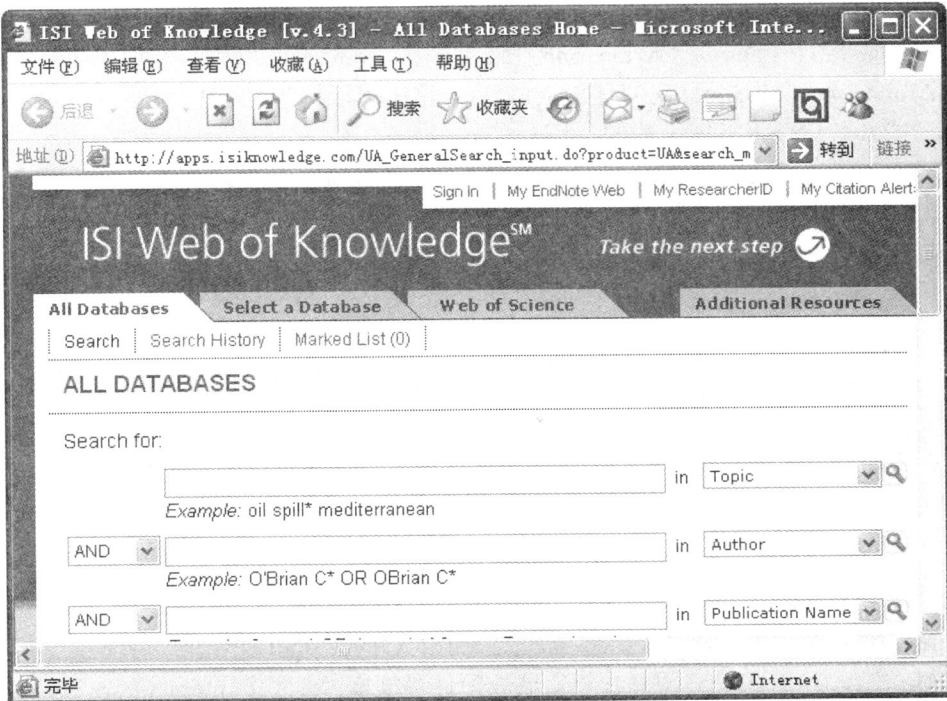

图 7-2　SCI 数据库查询界面

4. 娱乐

用户通过 Internet 可以开展丰富多彩的娱乐活动，如与世界任何角落的人进行对弈，可以很多人同一个人对弈，这些人可能从来没有见过面，但是在 Internet 上他们仿佛就在你身边，通过接入 Internet 的计算机，在虚拟的世界里进行娱乐。现在，网络娱乐正在改变着人们休闲娱乐的方式，很多站点都提供了如跳棋、军棋、象棋、五子棋等大众娱乐项目，星际争霸、魔兽世界等实时对战游戏，以及在线直播、电影等多媒体服务。

7.1.4　Internet 的组织与管理

Internet 的最大特点是开放性，它没有一个集中式的管理机构，而是由成千上万个独立运营和管理的网络组成的，每个网络都是由一个独立的组织进行建设、维护和运行。这些网络一起构成了整个 Internet 世界，每个独立的网络之间必须互相合作，共同为用户提供 Internet 的各项服务功能。为了方便管理、发展和维护 Internet，一些组织负责建立 Internet 的有关标准，目的是为 Internet 使用提供更加合理的服务。

1. Internet 的国际管理组织

在 Internet 的国际化管理组织中，最权威的管理机构是 Internet 协会(Internet Society，ISOC)，它是一个完全由志愿者组成的、非盈利性的组织，目的是推动 Internet 技术发展与信息交流。

Internet 体系结构委员会(Internet Architecture Board，IAB)是 ISOC 中专门负责协调 Internet 技术管理与发展的分委员会，它根据发展的需要制定 Internet 技术标准，制定与发布 Internet 工作文件,进行 Internet 技术方面的国际协调,以及规划 Internet 的总体发展战略。

IAB 中的 IETF(Internet Engineering Task Force,Internet 工程任务组)和 IRTF(Internet Research Task Force,Internet 研究任务组)是两个具体执行的部门。IETF 负责技术管理方面的工作,IRTF 负责技术发展方面的工作。

负责 Internet 日常运行工作的两个组织是 NOC(Network Operation Center,网络运行中心)和 NIC(Network Information Center,网络信息中心),其中 NOC 负责保证 Internet 的正常运行,NIC 负责为 ISP 与广大用户提供信息方面的支持。

2. 我国的 Internet 管理组织

我国的 Internet 管理机构是 CNNIC(China Internet Network Information Center,中国互联网信息中心)。CNNIC 于 1997 年 6 月 3 日在北京成立,它主要负责我国互联网用户的域名注册、IP 地址分配、网络技术资料、政策法规、网络信息库等服务。CNNIC 的工作委员会由国内著名专家和各大主干网的代表组成,他们的具体任务就是协助制定我国网络发展的方针政策,以及协调我国的信息化建设工作。

7.1.5　Internet 的发展趋势

Internet 发展到今天,已经在很多方面改变了人们的工作和生活方式,而且还在以惊人的速度向前发展,没有人能够预知它将发展成为何等规模。就目前 Internet 的发展趋势来看,未来的 Internet 应该具有足够的带宽、高质量的服务平台、高度智能化和安全的机制,其发展趋势主要表现在以下几个方面。

1. 全球化

Internet 在世界各国以惊人的速度发展,尤其在发展中国家,都在建设适合本国国情的信息高速公路,已迅速形成了世界性的信息高速公路建设热潮。各个国家都在以最快的速度接入 Internet,世界因为 Internet 而在逐渐变小。

人们可以随时从网上了解当天最新的天气信息、新闻动态和旅游信息,可以看到当天的报纸和最新杂志,可以足不出户在家里炒股、购物、收发电子邮件,享受远程医疗和远程教育等。Internet 的全球化是其发展的必然趋势。

2. 宽带化

随着网络基础的改善、用户接入方面新技术的采用、接入方式的多样化和运营商服务能力的提高,接入网速率慢所形成的瓶颈问题将会得到进一步改善,上网速度将会更快,带宽瓶颈约束将会消除。互联网的宽带化促进更多的应用在网上实现,不断满足用户多方面的网络需求。目前 GB 级的网络传输已经运行,随着网络基础的不断改进,网络传输速度将越来越快。

3. 应用商业化

随着 Internet 对商业应用的开放,它已成为一种十分出色的电子化商业媒介。众多公司、企业不仅把它作为市场销售和客户支持的重要手段,而且把它作为传真、快递及其他通信手段的廉价替代品,实现与全球客户保持联系,降低日常运营成本。例如,电子邮件、IP 电话、网络传真、VPN 和电子商务等受到人们的重视便是最好的例证。

4．业务综合化、智能化

随着信息技术的发展，互联网将成为图像、语音和数据"三网合一"的多媒体业务综合平台，并与电子商务、电子政务、电子公务、电子医务、电子教学等交叉融合。不久的将来，互联网将超过报刊、广播和电视的影响力，逐渐形成"第四媒体"。

综上所述，随着电信、电视、计算机"三网融合"趋势的加强，未来的互联网将是一个真正的多网合一、多业务综合和智能化的平台。未来的互联网是移动＋IP＋广播多媒体的网络世界，它能融合现今所有的通信业务，并能推动新业务的迅猛发展，给整个信息技术产业带来一场革命。

7.1.6　我国的计算机互联网

1．我国互联网的发展

我国互联网的起步较晚，但发展速度非常迅速，其发展历程大概经历了三个阶段：

第一阶段为试验研究性阶段(1986～1994)。这期间我国一些科研部门和高等院校开始研究 Internet 技术，但网络的某些功能只应用在少数研究机构或高校里。

第二阶段为起步阶段(1994～1996)。1994 年 4 月，中关村地区教育与科研示范网工程进入互联网，从此我国被国际上正式承认为有互联网的国家。随着 ChinaNET(中国公用计算机互联网)、CSTNET(中国科技网)、CERNET(中国教育和科研计算机网)、ChinaGBN(中国金桥信息网)等多个互联网络项目在全国范围内相继启动，互联网开始进入公众生活。1996 年底，中国 Internet 用户达到近 20 万人，利用网络进行的业务办理逐渐增多。

第三阶段为快速增长阶段(1997 年至今)。据 CNNIC 公布的统计报告显示，截至 2009 年 12 月 31 日，中国网民规模达到 3.84 亿人，普及率达到 28.9%；网民规模较 2008 年底增长 8600 万人，年增长率为 28.9%，中国网民规模增长有所放缓，但依然保持增长之势。图 7-3 所示为 CNNIC 公布的近几年中国网民人数增长情况。

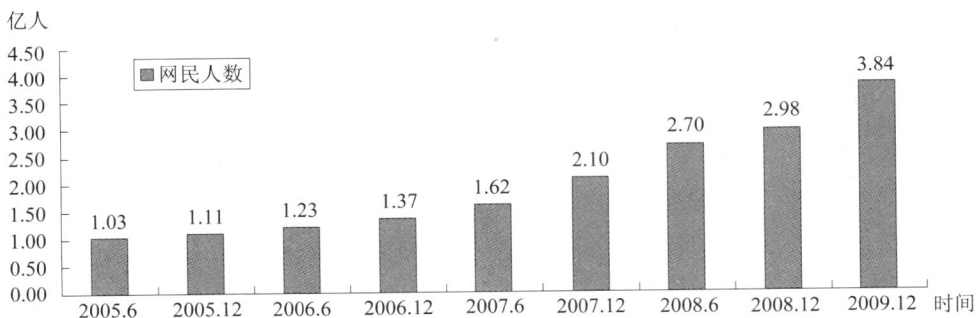

图 7-3　中国网民人数增长情况

2．我国互联网简介

目前，我国骨干互联网有：中国科技网(CSTNET)、中国公用计算机互联网(ChinaNET)、中国教育科研网(CERNET)、中国金桥信息网(ChinaGBN)、中国长城互联网(CGWNET)、中国联合通信网(CUNINET)、中国网络通信网(CNCNET)、中国移动通信网(CMNET)、中国国际经济贸易互联网(CIETNET)等,其中建成较早的骨干网主要有四个: CSTNET、ChinaNET、CERNET 和 ChinaGBN。

1) 中国科技网

1989 年 8 月,中国科学院承担了国家计委立项的"中关村教育与科研示范网络"——中国科技网前身的建设。1994 年 4 月,NCFC 与美国 NSFNET 直接互联,实现了中国与 Internet 的全功能网络连接,标志着我国最早的国际互联网络的诞生。1995 年 12 月,中国科学院百所联网工程完成。1996 年 2 月,中国科学院决定正式将以 NCFC 为基础发展起来的中国科学院网(CASNET)命名为"中国科技网"(CSTNET)。

CSTNET 主要为科技界、科技管理部门、政府部门和高新技术企业服务,主要包括网络通信、域名注册、信息资源和超级计算服务。信息资源主要有科学数据库、中国科普博览、科技成果、科技管理、技术资料、农业资源和文献情报等。

2) 中国公用计算机互联网

中国公用计算机互联网(ChinaNET)是邮电部门经营管理的中国公用计算机互联网。它是在 1994 年由邮电部(现为信息产业部)投资建设的公用互联网,现由中国电信经营管理,于 1995 年 5 月正式向社会开放。它是中国第一个商业化的计算机互联网,旨在为中国的广大用户提供 Internet 的各类服务,推进信息产业的发展。目前 ChinaNET 是中国最大的 Internet 服务提供商。

ChinaNET 以现有的中国电信为基础,凡是电信网(中国公用数字数据网、中国公用交换数据网、中国公用帧中继宽带业务网和电话网)通达的城市均可通过 ChinaNET 接入 Internet,享用 Internet 服务。ChinaNET 的服务包括: Internet 接入服务,为用户申请 IP 地址和域名,出租路由器和配套传输设备,提供域名备份服务,技术服务和应用培训。

3) 中国教育科研网

中国教育和科研计算机网(CERNET)是由国家投资建设,教育部负责管理,清华大学等高等学校承担建设和运行的全国性学术计算机互联网络,是全国最大的公益性计算机互联网络。

CERNET 始建于 1994 年,是全国第一个 IPv4 主干网。截至 2003 年 12 月,CERNET 主干网传输速率达到 2.5 Gb/s,地区网传输速率达到 155 Mb/s,覆盖全国 31 个省市近 200 多座城市,自有光纤 20 000 多千米,独立的国际出口带宽超过 800 Mb/s。

CERNET 目前有 10 个地区中心,38 个省节点,全国中心设在清华大学。目前通过 CERNET 联网的大学、教育机构、科研单位超过 1300 个,用户超过 1500 万人,是我国教育信息化的基础平台。

在提供全面的互联网服务的同时,CERNET 也支持很多国家大型教育信息化工程,包括网上高招远程录取、现代远程教育、数字图书馆、教育和科研项目等。

4) 中国金桥信息网

中国金桥信息网(ChinaGBN)简称金桥网,是国家公用经济信息通信网,面向政府、企业、事业单位和社会公众提供数据通信和信息服务。其宗旨是将国内已经建成或在建的国民经济专项信息系统,以及各个不同构架的专业网络和不同类型的计算机、信息源(数据库),通过经济、有效、合理的方式联系在一起,建设支持多协议和各种异构网互联、公用、开放的信息传输和处理平台，并向政府、企业、事业单位和社会公众提供数据通信和信息服务。

1994 年 2 月，金桥工程正式启动建设。自 1996 年正式投入运营以来，共有一百余家政府部门、企业、事业单位和 ISP 接入 ChinaGBN，主要包括石油信息网、水利信息网、气象信息网、科研信息网、林业信息网和广电信息网等一批行业信息网。目前 ChinaGBN 在全国的卫星小站有 70 多个，覆盖 30 个省市的大中城市。

5) 中国长城互联网

中国长城互联网(CGWNET)是经国家有关部门批准建设的国内十大互联网络之一，拥有独立的广域骨干网络，建设规模大、安全保障好、技术力量强。中国长城互联网为教育科研、医疗卫生和新闻媒体等用户提供中国长城专线、中国长城宽带、中国长城 163 等接入服务，同时还提供域名注册、远程教育、电子邮件、视频点播、在线游戏和网络广告等多项增值业务。中国长城互联网络信息中心是由信息产业部指定唯一负责国家 .MIL.CN 国防类别域名注册管理和注册服务的机构。

6) 中国国际经济贸易互联网

经国务院批准，信息产业部于 2000 年 1 月 18 日正式下文批准，中国国际电子商务中心成为中国计算机网络国际联网的互联单位，负责组建中国国际经济贸易网(简称中国经贸网，英文简称 CIETNET)。

7.2　WWW 信息服务

WWW(World Wide Web)又称万维网，是 Internet 中基于"超文本"技术将众多信息资源组织起来形成的一个信息网，是互联网的一部分。WWW 的主要目的是建立一个统一管理各种资源、文件及媒体的系统，使用户通过简单的操作方法就能够迅速、方便地取得各种不同的信息资料。

超文本、超链接和超文本标记语言 HTML(Hyper Text Markup Language)是组织 WWW 信息资源的主要手段。通过 HTML 的组织，完成文字、图片、声音、动画、视频等相应的排版效果，同时在某些相关的位置设置链接点，用户通过鼠标单击链接点就可以方便地跳转页面，这种链接方式就称为超链接。用户通过浏览器软件完成对 WWW 服务的请求，同时对超文本进行解释，然后将结果显示给用户。

7.2.1　WWW 工作方式

WWW 服务又称 Web 服务，采用客户机/服务器工作模式，它是通过 WWW 服务器(Web 站点)提供服务的，采用 HTTP 协议实现信息传输。在 WWW 服务器中，将资源组织成为超文本和超链接的方式，服务器处于监听状态，等待用户访问请求；当服务器获取用户请求后，将用户所需资源传送到客户机上；在客户端用户通过浏览器浏览可以看到 Internet 上的网页信息内容。

　　浏览器软件是网络用户用来浏览 Internet 上的网页信息的客户端软件(简称浏览器)。当用户使用浏览器浏览网页时，首先由浏览器与 WWW 服务器建立 HTTP 连接，然后发出访问请求，服务器根据请求找到被请求主页，然后将该文件返回给浏览器，浏览器对接收的超文本文件进行解释，然后显示给用户。

　　用户访问 WWW 资源的过程如图 7-4 所示。

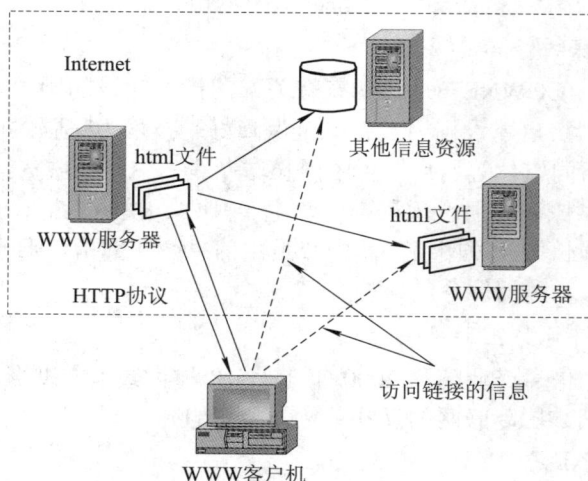

图 7-4　WWW 服务的工作原理

　　用户访问 WWW 资源的过程描述如下：

　　(1) 用户通过客户机的浏览器软件访问 WWW 服务器，在浏览器地址栏输入欲访问服务器的 IP 地址或域名，然后浏览器向该服务器发出 HTTP 页面请求。

　　(2) 服务器收到请求后，在服务器资源中找到指定页面文件，并将该页面文件传给客户浏览器。在这个过程中，WWW 服务器的资源有可能重定位到其他服务器。

　　(3) 客户端浏览器在收到服务器发送的页面文件后，在浏览器窗口中显示文件页面内容，用户则看到网页的信息内容。

7.2.2　浏览器软件

　　浏览器种类繁多，常见的浏览器有 Internet Explorer、Tencent Traveler、Green Browser、MSN Explorer、Netscape Browser、Mozilla Firefox、Opera、Amaya、AWeb、Arachne、Dillo 等。下面主要介绍微软 Internet Explorer 和开源组织 Firefox 的浏览器软件，同时对 Tencent Traveler 也做一简单介绍。

1. 网络地址 URL 的概念

　　URL(Uniform Resource Locator，统一资源定位器)也称 Web 地址，俗称"网址"，是用户访问目标主机时输入的地址。URL 规定了信息资源在 Internet 中存放位置的统一格式，URL 的一般格式如下：

　　　　协议 + ":// " + 主机名(域名或 IP 地址)[:端口号] + 路径及文件名

说明：

· 协议：指定了与服务器连接采用的网络协议名称，如 http、ftp、file、file、gopher、mailto、ed2k、FlashGet、thunder、news 等。

· 主机名：是指存放资源服务器的域名或 IP 地址。

· 端口号：是服务器提供各种网络服务的标识，为可选的整数，省略时使用默认端口。各种传输协议都有默认的端口号，如 http 的默认端口号为 80，ftp 为 21 等。如果输入时省略，则使用默认端口号。有时候出于安全或其他考虑，可采用非默认端口号，即在服务器上对端口进行重定义，这种情况下端口号就不能省略。

· 路径及文件名：由零或多个"/"符号隔开的字符串，用来表示主机上的文件路径。每个网站都有自己的网址，下面是一些 URL 的例子：

http://www.baidu.com 百度搜索引擎

http://www.163.com 网易公司

如果站点使用了非默认端口，则需要在地址后面加"："+"端口号"。例如，如果网址为 http://cie.nwsuaf.edu.cn，端口号为 8008，那么 URL 可写为 http://cie.nwsuaf.edu.cn:8008。

2．IE 浏览器

Internet Explorer(简称 IE)是 Microsoft 公司的网页浏览器软件，该软件集成在微软 Windows 操作系统中，它是目前使用最广泛的网页浏览器之一。

IE 浏览器软件操作方法简单，软件界面与 Windows 环境下的应用软件类似，图 7-5 是用 IE 浏览器访问"西北农林科技大学"网站首页的窗口界面。下面介绍 IE 浏览器的基本使用方法。

图 7-5　IE 浏览器界面

　　1) 工具栏介绍

　　IE 浏览器的工具栏为窗口操作、浏览、搜索网页提供了方便的操作按钮。

　　• "后退"和"前进"按钮：这两个按钮用于页面窗口的切换。若想查看前一个访问过的页面，可单击"后退"按钮；若要前进至下一个页面，可单击"前进"按钮。

　　• "主页"、"刷新"、"停止"按钮：单击"主页"按钮，可立即打开 IE 所设置的默认网站的主页；单击"刷新"按钮，可完成对当前窗口的更新；单击"停止"按钮，可中止下载当前网页。

　　• "搜索"、"历史"、"收藏"、"邮件"按钮：单击"搜索"按钮，在窗口左边将打开一个搜索栏，该栏提供了搜索选项；单击"历史"按钮，在窗口的左边将打开浏览器的历史记录，可以查看曾经访问过的网页；单击"收藏"按钮，在窗口左边将打开收藏夹栏，可以设置收藏站点方便以后使用；单击"邮件"按钮，将打开一个下拉菜单，其中包括阅读邮件、新建邮件、发送链接、发送网页和阅读新闻等选项。

　　2) 网页复制、保存与打印

　　为了以后能在本地计算机上浏览当前网页内容，可将网页的内容保存到本地计算机上。网页内容保存方法有如下几种：

　　• 复制网页中部分文字或图片：首先选中需要复制的文字或图片，然后用鼠标右击选中内容，在弹出的快捷菜单中选择"复制"选项，则所选内容复制到剪贴板，可以在需要的位置上进行粘贴。

　　• 网页保存：在 IE "文件"菜单中单击"另存为"菜单项，在保存对话框中选择网页保存的位置，输入存盘文件名，然后单击"保存"按钮。一般保存网页有 html、mht、txt 三种文件格式。html 格式将网页内容保存为一个网页和一个相应的文件夹，页面中非文本内容元素存放在文件夹中，如网页中的图片等；mht 格式是将网页中所有可以收集的元素全部存放在一个页面文件，其最大优点是所保存的网页只有一个文件，便于管理；txt 格式保存的网页就是纯文本文件。

　　• 网页打印：当浏览的网页内容需要打印时，可以将所需打印内容复制粘贴到文本编辑器中，完成打印；也可以选择"文件"菜单中的"打印"命令，设置好相关参数后，单击"确定"按钮即可打印。

　　3) Internet 选项

　　Internet 选项用于对 IE 浏览器进行设置，满足用户在某些方面的要求。设置可通过单击"工具"菜单，选择"Internet 选项"菜单项，打开"Internet 选项"对话框来进行。

　　"Internet 选项"对话框包括"常规"、"安全"、"隐私"、"内容"、"连接"、"程序"、"高级"等选项卡，如图 7-6 所示。

　　• "常规"选项卡：可以设置使用浏览器时的初始站点地址，即设置默认访问的主页。还可以删除 Cookies、删除临时文件、设置访问主页地址的记录天数等。

　　• "安全"选项卡：用于设置不同访问区域的访问权限，同时还可以自定义访问限制。设置包括 ActiveX 控件和插件、执行脚本、Java 权限、下载、登录等安全选项的设置。

　　• "隐私"选项卡：用于设置用户上网的信息资料等。"隐私"选项卡允许通过对 Cookie 的设置调整隐私等级。Cookie 可以理解为服务器暂时存放在用户计算机上的一些资料，方便服务器来辨认用户的计算机。当用户在浏览网站的时候，Web 服务器会保存一些资料在用户的计算机上，Cookie 会帮助用户记录网站上的访问情况，当下次再访问该网站时，Web 服务器会先查看有没有它上次留下的 Cookie 资料，如果有，就会依据 Cookie 里的内容来判断使用者，从而发送请求浏览的网页内容。

图 7-6　"Internet 选项"对话框

4) 删除临时文件

IE 临时文件夹里存放着浏览器最近浏览过的网页内容，其目的是提高上网浏览的速度。临时文件夹的内容可以删除，除非有程序正在调用它。临时文件夹的垃圾内容会累积占用硬盘的存储空间，定期删除临时文件是很有必要的。

清除 IE 临时文件的方法是：在 IE 浏览器中单击"工具"→"Internet 选项"，选择"常规"选项卡，在"Internet 临时文件"下单击"删除文件"按钮，弹出"删除文件"对话框，选中"删除所有脱机内容"复选框，单击"确定"按钮。

5) 多页面浏览

页面浏览允许用户在一个窗口中同时打开多个页面，方便用户在不同页面间自由切换，同时也可避免因窗口过多而造成的视觉混乱和资源消耗。按下 Ctrl 键的同时单击链接，将在新页面中打开链接。也可用快捷键 Ctrl+T 打开新页面。浏览时只需要单击页面标签或者使用快捷键 Ctrl+Tab，就可以方便地在多个页面间切换。还可以利用鼠标拖拽，调整页面的次序。

3．其他常用浏览器

1) Firefox

Firefox 是一个自由的、开放源码的浏览器，适用于 Windows、Linux 和 MacOS X 平台。

它体积小、速度快，还有其他一些不同的特征，如标签式浏览、自定制工具栏、扩展管理、侧栏等。Firefox 的使用界面如图 7-7 所示。

图 7-7　Firefox 界面

Firefox 与 IE 相比具有很多不同的使用方法，下面做一简单介绍。

(1) 搜索收藏夹中的网页。如果收藏夹中收藏了很多网站地址，查找其中一个网址时却十分麻烦，Firefox 提供了对收藏夹进行搜索的方法。单击菜单"书签"→"管理书签"，在弹出的"书签管理器"对话框中输入搜索关键字，回车后就可以搜索到收藏夹中相关的网站名称和地址，如图 7-8 所示。

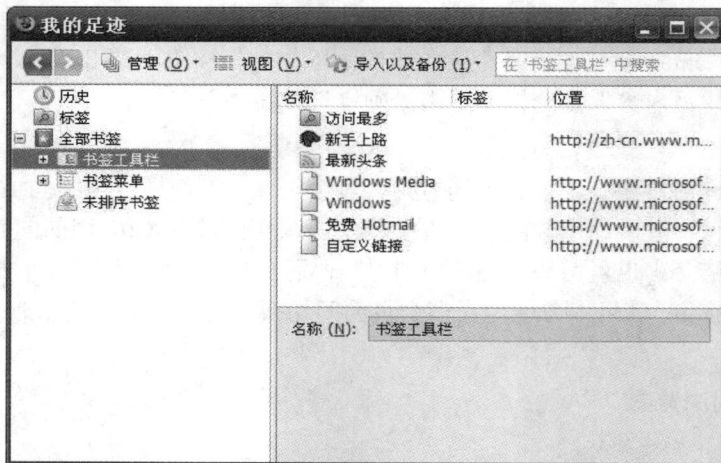

图 7-8　书签管理器

如果要设置为首页的网站已经保存在收藏夹中，则单击该窗口中的"使用书签"按钮，可从收藏夹中选择网站作为浏览器的首页。

(2) 设置多个页面为首页。IE 浏览器中只能设置一个网页作为首页，Firefox 可设置多个首页。先用 Firefox 浏览器打开将要设置为首页的多个网站，再单击菜单"工具"→"选项"，在选项对话框中单击桌面的"基本信息"按钮，然后在"主页"栏中单击"使用当前的多个页面"按钮即可将当前打开的多个页面同时设置为首页。

(3) 有选择地删除 Cookie。Cookie 文件在 Firefox 中可以有选择地进行删除，这样可以删除无用的 Cookie。单击菜单"工具"→"选项"，在选项对话框中单击左面的"隐私"→"Cookie"，在显示的内容中单击"已存储 Cookie"按钮。然后就可以在弹出的窗口中看到本地计算机中保存的所有 Cookie，选中要删除的内容后，单击"移除 Cookie"按钮即可删除。

2) Tencent Traveler

Tencent Traveler(TT)浏览器是由腾讯公司开发的多页面浏览器。腾讯 TT 最早的中文名称叫腾讯 Explorer，英文名称叫 Tencent Explorer，简称为 TE。TE 于 2000 年 11 月 15 日发布第一个版本，是国内最早的多页面浏览器。2000 年 11 月 15 日，腾讯 TT 浏览器正式诞生。2003 年 11 月 11 日，腾讯 TT 对最早发布的版本进行了彻底优化，推出了全新的多页面浏览器。2008 年 5 月 7 日，腾讯 TT 再次对之前的版本进行全新重构，重写了全部代码，正式推出了具有多线程功能的多页面浏览器——腾讯 TT4 系列产品，其软件界面如图 7-9 所示。

图 7-9　TT 界面

7.2.3　搜索引擎

在 Internet 的信息海洋中，信息资源存储于分布在世界各地的服务器中，人们不可能知道所有服务器的地址，更不可能知道所有信息资源的地址。那么如何在 Internet 信息的海洋中迅速、方便、准确地找到需要的信息，便成为网络信息资源检索的主要目标。搜索引擎的出现，有效地解决了这一问题。

搜索引擎本身也是 Internet 上的一个 Web 站点，它能自动从 Internet 上搜集信息，经过一定方法整理后，建立搜索引擎数据库，为用户提供查询服务。Internet 上的信息浩瀚万千，而且毫无秩序，信息如同汪洋中的一个个小岛，网页链接就是这些小岛之间纵横交错的桥梁，而搜索引擎则为用户绘制了一幅一目了然的信息地图，供用户随时查阅。

搜索引擎的功能包括搜集信息、整理信息及查询服务。

1．搜集信息

搜索引擎对信息搜集基本都是自动进行的。搜索引擎利用称为网络蜘蛛(Spider)的自动搜索机器人程序连接到每一个网页上的超链接，机器人程序根据网页链到其他的超链接，就像日常生活中所说的"一传十，十传百……"一样，从少数几个网页开始，若网页上有适当的超链接，机器人便可以遍历绝大部分网页。

2．整理信息

搜索引擎整理信息的过程称为"建立索引"。搜索引擎不仅要保存搜集到的信息，还要将它们按照一定的规则进行编排，搜索引擎不需要重新翻查它所有保存的信息就可以迅速找到所需的资料信息。如果信息不是按规则，而是随意存放在搜索引擎数据库中的，那么它每次查找信息都需在整个库中重新翻查一遍，这样即使运算速度再高计算机系统也不能有效解决查询的问题。因此，信息整理十分必要。

3．查询服务

用户向搜索引擎发出搜索查询请求，搜索引擎接受查询并向用户返回查询结果资料。搜索引擎每时每刻都要接到来自大量用户的信息查询，按照每个用户的查询要求检查数据库的索引，在极短时间内找到用户所需的信息返回给用户。目前，搜索引擎返回的搜索结果主要以网页超链接的形式提供给用户。通过这些链接，用户便能到达含有自己所需资料的网页。通常搜索引擎会在这些链接下提供一段来自这些网页的摘要信息，帮助用户判断此网页是否含有自己需要的内容。

7.2.4　常用搜索引擎

目前搜索引擎可以分为如下几类：全文搜索引擎，国外代表有 Google，国内代表有百度；目录索引搜索引擎，如 Yahoo、新浪的分类目录搜索；元搜索引擎，如 InfoSpace、Dogpile、Vivisimo 等。下面简要介绍 Google、百度、Yahoo 等搜索引擎。

1．Google 搜索引擎

Google(http://www.google.com)搜索引擎创立于 1999 年。Google 将自身建立在网页级别(PageRankTM)技术之上，这项获得专利的技术可确保 Google 始终将最重要的搜索结果首先呈现给用户。Google 富于创新的搜索技术和典雅的用户界面设计，使 Google 从当今的第一代搜索引擎中脱颖而出，成为世界著名的搜索引擎。

2000 年，Google 推出简体及繁体两种中文版本，开始为全球中文用户提供搜索服务。2005 年，Google 宣布在中国建立工程研究院。2006 年，针对中国用户的 www.google.cn 上线，2006 年 4 月 12 日，Google 的全球中文名称"谷歌"在北京正式发布。Google 中国主页如图 7-10 所示。

图 7-10　Google 中国主页

1) 搜索关键字的使用

(1) 搜索结果要求包含两个及两个以上关键字。Google 用空格来表示逻辑"与"操作。例如，需要了解一下"奥运"和"中国"的相关新闻，也就是期望搜索到的网页内容含有"奥运"和"中国"两个关键字，则在搜索栏输入"奥运 中国"即可。

(2) 搜索结果要求不包含某些特定信息。Google 用减号"–"表示逻辑"非"操作。"A–B"表示搜索包含 A 但没有 B 的网页。例如，搜索所有包含"搜索引擎"和"历史"但不含"文化"、"中国历史"和"世界历史"的中文网页，则搜索"搜索引擎 历史 – 文化 – 中国历史 – 世界历史"。

(3) 搜索结果至少包含多个关键字中的任意一个。Google 用大写的"OR"表示逻辑"或"操作。搜索"A OR B"，意思就是说，搜索的网页中，要么有 A，要么有 B，要么同时有 A 和 B。例如，要搜索含有"搜索引擎"和"历史"，没有"新闻"，可以含有以下关键字中的任何一个或者多个——"China"、"北京"、"金牌"、"Google"，则搜索"搜索引擎 历史 China OR 北京 OR 金牌 OR Google – 新闻"。

2) 搜索属性设置

用户可以对搜索方式与搜索范围加以限定。在"Google"主页中，单击"高级搜索"链接，打开如图 7-11 所示的界面，用户根据自己的搜索要求，完成搜索属性的设定。

图 7-11　Google 搜索设置

2. 百度搜索引擎

百度(http://www.baidu.com)是国内最大的商业化全文搜索引擎，其功能完备，搜索精度高，除数据库的规模及部分特殊搜索功能外，其他方面可与当前的搜索引擎业界领军人物 Google 相媲美，在中文搜索支持方面有些地方甚至超过了 Google，是目前国内技术水平最高的搜索引擎，其主页界面如图 7-12 所示。它为 Lycos 中国、Tom.com、21CN、广州视窗等搜索引擎以及中央电视台、外经贸部等机构提供后台数据搜索及技术支持。

图 7-12　百度主页

1) 关键字搜索

(1) 并行搜索。例如，可使用"A｜B"来搜索或者包含关键词 A，或者包含关键词 B 的网页。

(2) 减除无关资料。在查询排除含有某些词语的资料时，百度支持"－"功能，用于有目的地删除某些无关网页，但减号之前必须留空格，语法是"A－B"。这个规则与 Google 的规则一致。

(3) 相关检索。如果用户无法确定输入什么关键词才能找到满意的资料，百度提供了相关检索帮助。先输入一个简单词语搜索，然后，百度搜索引擎会提供其他用户搜索过的相关搜索词作参考。单击任何一个相关搜索词，都能得到相关搜索词的搜索结果。

2) 设置搜索属性

用户可以对搜索方式与搜索范围加以限定。在"百度"主页中，单击"高级搜索"链接，打开如图 7-13 所示的界面，用户根据自己的搜索要求，完成搜索属性的设定。

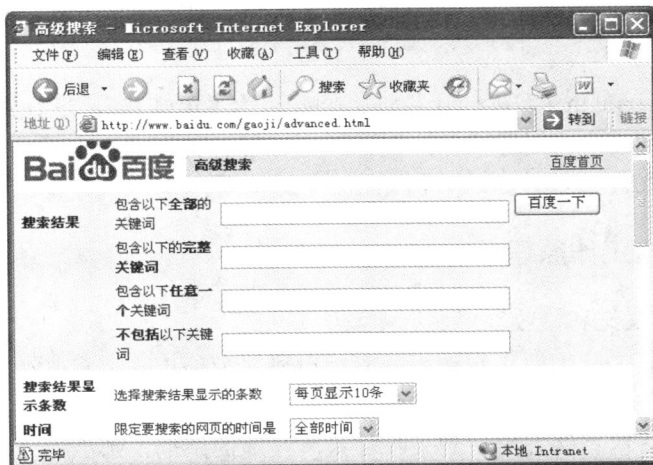

图 7-13　百度搜索设置

3．Yahoo(雅虎)搜索引擎

Yahoo 搜索引擎是世界上最著名的目录搜索引擎，每月为全球超过 1.8 亿的用户提供多元化的网上服务。Yahoo 是全球第一家提供互联网导航服务的网站，不论在浏览量、网上广告、家庭或商业用户接触面上，它都是最为人熟悉及最有价值的互联网品牌之一。雅虎中国网站于 1999 年 9 月正式开通，是 Yahoo 在全球的第 20 个网站。Yahoo 目录是一个 Web资源的导航指南，包括 14 个主题大类的内容。雅虎中国主页如图 7-14 所示。

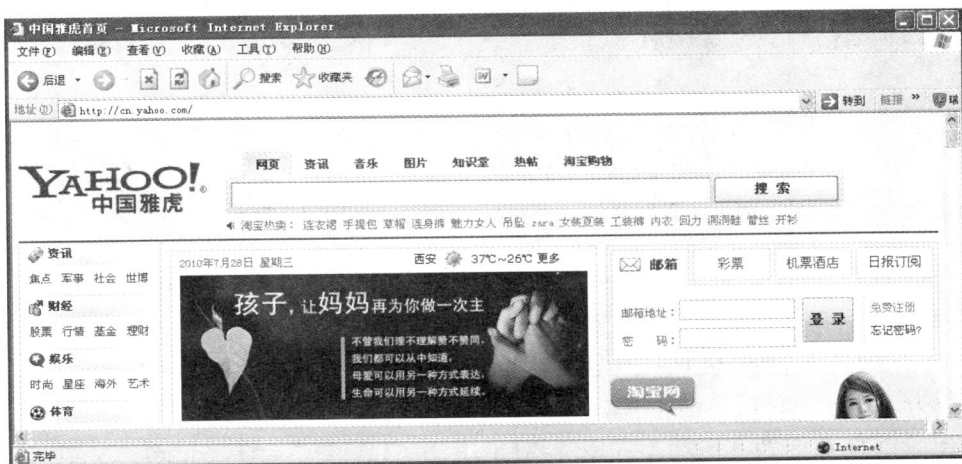

图 7-14　雅虎中国主页

Yahoo 搜索方法同其他网站的搜索方法基本一致。例如：使用双引号查询网站，如输入"奥运中国"之后，就只会出现与中国奥运相关的网站；加字母指定关键字出现的段落，如在关键字前加"t："，搜索引擎仅会查询网站的名称，而在关键字前加"u："，搜索引擎就会只查询所需的网址；利用"＋"、"－"号来限定结果，加了"＋"号的关键字一定要在结果中出现；而加了"－"号的关键字就一定不要出现在查询结果中。

7.3　电子邮件

电子邮件(Electronic mail，E-mail)也被人们昵称为"伊妹儿"，是 Internet 应用最广的服务之一。电子邮件的内容可以是文字、图像、声音等各种形式，电子邮件系统以其低廉的价格、快速的传送方式、方便的交流手段而被广泛使用。

7.3.1　电子邮件的工作原理

1．电子邮件的发送和接收

电子邮件在 Internet 上发送和接收的原理可以形象地用人们日常生活中邮寄包裹来形容：当我们要寄一个包裹的时候，首先要找到任何一个有这项业务的邮局，在填写完收件人姓名、地址等之后包裹就寄出而到了收件人所在地的邮局，那么对方取包裹的时候就必须去这个邮局才能取出。同样的，当我们发送电子邮件时，这封邮件是由邮件发送服务器(任何一个都可以)发出，并根据收信人的地址判断对方的邮件接收服务器，将这封信发送到该服务器上，收信人要收取邮件也只能访问这个服务器才能够完成。电子邮件服务原理如图7-15 所示。

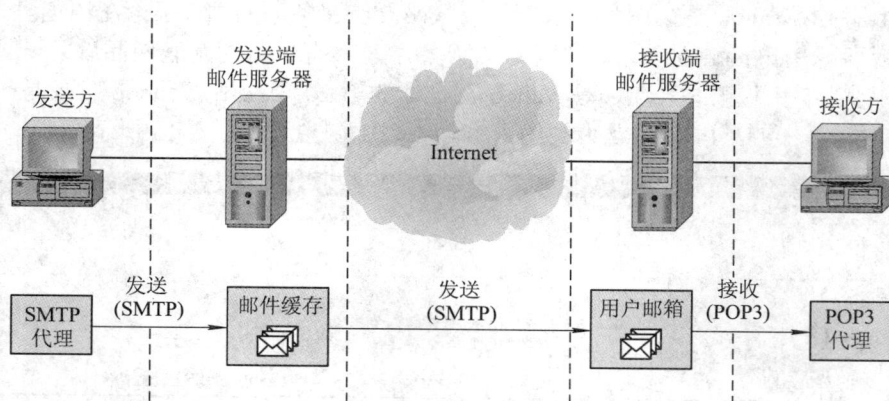

图 7-15　电子邮件服务原理示意图

2．电子邮件的工作过程

电子邮件的工作过程遵循客户机/服务器(C/S)模式。每份电子邮件的发送都涉及到发送方与接收方。电子邮件服务器含有众多用户的电子信箱，发送方通过邮件客户程序，将编辑好的电子邮件发送到发送端邮件服务器(采用 SMTP 协议，即 Simple Mail Transfer Protocol)。发送端服务器将邮件暂存，根据邮件中接收者的地址，再将邮件通过 Internet 转发至接收端邮件服务器中。接收端邮件服务器将接收到的邮件存放在接收者的电子信箱内，当接收者通过邮件客户程序连接到服务器后，打开自己的电子信箱，就会看到有新邮件的通知，接下来就可以从邮件服务器中接收(采用 POP3 协议，即 Post Office Protocol 3)新邮件了。

通常 Internet 上的个人用户不能直接接收电子邮件，而是通过申请 ISP 主机的一个电子信箱，由 ISP 主机负责电子邮件的接收。如果有用户的电子邮件到来，ISP 主机就将邮件移到用户的电子信箱内，并通知用户有新邮件。因此，当发送一封电子邮件给另一个客户时，电子邮件首先从用户计算机发送到 ISP 主机，再转发到 Internet，然后转发到收件人的 ISP 主机，最后到达收件人的个人计算机。

ISP 主机起着"邮局"的作用，管理着众多用户的电子信箱。每个用户的电子信箱实际上就是用户所申请的帐号名。每个用户的电子邮件信箱都要占用 ISP 主机一定容量的磁盘空间，而这一空间是有限的，因此用户要定期查收和清理过期无用的邮件，以便腾出空间来接收新的邮件。

3．电子邮件地址的构成

电子邮件地址的格式是"USER@SERVER.COM"，由三部分组成。第一部分"USER"代表用户信箱的帐号，对于同一个邮件接收服务器来说，这个帐号必须是唯一的；第二部分"@"是分隔符；第三部分"SERVER.COM"是用户信箱的邮件接收服务器域名，用以标志其所在的位置。例如，tom@163.com 是用户帐号为 tom 的用户在网易(www.163.com)主机上的邮件地址。

7.3.2　电子邮件的使用方法

1．邮箱申请

在 Internet 上使用电子邮件，需要先申请一个电子邮箱。选择电子邮箱一般从邮箱容量、稳定性、收发速度、信息安全、反垃圾邮件、防杀病毒、能否长期使用、邮箱的功能、使用是否方便、收发方式等综合考虑。每个人可以根据自己的需求，选择最适合自己的邮箱。

电子邮箱的申请过程是：首先打开提供电子邮件服务网站的主页，进入邮箱申请页面，进行个人资料注册，提交申请后即可获得电子邮箱。通常网站主页上都提供有申请链接。在如图 7-16 所示的网易主页中，通过单击"注册"、"邮箱"或"免费邮"，都可以申请免费邮箱。

图 7-16　网易邮箱申请

2．邮件发送和接收

这里以网易邮箱为例说明邮件的发送和接收。在如图 7-17 所示的界面中单击"写信"按钮，出现如图 7-18 所示的新邮件界面，就可以书写电子邮件内容了，写完后在收件人对应的文本框中输入收件人邮箱的地址，单击"发送"按钮，即完成邮件的发送。如果用户需要发送的是文章、音频、照片、影像等文件时，可单击"添加附件"，将文件以附件的方式添加到邮件中，再进行发送。

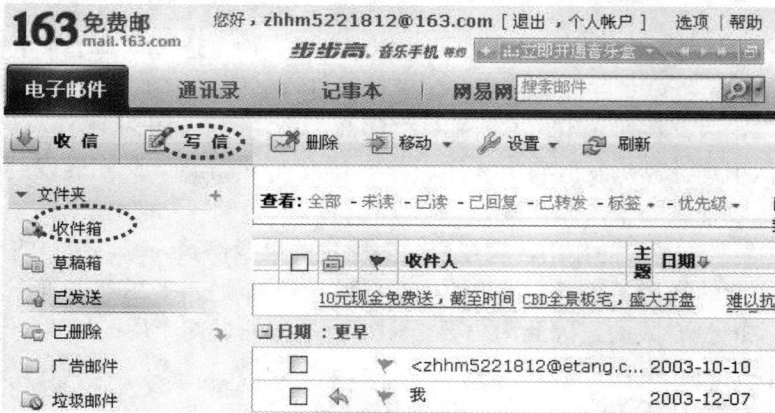

图 7-17　网易邮箱界面

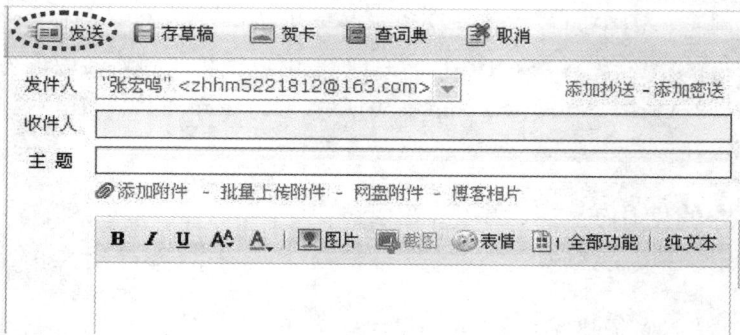

图 7-18　网易邮箱发送界面

如果需要查看邮箱中收到的邮件，可单击"收件箱"按钮，出现接收的邮件列表界面后，单击列表中的邮件即可阅读已收到的邮件。

3．邮箱整理

1）分类存储邮件

收到的邮件默认都存放在"收件箱"中，为了方便以后的查找和浏览，可以采用分类存储的方式，新建一些文件夹，将已阅读的邮件分别存放于各自的文件夹中。

2）删除邮件

选中邮件列表的复选框，单击"删除"按钮，将选中的邮件进行删除，被删除的邮件放在"已删除"文件夹内。通常该操作用于删除已经阅读后的邮件或垃圾邮件。

3）地址整理

通常邮箱地址可以存放于"通讯录"中，用户可以添加、删除、修改其中的地址和联系人的相关信息，还可以将联系人分组，以方便管理。

7.3.3　电子邮件客户端软件

常用的邮件处理客户端软件包括 Outlook Express、Foxmail、DreamMail、IncrediMail、Mozilla Thunderbird、MailWasher 等。下面对 Outlook Express 进行简要介绍。

Microsoft Outlook Express(简称 OE)是随 IE 软件包一起发行的软件，按照默认选项安装 IE 之后，就会自动安装好 OE。

1) 创建与修改电子邮件帐户

创建新的邮件帐户的操作步骤如下：

(1) 启动 OE 后，选择菜单栏中的"工具"→"帐户"，弹出"Internet 帐户"对话框，如图 7-19 所示。

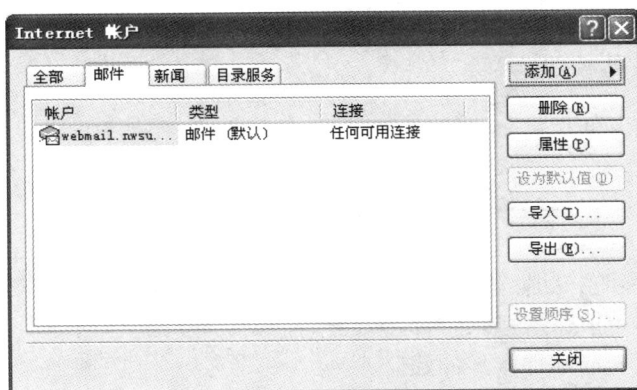

图 7-19　Internet 帐户界面

(2) 单击"添加"→"邮件"，弹出"Internet 连接向导"对话框，输入邮件收件人姓名，单击"下一步"按钮，在如图 7-20 所示的显示界面中输入电子邮件地址。

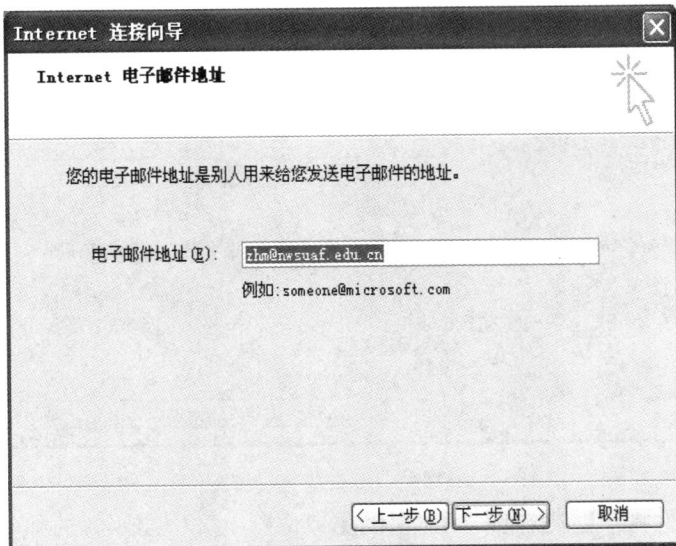

图 7-20　输入电子邮箱地址

　　(3) 单击"下一步"按钮，在如图 7-21 所示的界面中输入电子邮件发送和接收服务器的 IP 地址名或域名。

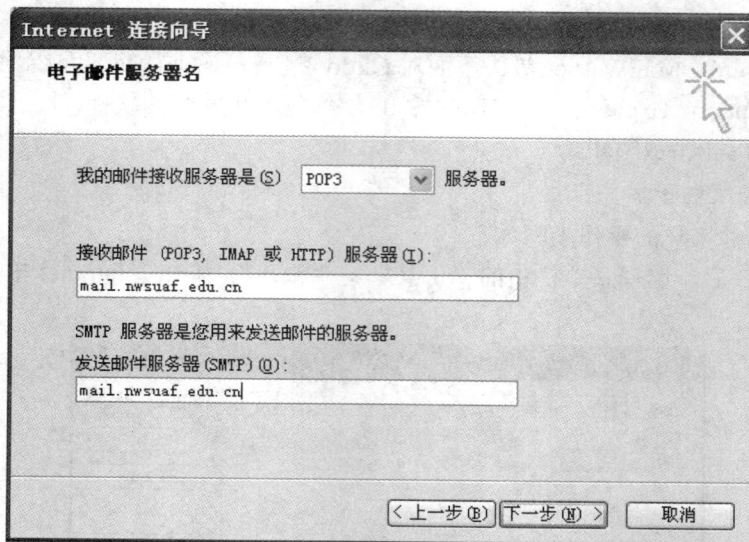

图 7-21　邮件服务器设置

　　(4) 单击"下一步"按钮，输入 Internet Mail 登录信息，如图 7-22 所示。如果计算机只是自己使用，并且不希望每次登录时都输入密码，则选中"记住密码"选项。完成输入后，单击"下一步"按钮完成邮件帐户的建立。

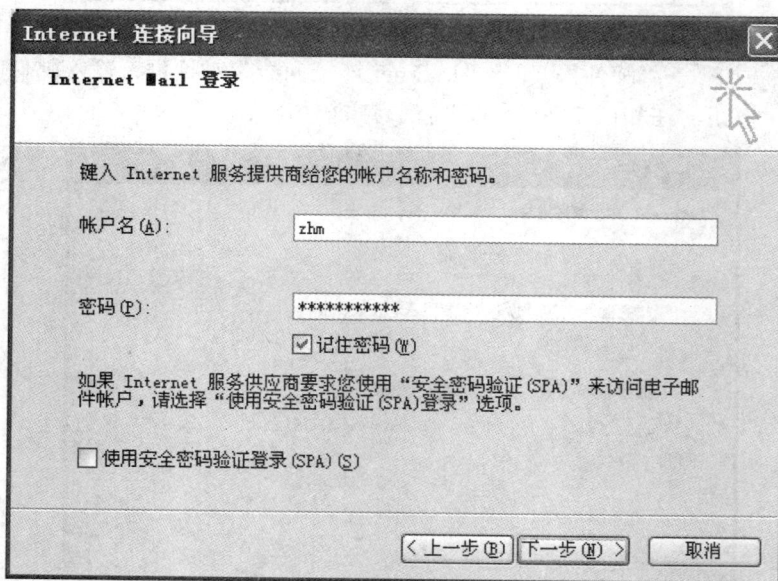

图 7-22　登录信息设置

　　如果要修改邮件帐户，则在图 7-19 左侧窗口位置上选中要修改的邮件帐户，单击"属性"按钮，完成对相应属性的修改。

2) 接收与发送电子邮件

创建完邮件帐户后，可以接收与阅读电子邮件，也可以手工检查新邮件。在如图 7-23 所示的窗口中，单击"收件箱"，在邮件列表区显示所有的电子邮件，有"信封"标志的邮件是新邮件，有"曲别针"标志的邮件带有附件。若要查看邮件内容，可在邮件列表中选择要查看的邮件名，邮件正文将显示在下面的邮件正文区。

如果要创建新邮件，可以单击"创建邮件"，如图 7-23 所示。默认的新邮件没有信纸样式，添加收件人地址、抄送地址、写信后单击"发送"完成邮件的发送。如果要添加附件可单击"附件"按钮，按要求选择要添加的附件。

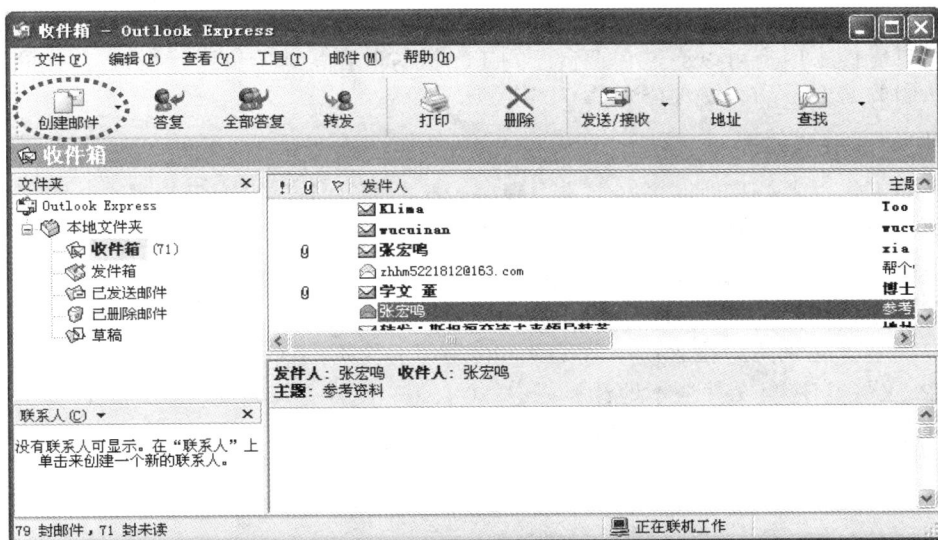

图 7-23　邮件发送与接收

3) 管理电子邮件

在使用 Outlook 一段时间后，"收件箱"中可能保存了很多电子邮件，大量的电子邮件需要进行分类、移动、删除以及查找等管理操作。

(1) 标记邮件。为了区分邮箱中的邮件是否已经阅读，系统将邮件分为已读和未读两种状态。新邮件都标记为未读状态，当邮件阅读后标记为已读状态。用户可以根据使用需要对邮件进行重新标记。

(2) 创建与管理文件夹。用户可以新建文件夹，将不同类型的信件保存在自己分类的文件夹中。

(3) 删除邮件。当邮件过多时，用户可以选择删除部分不再需要的邮件。

(4) 查找邮件。要在一大堆信件中找到想要的内容并不轻松，"查找邮件"允许用户在多个文件夹中搜索邮件，以查找文件夹或子文件夹中的任何邮件。发件人、邮件主题或标题、邮件中的文本等都可以作为查找关键字。

4) 通讯簿

Outlook Express 提供了通讯簿功能，可保存联系人的基本信息，以便日后使用。联系人的基本信息包括电话、家庭地址、工作单位、电子邮件地址等内容。

7.4 网络文件传输

文件传输是 Internet 提供的重要服务功能，很多 Internet 站点都提供了大量的共享软件可供下载，同时也可以将希望共享的资源上传至服务器端，用以共享该资源。

7.4.1 FTP 概述

FTP 服务允许用户将文件从一台计算机传输到另一台计算机，并能保证文件在 Internet 中传输的可靠性。用户可以通过它把自己的 PC 机与世界各地所有运行 FTP 协议的服务器相连，访问服务器上的大量程序和信息。

1. FTP 工作原理

FTP 的工作原理与其他许多网络实用程序一样，也是基于客户/服务器(C/S)模式的。互联网文件传输协议定义了一个在远程计算机系统和本地计算机系统之间传输文件的标准。

用户在传输文件时，需经过认证以后才能登录 FTP 服务器并访问远程服务器的文件。当用户登录到远程 FTP 服务器，并获得相应权限后，即可进行文件传输。在 FTP 的使用当中，用户经常会遇到两个概念：下载(Download)和上传(Upload)。"下载"文件是指从远程主机(FTP 服务器)拷贝文件至本地计算机中；"上传"文件是指将文件从本地计算机拷贝文件至远程主机中。文件传输过程如图 7-24 所示。

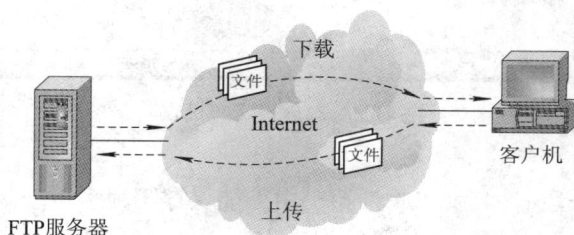

图 7-24　FTP 工作原理示意图

用户登录匿名 FTP 主机的方式同连接普通 FTP 主机的方式相似，只是在要求提供用户标识 ID 时必须输入 anonymous，该用户 ID 的口令可以是任意的字符串。习惯上用户可将 E-mail 地址作为口令，使系统维护程序能够记录是谁在存取这些文件。当然登录某些 FTP 服务器时不用输入 ID，系统采用默认方式登录。

2. FTP 服务器的登录方式

登录 FTP 服务器必须使用 FTP 客户端程序。FTP 客户端程序有以下三种类型：

1) 传统的 FTP 命令行方式

较早的 FTP 客户端程序以 MS-DOS 的命令行方式执行，登录 FTP 服务器是通过命令 "FTP <FTP 服务器(或 IP)地址>"。例如，登录的 FTP 服务器地址为 202.117.179.110，输入用户名和密码后，完成服务器的登录，如图 7-25 所示。

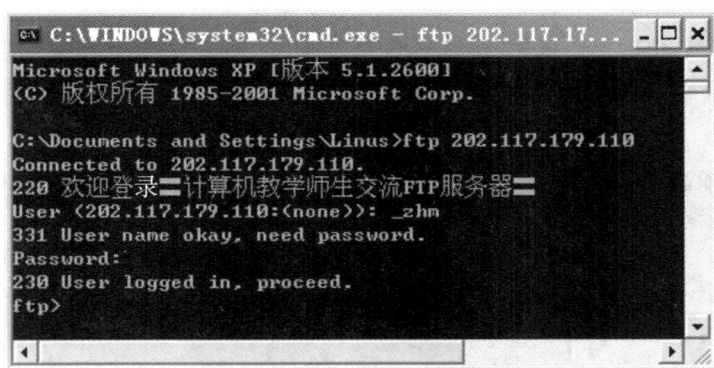

图 7-25　命令行方式登录

登录成功后可以使用 FTP 命令来下载所需文件。如果对 FTP 命令不熟悉，可以在命令提示符"ftp>"下输入"help"或"?"命令，查看所有 FTP 命令。也可以用 help 命令查看每条命令的功能，如 ftp>help dir，将会显示 dir 命令的功能。

2) 浏览器方式

浏览器不仅支持 Web 方式的浏览，也支持 FTP 方式的访问。用户通过浏览器可以登录到相应的 FTP 服务器进行文件的上传与下载。首先在浏览器的地址栏中输入"ftp:\\FTP 服务器地址(或 IP)地址"，再输入用户名和密码，登录成功后，窗口显示内容与 Windows 中的文件夹显示方式类似，上传和下载可采用拖动方式完成，与资源管理器文件操作类似。

例如，在浏览器地址栏中输入 ftp://202.117.179.110，登录后显示如图 7-26 所示的窗口，就可以进行 FTP 的文件上传与下载。

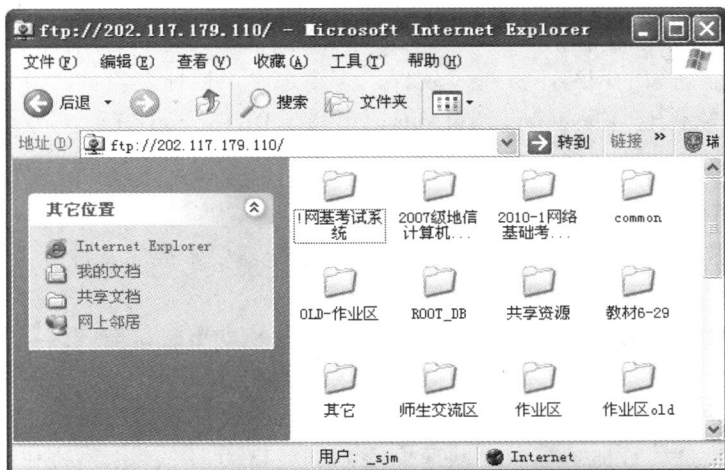

图 7-26　浏览器方式登录

3) FTP 专用客户端程序

FTP 专用客户端程序是专门用来访问 FTP 服务器的上传/下载软件。这些软件通常有较好的用户界面，操作简单、方便实用、直观大方且具有断点续传等强大的网络功能。常用的 FTP 客户端软件有 CuteFTP、BulletFTP、LeapFTP、AceFTP 等。下面以 CuteFTP 为例，介绍该类软件的使用方法。

CuteFTP 软件是出现较早的 FTP 上传/下载软件，其功能比较强大，支持断点续传、文件拖放、上传、下载、重命名等功能。该软件使用简单、操作方便，是一种共享软件，只能用于访问 FTP 服务器。软件界面如图 7-27 所示。

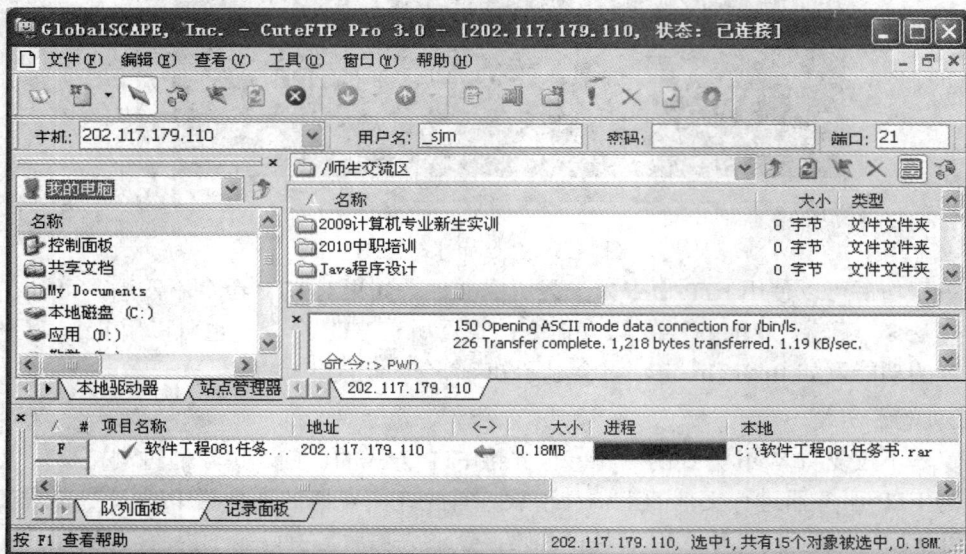

图 7-27　CuteFTP 使用界面

7.4.2　网络下载工具

Internet 的很多站点存放了大量可供下载的资源，IE 浏览器为用户提供了文件下载功能，还有一些功能强大的网络下载工具软件，为用户提供快捷、方便、高效的下载功能。常用的下载工具软件有 FlashGet、NetAnts、迅雷、BitTorrent(BT)、GoZilla、GetRight、NetVampire 等。

1．FlashGet 软件

FlashGet 又称网际快车，它的基本工作原理就是把需要下载的文件分为几个部分，每部分由一个独立线程分别下载，同时采用断点续传的机制，提高下载效率。

FlashGet 完全支持 IE 和 Netscape 以及 URL 地址拖动下载、捕获浏览器单击和剪贴板监视下载，可将下载文件分成多个部分同时下载，可以同时进行多个文件的下载，具有丰富和完善的下载软件管理功能，可检查文件是否更新和自动重新下载，支持自动拨号，自动挂断和关机，支持代理服务器及下载速度限制，能自动识别操作系统和自动切换中英文界面。

FlashGet 的使用界面如图 7-28 所示，程序界面的右边是一个类别管理窗口，实现下载任务管理和下载文件管理的切换。FlashGet 的工具栏比较醒目并附有中文名称，由于实现已下载文件和未下载文件的分类管理，使用时界面中没有过多的列表项。下面对 FlashGet 的基本操作进行简要说明。

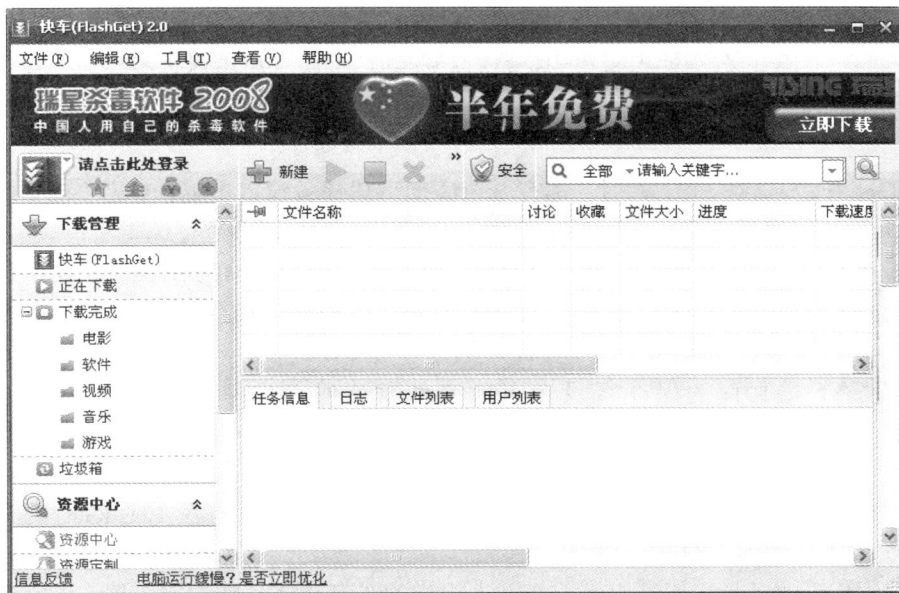

图 7-28　FlashGet 使用界面

1) 添加下载任务

(1) 手动添加下载任务。启动 FlashGet，在程序的界面窗口中单击工具栏中的"新建"按钮，弹出添加下载任务窗口，在 URL 栏中添入需要下载文件的链接地址，如 http://cie.nwsuaf.edu.cn/net/chap1.zip，单击"确定"按钮即可开始下载。

(2) 使用剪贴板监视下载。当 FlashGet 启动并最小化后，打开要下载文件所在的网页，在要下载文件的链接文字或图标上单击鼠标右键，在弹出的窗口中选择"复制到剪贴板"选项，在窗口的 URL 栏中已经自动填上剪切的链接地址。单击"确定"按钮就可以下载了。如果在选项窗口(可通过菜单"工具"→"选项"打开)的"监视"标签中未设置自动监视剪贴板下载，则无此项功能。

(3) 使用拖动链接到悬浮窗口。FlashGet 支持拖动链接地址的悬浮窗口(见图 7-29)，这个窗口一般悬浮在应用程序窗口的前面。在浏览器中可将文件下载的链接地址拖动到悬浮窗中，此时 FlashGet 打开添加下载任务窗口，并在 URL 栏中填上下载文件的链接地址，单击"确定"按钮即可下载。

图 7-29　FlashGet 浮动窗口

(4) 单击网页的下载链接开始下载。FlashGet 可以监视浏览器的单击，当单击网页中 URL 时，可监视该 URL，如果该 URL 链接是已经设定的下载文件类型，则弹出下载任务添加窗口。注意，有时候为了使浏览单击和下载单击不冲突，可以在选项窗口(通过菜单"工具"→"选项"打开)设置需要使用 Alt 键时才允许程序捕获浏览器单击。

(5) 通过 IE 的右键弹出菜单开始下载。FlashGet 安装后将添加"Download All By

FlashGet"(下载页面中所有链接的文件)和"Download Using FlashGet"(下载选择的链接文件)两个菜单项到 IE 的右键弹出菜单中,当用户在浏览页面上单击鼠标右键时,就可以选择下载本页所有的链接文件或者某个单个链接文件。

2) 编辑下载任务

FlashGet 开始下载一个文件时,都有一个添加下载任务窗口出现,单击"确定"按钮就可以开始下载。如果用户有一些特殊的要求,也可以对下载任务进行编辑。

(1) 选择下载类别。可以将下载的文件归档为软件、游戏、MP3 等类别,在添加下载任务窗口中预先对下载文件进行归类,下载结束后,下载文件就保存在预先设定的类别目录中。

(2) 设置下载文件的保存目录。下载文件默认保存文件夹是程序安装目录中的 Download 文件夹,如果需要将下载的文件保存到指定的文件夹,可在"目录"栏中进行设置。

(3) 重命名下载文件。可在重命名栏中将下载的文件改名,如将 FlashGet 的下载文件"123.zip"改为"我的下载.zip"。

(4) 设置代理服务器。代理服务器是网上提供的具有转接功能的服务器,该服务器可以在用户不能访问某网络站点的情况下,通过该代理服务器进行中转,以达到访问网络站点的目的。FlashGet 可以设置通过代理服务器下载,在选项窗口中添加使用的代理服务器地址,然后在添加下载任务窗口的"代理服务器"栏中选择使用的代理服务器或不使用代理服务器。

(5) 设置文件下载份数。可将一个下载文件分成几份来下载,以增加下载的速度。FlashGet 建议将文件分成 4 份,用户根据自己的实际情况,可以少分一些或者多分一些。可以设置下载的时间,一般都是立即下载,可设置某个时间定时下载或者以后手动下载。

2. 迅雷软件

迅雷是常用的网络资源下载工具,其界面如图 7-30 所示。迅雷采用基于网格原理的多资源超线程技术,能够将网络上的服务器和计算机资源进行有效的整合,构成独特的迅雷网络,通过迅雷网络各种数据文件能够以最快的速度进行传输。多资源超线程技术还具有互联网下载负载均衡功能,在不降低用户体验的前提下,迅雷网络可以对服务器资源进行均衡,有效降低服务器负载。

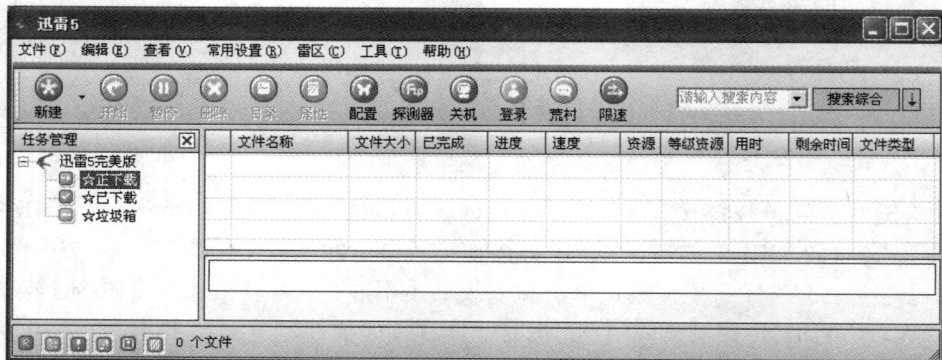

图 7-30　迅雷界面

迅雷与 FlashGet 有很多相似的地方，下面对迅雷的使用做简单的介绍。

1) 任务分类说明

在迅雷主界面的左侧就是任务管理窗口，该窗口中包含一个目录树，分为"正下载"、"已下载"和"垃圾箱"三个分类，单击其中一个分类就会看到这个分类里的任务。各分类的作用如下：

· 正下载：没有下载完成的或者有错误的任务都在这个分类中。当开始下载一个文件时，需要单击"正下载"查看文件的下载状态。

· 已下载：下载完成后任务会自动移到"已下载"分类中。单击"已下载"分类可查看已下载的文件。

· 垃圾箱：用户在"正下载"和"已下载"中删除的任务都存放在"垃圾箱"中。"垃圾箱"的作用是防止用户误删除文件，在需要时可进行恢复。

2) 更改默认文件的存放目录

迅雷安装完成后，自动在 C 盘建立一个"C:\download"文件夹，如果用户希望把文件的存放位置改为"D:\下载"，则需要右键单击任务分类中的"已下载"按钮，选择"属性"选项，通过"浏览"更改下载文件存放路径为"D:\下载"文件夹即可。

3) 子分类的作用

在"已下载"分类中迅雷自动创建了"软件"、"游戏"、"驱动程序"、"mp3"和"电影"五个子分类，每个分类对应的文件夹存放不同类型的文件。例如将下载的音乐文件存放在"D:\音乐"文件夹中。迅雷可以在下载完成后，自动把不同类别的文件保存在指定的目录，用户可以新建或删除一个分类。

4) 任务管理窗口的隐藏/显示

任务管理窗口可以折叠起来，方便用户查看任务列表中的信息，具体操作为单击折叠按钮，需要时单击恢复按钮即可。通过窗口的关闭按钮或者双击悬浮窗进行迅雷界面的打开和关闭。

5) 代理服务器

迅雷的代理服务器设置在"代理"中，可以通过修改"服务器"和"端口"进行设置。

6) FTP 探测器

FTP 探测器为用户提供了查找 FTP 站点的功能。FTP 探测器可以找到 FTP 站点上的资源，以 FTP 方式列出该站点内的所有资源。用户可以根据需要下载各个网页的源文件，FTP 探测器可以自动解析出其中可以下载的链接资源。

使用时单击"探测器"按钮，在弹出窗口的"地址栏"中输入 FTP 服务器的地址。例如，若访问的 FTP 服务器 IP 地址为 202.117.179.110，端口为 1234，则在地址栏中填写 ftp://202.117.179.110:1234，并填写登录服务器的用户名和密码即可。

7) 重启未完成任务

如果前一次下载任务没有完成，重新启动迅雷软件后，用户可以重启未完成的任务。未完成任务在"正下载"栏，双击左键或单击右键即可开始下载。

3．BT 下载软件

BitTorrent(简称 BT，又称 BT 下载)是一个多点下载、源码公开的 P2P 协议和软件。其原理是：BT 首先在上传者端把一个文件分成多个部分，客户端甲在服务器随机下载了第 N 部分，客户端乙在服务器随机下载了第 M 部分。这样甲的 BT 就会根据情况到乙的电脑上下载第 M 部分，乙的 BT 就会根据情况到甲的电脑上下载第 N 部分。其特点是：下载的人越多，速度越快。

一般文件或软件多由 HTTP 站点或 FTP 站点提供下载，若同时下载人数过多，基于服务器带宽有限等因素，速度会减慢许多。而 BT 软件却恰巧相反，同时下载的人数越多，下载的速度便越快，因为它采用了多点对多点的传输原理。

FlashGet 和迅雷都具有 BT 下载功能，其他 BT 下载工具有 BitComet、BitSpirit 等。

7.4.3　远程登录服务

Internet 最大的优点是可以使用世界各地的计算机资源，用户可以登录到远程的计算机并发出操作指令，然后完成对远程主机中所有资源的访问。在应用越来越广泛的分布式计算环境中，经常需要调用远程计算机资源与本地计算机协同工作，这样就可以用多台计算机共同完成一个任务。协同工作要求用户能够登录到远程计算机中，启动某个应用进程完成数据通信。这个过程称为远程登录服务。远程登录服务是 Internet 较早提供的服务功能之一，它使用的是 Telnet 协议，因此远程登录服务又被称为 Telnet 服务。

1．远程登录的基本原理

Telnet 远程登录服务分为以下 4 个过程：

(1) 本地与远程主机建立连接。该过程实际上是建立一个 TCP 连接，用户必须知道远程主机的 IP 地址或域名。

(2) 将本地终端上输入的用户名和口令及以后输入的任何命令或字符以 NVT(Net Virtual Terminal)格式传送到远程主机。该过程实际上是从本地主机向远程主机发送一个 IP 数据报。

(3) 将远程主机输出的 NVT 格式的数据转化为本地所接受的格式送回本地终端，包括输入命令回显和命令执行结果。

(4) 本地终端对远程主机进行撤销连接。该过程是撤销一个 TCP 连接。

2．远程登录软件

1) Windows Telnet 工具

Windows 操作系统提供了 Telnet 功能，它是一种命令行的 Telnet 客户端软件。在使用该功能前首先要启用它的 Telnet 服务，启动方法为单击"控制面板"→"管理工具"→"服务"→"Telnet"命令。设置完成后，可以通过单击"开始"→"运行"命令，在打开的"运行"对话框(见图 7-31)的"打开"文本框中输入登录地址，就可以完成远程登录。

图 7-31　"运行"对话框

2) 使用 Telnet 软件登录服务器

除了 Windows 提供的 Telnet 登录方式外，还有很多图形界面的 Telnet 软件，如 Cterm、SecureCRT、PuTTY、SSH Secure Shell Client 等。可以连接 Telnet 服务器，对 Telnet 进行设置和管理。

7.4.4　网络硬盘

顾名思义，网络硬盘就是网络上的硬盘(简称网盘)，它是某些网络服务器为用户提供的具有存储、访问、备份、共享等文件管理功能的网络空间。它既具有普通硬盘的存储功能，又具有高度移动性、共享的特性，不占用用户任何磁盘空间，用户可以将任何文件保存到网络硬盘上。图 7-32 所示为网易提供的网络硬盘。

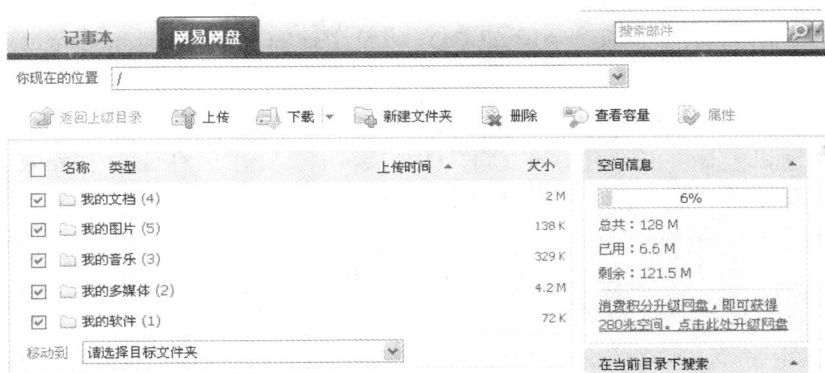

图 7-32　网易网盘

网络硬盘的主要功能如下：

1．共享资源

网络硬盘存储可供使用者随时随地、方便地将自己所要保存的文件传到服务器上，且在需要时下载，或者共享给其他人使用，使网络资源得到共享。资源只需要上传一次，就可以永久备份。用户通过网络硬盘，对电影、音乐等文件都可以进行网络存储和共享。

2．文件存储

网络硬盘存储的文件可以使用户减少电子文件存储介质在携带过程中的不方便和不安全因素。一般网络硬盘提供商都会定期对文件进行备份，非常安全。虽然网络硬盘上的资源是共享的，但是很多网络硬盘都支持对文件或文件夹加密，防止别人查看。因此只要有网络，无论何时、何地，用户都可以取出网络硬盘上的文件来使用。

3．个人网站

由于个人网站空间价格昂贵，且用户限制较多，而网络硬盘与个人网站空间一样，都提供一些存储的空间，而且网络硬盘更专业，支持多种操作模式，同时网络硬盘已经开始支持 FTP 模式，支持二级域名，支持 ASP、JSP 等动态语言的运行以及数据库的操作，因此将网络硬盘作为个人网站使用具有更宽广的空间。

*7.5 网络信息交流

网络信息交流突破时空限制，具有传输速度快、存储量大、表现形式多样、成本低廉的优点。通过 Internet 进行文字、语音、视频的信息交流已经越来越普及，除了 E-mail 外，网上聊天、BBS、博客已经成为人们日常信息交流的普遍方法。下面简要介绍即时通讯、网上论坛和网络博客等几种网络交流方式。

7.5.1 即时通讯

即时通讯(Instant Messenger，IM)软件是目前我国上网用户使用率最高的软件，无论是早期的 ICQ，还是国内用户量第一的腾讯 QQ，以及微软的 MSN Messenger 都是大众关注的焦点。通过即时通讯软件可迅速地在网上找到朋友或工作伙伴，可以实时交谈和互传信息。而且很多 IM 软件还集成了数据交换、语音聊天、网络会议、电子邮件的功能。

目前即时通讯工具层出不穷，如 ICQ、OICQ、QQ、MSN、Skype、Shutter 等，这些软件大多是免费使用的，它们就像虚拟的网络寻呼机，无论身在何处，只要登录就可以查看留言，与在线用户交流等。

即时通讯以 TCP 和 UDP 协议为基础，用户登录端既是服务器又是客户机，通信部分服务如在线网友名单等需要从服务商的服务器上读取，但当通信双方的连接较稳定时，通信内容即可以 UDP 的形式进行传送。如果连接不够稳定，通信内容将通过服务器进行中转。下面对部分 IM 软件进行简单介绍。

1. QQ

QQ 是由深圳市腾讯计算机系统有限公司开发的一款 IM 软件。用户可以使用 QQ 与好友进行交流，发送和接收文字信息、表情符号和照片，使用语音视频面对面聊天，功能非常全面，软件界面如图 7-33 所示。此外，QQ 还具有与手机聊天、BP 机网上寻呼、聊天室、点对点断点续传传输文件、共享文件、QQ 邮箱、备忘录、网络收藏夹、发送贺卡等功能。

腾讯 QQ 支持在线聊天、即时传送视频、语音和文件等多种功能，与全国多家寻呼台、移动通信公司合作，实现传统的无线寻呼网、GSM 移动电话的短消息互联，同时还可以与移动通信终端、IP 电话网、无线寻呼等多种通信方式相连，不是单纯意义上的网络虚拟呼机，更是一种方便、实用、高效的即时通讯工具。

图 7-33 QQ 界面

2. MSN

MSN(Microsoft Service Network)是微软公司于 1999 年 7 月推出的一款即时通讯工具，凭借该软件自身优秀的性能，目前在国内已经拥有了大量的用户群。使用 MSN Messenger 软件可以进行文字聊天、语音对话、视频会议等即时交流，还可以查看联系人是否联机。MSN Messenger 界面简洁，使用方便，软件界面如图 7-34 所示。

图 7-34　MSN 界面

图 7-35　Skype 界面

3. Skype

Skype 是一家全球性互联网电话公司，它在全世界范围内向客户提供免费的高质量通话服务。Skype 软件为用户提供了通信领域内的绝佳选择，具备 IM 软件所有的功能，比如视频聊天、多人语音会议、多人聊天、传送文件、文字聊天等。它可以进行免费高清晰语音通话，也可拨打国内国际电话，无论固定电话、手机、小灵通均可直接拨打，并且可以实现呼叫转移、短信发送等功能。Skype 界面如图 7-35 所示。

7.5.2　网上论坛

论坛又名 BBS(Bulletin Board System，电子公告板)，是 Internet 上的一种电子信息服务系统，提供一块公共电子白板，每个用户都可以在上面书写，可发布信息或提出看法。它是一种交互性强、内容丰富而即时的 Internet 电子信息服务系统，用户在 BBS 站点上可以获得各种信息服务、发布信息、进行讨论和聊天等。

　　像日常生活中的黑板报一样，论坛按不同的主题分成多个布告栏，布告栏的设立依据是大多数用户的要求和喜好，用户可以阅读别人关于某个主题的看法，也可以将自己的想法毫无保留地贴到论坛中。一般来说，论坛也提供邮件功能，如果需要私下交流，也可以将交流的内容直接发到某个人的电子信箱中。

　　在论坛里，人们之间的交流打破了空间和时间的限制。在与别人进行交往时，无需考虑自身的年龄、学历、知识、社会地位、财富、外貌、健康状况等，也无需知道交谈者的真实社会身份，这样参与讨论的人都处于平等地位，可与其他人进行任何问题的探讨。由于参与 BBS 的人数众多，因此各方面的话题都不乏热心者。如图 7-36 所示为 712100 论坛的首页界面。

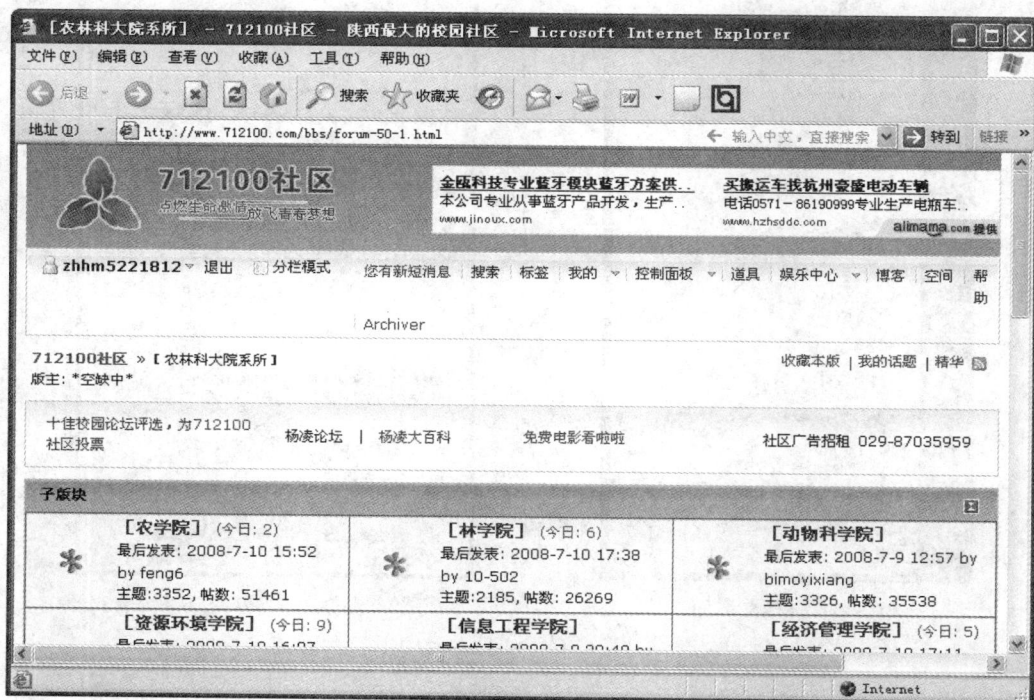

图 7-36　712100 论坛

7.5.3　网络博客

　　Weblog 又称 BLOG、博客、网络日志等，是一种简易的个人信息发布方式，是继 E-mail、BBS、ICQ 之后出现的第四种网络交流方式。任何人都可以注册完成个人博客网页的创建、发布和更新，例如在网易提供的博客中，用户可以通过"日志"、"相册"、"音乐"、"收藏"、"好友"、"关于我"等几个分类，将自己的博客按照个人意愿进行规划和整理。

　　博客的存在方式一般分为三种类型：一是托管博客，用户无需注册域名、租用空间和编制网页，只要免费注册申请即可拥有自己的博客空间，是"多快好省"的方式；二是自建独立网站的博客，拥有自己的域名、空间和页面风格；三是附属博客，将自己的博客作为某个网站的一部分(如一个栏目、一个频道或者一个地址)。

7.6　数 字 图 书

数字图书是计算机发展的产物。相对于传统的纸质图书，数字图书以电子文件形式存储于各种磁或电介质中，因此习惯上也称为电子图书。与传统的图书相比，电子图书是无形的，以电子文件的形式存在，阅读时需要一定的设备(如 PC 机或手持电脑等)和特定的应用软件。电子图书有方便快捷的查找功能，可以迅速找到相关的内容，大大提高了资料检索效率；电子图书支持剪切、拷贝等功能，读者对有用信息的整理快捷方便。

7.6.1　数字图书馆

数字图书馆(Digital Library)是用数字技术处理和存储各种文献的图书馆，实质上是一种多媒体制作的分布式信息系统。它把各种不同载体、不同地理位置的信息资源用数字技术存储，以便于跨越区域、面向对象的网络查询和传播。它涉及信息资源加工、存储、检索、传输和利用的全过程。

通俗地说，数字图书馆就是虚拟的、没有围墙的图书馆，是基于网络环境下共建共享的可扩展的知识网络系统，是超大规模的、分布式的、便于使用的、没有时空限制的、可以实现跨库无缝链接与智能检索的知识中心。

数字图书馆就是一种拥有多种媒体内容的数字化信息资源，能为用户方便、快捷地提供信息的高水平服务机制。它借鉴图书馆的资源组织模式、借助计算机网络通信等高新技术，以普遍存取人类知识为目标，创造性地运用知识分类和精准检索手段，有效地进行信息整序，使人们获取信息时不受时间和空间限制。

数字图书馆是高技术的产物，信息技术的集成在数字图书馆的建设中扮演了非常重要的角色。具体来说，其涉及数字化技术、超大规模数据库技术、网络技术、多媒体信息处理技术、信息压缩与传送技术、分布式处理技术、安全保密技术、可靠性技术、数据仓库与联机分析处理技术、信息抽取技术、数据挖掘技术、基于内容的检索技术、自然语言理解技术等。

7.6.2　电子图书

电子图书(E-book)简称电子书，是以数字代码方式将图、文、声、像等信息存储在磁、光、电介质上，通过计算机或类似设备使用，并可复制发行的大众传播媒体。其类型有电子图书、电子期刊、电子报纸和软件读物等。

电子书具有图文声像结合、信息量大、检索方便、可复制、性价比高和发行渠道多样等优点。电子书形式多样，常见的有 TXT、DOC、HTML、CHM 和 PDF 等格式。这些格式大部分可以利用微软 Windows 操作系统自带的软件打开阅读。只有 PDF 等格式需要使用其他公司出品的一些专用软件打开，其中有著名的免费软件 Adobe Reader。

可供阅读电子书的平台将越来越多样化，除了现有的电脑、PDA、手机、电子书阅读机外，电视、手表也都有可能成为其平台。电子读物及电子书存在的格式有很多种，下面简单地介绍几种比较常见的电子书文件格式。

1. PDF 文件格式

PDF(Portable Document Format，可移植文档格式)是 Adobe 公司开发的电子文件格式，具有平台无关性，该文件可在 Windows、UNIX、Mac OS 等操作系统中使用。

PDF 具有其他电子文档格式无法相比的优点，可以将文字、字形、格式、颜色及独立于设备和分辨率的图形图像等封装在一个文件中，还可以包含超文本链接、声音和动态影像等电子信息，支持特长文件，集成度和安全可靠性都较高，满足了跨平台、多媒体集成的信息出版和发布需要，尤其是提供对网络信息发布的支持。这些特点使它成为在 Internet 上进行电子文档发行和数字化信息传播的理想文档格式。越来越多的电子书、产品说明、公司文告、网络资料、电子邮件开始使用 PDF 格式文件。PDF 格式文件目前已成为数字化信息事实上的一个工业标准。

PDF 文件使用了工业标准的压缩算法，通常比 PostScript 文件小，易于传输与储存。一个 PDF 文件包含一个或多个"页"，可以单独处理各页，特别适合多处理器系统的工作。此外，一个 PDF 文件还包含文件中所使用的 PDF 格式版本以及文件中一些重要结构的定位信息。正是由于 PDF 文件的种种优点，它逐渐成为出版业中的新宠。

对普通读者而言，用 PDF 制作的电子书具有纸质书的质感和阅读效果，可以"逼真地"展现原书的原貌，而显示大小可任意调节，给读者提供了个性化的阅读方式。由于 PDF 文件可以不依赖操作系统的语言和字体及显示设备，因此阅读起来很方便，使读者能很快适应电子阅读与网上阅读。

Adobe 公司以 PDF 文件技术为核心，提供了一整套电子和网络出版解决方案，其中包括用于生成和阅读 PDF 文件的商业软件 Acrobat 和用于编辑制作 PDF 文件的 Illustrator 等。PDF 官方免费阅读工具为 Adobe Acrobat Reader，它支持 Windows、MAC、UNIX、Linux 和移动平台，允许阅读 PDF 文档，填写 PDF 表格，查看 PDF 文件信息，软件界面如图 7-37 所示。它的稳定性和兼容性好，但体积庞大，启动速度慢。

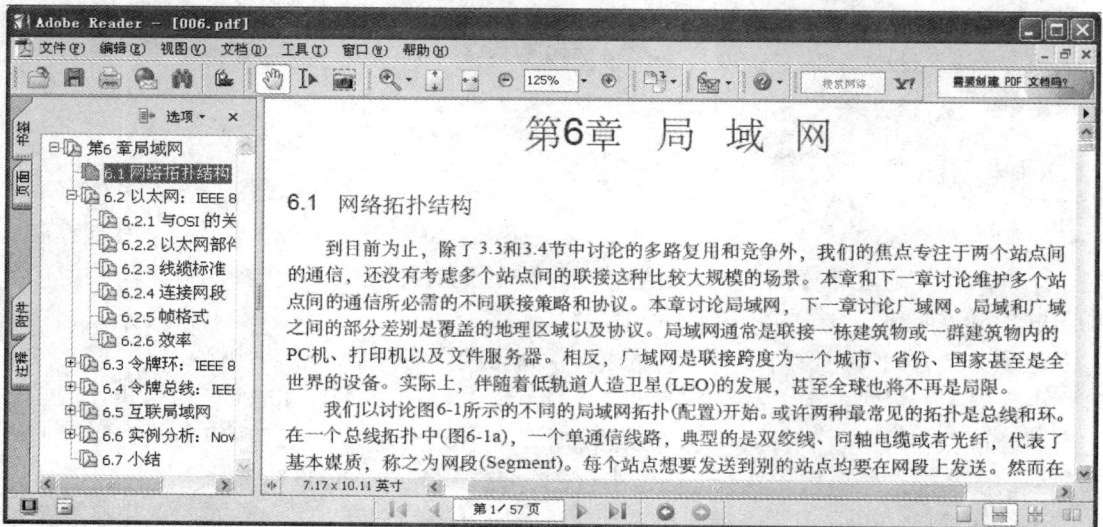

图 7-37　Adobe Reader 界面

2. CAJ 文件格式

CAJ(Chinese Academic Journal)是清华同方公司开发的电子文件格式，中国期刊网提供这种文件格式的期刊全文下载，可以使用 CAJ Viewer 在本机阅读和打印通过"全文数据库"获得的 CAJ 文件。

3. EXE 文件格式

EXE 文件格式是目前比较流行、被许多人青睐的一种电子读物文件格式，它最大的特点就是阅读方便，制作简单，制作的电子读物相当精美。这种格式的电子书中内嵌了阅读软件，所以无需安装专门的阅读器就可以阅读，对运行环境并无很高的要求。

EXE 格式的电子书在 2004 年以前主要应用于文本型的图书阅读，不支持 Flash 和 Java 及常见的音频视频文件，需要 IE 浏览器支持等。但 2004 年以后，电子杂志和数字报纸开始流行，无一例外地都采用了 EXE 这种格式，并支持 Flash、多媒体甚至脚本语言，展现的内容更加丰富，制作相当精美，成为目前最流行的电子杂志的格式。目前，方正阿帕比的飞阅、XPLUS、ZCOM 等厂商提供的数字报、刊、书都采用了这种格式。

*7.7　网络多媒体应用

随着互联网技术的发展，基于网络的多媒体技术逐渐发展和成熟起来，信息以文本、图形、声音、图像、动画等多媒体形式通过网络传输给终端用户，用户通过计算机网络及多媒体设备享受 Internet 上的多媒体信息。

7.7.1　网络电话

1. IP 电话

IP 电话是按国际互联网协议规定的网络技术内容开通的电话业务，中文翻译为网络电话或互联网电话，它是利用 Internet 为语音传输媒介，从而实现语音通信的一种全新的通信技术，其通信费用低廉，故也称之为廉价电话。

1) IP 电话的发展

IP 电话始于 1995 年，最初的 IP 电话技术只是计算机对计算机的语音传输技术，双方用户都必须与 Internet 联网，需要具备一套 IP 电话软件、音频卡、麦克风和扬声器等设备，虽然能通话，但范围有限，还算不上是真正的 IP 电话。真正有意义的 IP 电话出现在 1996 年 3 月，当时一家美国公司推出了用 Internet 传送国际长途电话的业务，实现了从普通电话机到普通电话机的 IP 电话。

目前，IP 电话已经通过网关将 Internet 与传统电话网联系起来，用户可以和普通电话用户一样，只要有电话机就能打 Internet 的国际长途电话，而通话费用远远低于普通国际长途电话的费用。目前 IP 电话从形式上可分为四种：PC－PC、电话－PC、PC－电话和电话－电话，其业务种类还包括 IP 传真(实时和存储/转发)、Web 电话等。

2) IP 电话节省电话费用的原因

IP 电话发展迅速，受到人们关注的主要原因是它能节省大量的长途电话费用，尤其是拨打国际长途电话更节省话费。它比普通的长途电话节省费用的原因是，IP 电话是利用 Internet 传送的，而普通的长途电话是通过电话网传送的。

电话网为电话通信建设了大量电话线路和无线信道，需要一系列交换设备、传输设备和中继设备，以及相应的运营维护组织和设施，因此电话通信的成本较高。电话计费方式是按打电话的次数、通话距离的远近和通话时间的长短计算的。从传输技术来说，电话网采用电路交换方式，即电话通信的电路一旦接通后，电话用户就占用了一个信道，无论用户是否在讲话，只要用户没有挂断，信道就一直被占用着。一般情况下，通话双方总是一方在讲话，另一方在听，听的一方没有讲话也占用着信道，而且讲话过程中也总会有停顿的时间。因此采用电路交换方式时线路利用率很低，至少有一半以上的时间被浪费掉。

Internet 是计算机的互联网络，原本是由国家资助而建立的学术性网络，联网使用是免费的。1995 年才过渡成为商业性质的 Internet，联网需要收费，但仍含有一些公益的性质，收费比较低。计费的方式一般是按期(例如按月)、按接入速率收取费用的。Internet 的信息传送采用分组交换方式，并不占用固定的电路或信道，这种方式可以在一个信道上提供多条信息通路。此外，在 Internet 上传送信息通常还采用数据压缩技术，被压缩的语音信息分组到达目的地后再复原、合成为原来的语音信号送到接收端的用户。因此，利用 Internet 传送语音信息要比电话网传送语音的线路利用率高许多倍，这也是电话费用大大降低的重要原因。

3) IP 电话的缺点和问题

Internet 不是实时通信网，采用分组交换方式虽然提高了线路利用率，但从发话人开始讲话到收话人听到讲话内容所经过的时间有可能加长，通常称为"时延"。时延超过了限度会使人感到不自然，一般来说，时延超过了 250 ms，人们就会感到难以忍受。传统的电话通信通过线路传输模拟信号，无需转换，因此通话人是觉察不出时延的。而 IP 电话要把通话人说话的声音(模拟)信号变换为数字信号，把数字信号进行分组，还要用"存储—转发"的方式传送，在接收端进行解码、合成等，因此时延加长。如果遇到电路拥塞的情况，数据转发时间加长，甚至还会造成数据分组丢失，使收话人听不清或听不懂发话人的声音内容。

IP 电话是技术进步的产物，在目前通信领域中极具发展潜力，随着技术的更新和市场的规范，它的前景会越来越好。

2. 网络可视电话与电话会议

可视电话业务是一种点到点的视频通信业务，它能利用电话网双向实时传输通话双方的图像和语音信号。由于可视电话能收到面对面交流的效果，实现人们通话时既闻其声又见其人的梦想，自从概念提出后就受到了人们的普遍好评，纷纷对其寄予厚望。但是，经过漫长的等待，可视电话一直没有得到广泛应用，始终离普通用户很远。

目前，可视电话产品主要有两种类型：一类是以个人电脑为核心的可视电话，除电脑外还配置有摄像机(或小型摄像头)、麦克风和扬声器等输入/输出设备；另一类是专用可视电话设备(如一体型可视电话机)，如同普通电话机可直接接入家用电话线，进行可视通话。由于普通电话普及率很高，基于公用电话网工作的可视电话具有很大的发展潜力。

7.7.2　网络视听

1．网络音乐

网络音乐是通过互联网、移动通信网等各种有线和无线方式传播的音乐产品，用户可下载或在线播放。其主要特点是采用数字化音乐产品制作、传播和消费模式。网络音乐主要由两部分组成：一是通过电信互联网提供在电脑终端下载或者播放的互联网在线音乐；二是无线网络运营商通过无线增值服务提供在手机终端播放的无线音乐，又被称为移动音乐。

目前在 Internet 上听音乐的方法有两种：一种是在线直接收听音乐，另一类是把网络音乐下载到本地磁盘后播放。网络音乐的格式很多，如 WAVE、MOD、MIDI、MP3、RA 系列、VQF、WMA、Vorbis 等。

2．网络电视

网络电视(Network Television，NTV)与网络音乐类似，以宽带网络为载体，以音视频多媒体的形式，以互动个性化为特性，为所有宽带终端用户提供实时、在线观看电视节目的全方位服务。

网络电视是在数字化和网络化背景下产生的，它是互联网技术与电视技术相结合的产物。在整合电视与网络两大传播媒介过程中，网络电视既保留了电视形象直观、生动灵活的表现特点，又具有互联网按需获取的交互特征，是综合两种传播媒介优势而产生的一种新的传播形式。

网络电视属于数字电视(Digital Television，DTV)的范畴，数字电视是指从电视节目采集、录制、播出到发射、接收全部采用数字编码技术的新一代电视，在数字技术基础上把电视节目转换成为数字信息，以码流形式进行传播的电视形态，它综合了数字压缩、多路复用、纠错掩码、调制解调等多种先进技术。网络电视的传输途径是宽带以太网络，播出端是视音频服务器(Media Server)，接收终端是个人电脑或者与 DMA(Digital Media Adapter)连接的模拟电视机，因此从技术特点来说，网络电视是标准的数字电视。

目前常见的网络电视种类繁多，如 PPS、PPLive、UUSee、沸点、PP 影视点播、QQLive、TVants 等等。它们一般提供了电视选择功能，界面中包含有电视、电影列表，用户只需要单击喜欢的节目名称就可以在线观看。

习　题　7

一、选择题

1．Internet 属于一种(　　)。
   A．校园网　　　　　　　　　　　　　　B．局域网
   C．广域网　　　　　　　　　　　　　　D．Windows NT 网

2．下列有关 Internet 的应用中说法正确的是(　　)。
   A．信息检索(WWW)是 Internet 提供的唯一功能
   B．BBS(电子公告板)主要进行信息的发布或讨论

C．FTP 是指远程登录

D．电子商务(EC)是目前最重要、最基本的应用

3．下列电子邮箱地址中合法的是(　　)。

A．wanghua@sina.com　　　　　　B．wanghua#sina.com

C．wanghua@sian　　　　　　　　D．http://wanghua@sina.com

4．以下不是通用资源定位符(URL)的组成部分的是(　　)。

A．协议　　　　　　　　　　　　B．主机名

C．帐号名　　　　　　　　　　　D．路径及文件名

5．Internet 提供的文件传输功能是指(　　)。

A．FTP　　　　　　　　　　　　B．HTTP

C．E-mail　　　　　　　　　　　D．BBS

二、简答题

1．什么是 WWW？WWW 服务和浏览器之间采用什么协议通信？

2．如何保存 Web 页面中全部或部分内容？

3．什么是 URL？

4．什么是搜索引擎？它是怎样工作的？

5．试申请电子邮箱，并写出申请过程及发送/接收方法。

6．简述 FTP 的工作原理。

7．FTP 服务器的登录方式有哪些？

8．你尝试过哪些下载软件？试写出它们的功能和使用方法。

9．什么是数字图书？数字图书的常用格式有哪些？

10．网络多媒体应用技术有哪些？

第8章 网 页 制 作

本章提示： 本章主要讲解 HTML 语言功能和常用标记的使用，介绍 FrontPage 软件制作网页的一般步骤，通过实例说明网页制作过程、网站发布和测试方法。

基本教学要求：

(1) 理解网页构成和 HTML 语言及常用标记功能，掌握常用 HTML 标记的使用。

(2) 掌握网页制作的一般方法和步骤，能够使用 FrontPage 软件制作网页。

(3) 理解网站发布的作用，掌握网站测试与发布的方法。

8.1 网 页 概 述

网页(Webpage)就是用户上网时在浏览器中显示的 HTML 文档，它是构成整个万维网的基本元素，是承载各种网络应用的平台。

8.1.1 网页基本组成

文本、图片、超链接是构成网页最基本的元素。另外，网页中还可以包含表格、表单、视频和音频等。

1．文本

文本是网页展示信息的主体，它能够准确地表达信息的内容和含义。为了克服文字外观单调的缺点，在网页中通过设置文字的颜色、式样、底纹等属性改变其外观，以突出要显示的内容。

2．图片

图片的主要用途是对网页进行装饰以表达制作者的个人情调或网站的风格，另外也用于展示用文字难于表达或不能准确表达的信息，如对产品的展示。网页中可以直接使用的图片格式有 JPEG、PNG 和 GIF。

3．超链接

超链接可以说是万维网的灵魂，是万维网得以流行的主要因素。它是从一个网页的热点指向目的端的指针。通过它用户可以快速地找到并打开所需的资源，而并不需要知道此资源的具体位置(URL 地址)。

4．表格

表格在网页中用于控制信息的布局方式。其主要用途包括两个方面：一是用行和列的形式来布局文本和图像以及其他列表化数据；二是使用表格来精确控制各种网页元素在网页中出现的位置以及对网页进行布局。

5．表单

表单是用户和 Web 服务器交互的基本工具。表单由不同功能的表单域组成，用户可以通过这些表单域输入文本、选择选项、上传文件等，网页制作者可以通过表单来收集用户的信息、反馈意见等。

6．视频和音频

随着网络技术的不断发展以及用户对网页表现力的要求不断提高，视频和声音已逐渐成为重要的网页元素。通过视频和声音可以给用户传递更为丰富的信息。

7．其他网页元素

网页中除了以上提到的几种元素外，还有一些其他元素，包括 Java Applet、ActiveX、CSS、JavaScript 等，它们不仅能点缀网页，使网页更加活泼，而且重要的是可以扩展网页的功能，在网上娱乐、电子商务等方面有很重要的应用。

8.1.2 常用网页制作工具

1．文本编辑器

网页文件是一个纯文本文件，因此，用任何一款文本编辑器都可以编辑网页。需要注意的是，在保存网页时，网页扩展名必须为 .html 或 .htm。使用文本编辑器编辑网页时，只有制作者对标记的功能及其属性非常了解，才能顺利地完成网页的编辑。

常用的文本编辑器有 Windows 自带的记事本、Editplus、UtraEdit 等。

2．专用网页制作工具

网页制作工具提供"所见即所得"的网页编辑功能，可以根据用户的设定和操作自动产生 HTML 代码，从而避免用户记忆大量的 HTML 标记和属性。同时，网页制作工具提供一些辅助工具帮助用户美化网页和检查一些错误。使用专用网页制作工具可以使制作者在不了解 HTML 标记的情况下创建网页。常用的专用网页制作工具有：

(1) Microsoft 公司的 FrontPage。FrontPage 是目前最常用的中文版网页制作工具之一，它简单易学，提供网页向导、网页编辑、表单与框架页技术，在音频与视频插件、动态 HTML 技术、数据库连接等方面表现得都非常出色，用户可以在向导的指引下，简单而快速地完成网页的制作。

(2) MacroMedia 公司的 Dreamweaver。Dreamweaver 是一款非常优秀的所见即所得的网页编辑工具。它是第一套针对专业 Web 页设计师的视觉化 Web 页开发工具，利用它可以轻而易举地制作出跨越平台限制和浏览器限制的充满动感的 Web 页。它支持最新的 CSS(层叠样式表)、层(Layer)和 XML(可扩展标记语言)。它附有站点管理功能，通过这个功能可以方便地设计、管理多个站点；另外还有 FTP 功能，可以方便地将站点上传或下载。

8.1.3 网站

所谓网站(WebSite)，就是作者或网站管理员根据一定的规则，将内容相关的网页、图片、视频和音频等信息集合在一起，存放在一台 Web 服务器中供用户浏览。简单地说，网站就是相关网页的集合，就像一个报亭供读者来浏览信息，而报亭中的报纸就好比网站中的网页。网站通过 Internet 为用户提供浏览网页的服务。

8.2 HTML 语言基础

HTML 语言是创建网页的基础，网络中所有缤纷亮丽的网页都是以 HTML 为基础建立起来的，因此制作网页必须首先了解 HTML 语言的语法、网页的结构及网页创建的方法和工具。

8.2.1 HTML 概述

HTML 的全称是 Hyper Text Markup Language，即"超文本标记语言"，它是用于建立网页的一种语言，其目的是将存放在一台计算机中的文本或图形与另一台计算机中的文本或图形方便而有机地联系在一起，形成有机的整体，而不用考虑具体信息是在本地计算机还是在网络上的其他计算机中。

1．HTML 标记语法

HTML 是一种描述语言，用于描述网页内容的显示格式。标记就是进行格式描述的最基本元素，HTML 通过不同的标记及其属性来告诉浏览器指定的内容如何显示。

在 HTML 中，所有的标记符都用尖括号括起来，并且一般都成对出现，即包括开始标记符和结束标记符，其目的是定义标记符所影响的范围。结束符和开始符的区别是结束符的前面有一个斜线。例如：<B>黑体显示</B>，标记的作用范围只影响<B>和</B>之间的文字，而不会影响标记符以外的文字。

标记的一般格式：

    <标记名 [属性名 1=属性值 1　属性名 2=属性值 2...]>格式化对象</标记名>

说明：

* 标记名：由一个或多个英文字母组成，指明"格式化对象"基本的显示格式。
* 属性：更详细地控制"格式化对象"的显示格式。属性可以指定多个，每组属性名和属性值之间用一个或多个空格分隔；也可以不指定，而使用默认属性值。

例如：

    <font size=4 color="red">HTML 语法</font>

上例中标记属性的作用是："HTML 语法"字体的显示格式是 4 号、红色字。

注意：

(1) 有些标记没有结束标记。

(2) 标记名和属性名不区分大小写。

(3) 标记中的所有标点符号必须为英文标点符号。

2. 网页的基本结构

一个 Web 页实际上对应于一个 HTML 文件，HTML 文件以 .html 或 .htm 为扩展名，它是一个纯文本文件。一个 Web 页的基本结构如下：

```
<HTML>
    <HEAD>
        <TITLE>Web 页基本架构</TITLE>
        ...
    </HEAD>
    <BODY>
        ...
    </BODY>
</HTML>
```

说明：

(1) HTML 标记。<HTML>和</HTML>是 Web 页的第一个和最后一个标记符，页内的其他内容都位于这两个标记之间。它的作用是告诉浏览器该文件是一个 Web 页。

(2) HEAD——首部标记。<HEAD>和</HEAD>位于 Web 页的开头，它不包括 Web 页的任何实际内容，而是提供一些与 Web 页有关的特定信息。例如，可以在首部设置网页的标题(TITLE)、定义样式表(CSS)或插入脚本等。

在首部，最基本、最常用的标记符是标题标记符<TITLE>和</TITLE>，用于定义网页的标题，它显示在浏览器的标题栏上，并可被浏览器用作收藏清单。

(3) BODY——正文标记符。<BODY>和</BODY>是包含 Web 页实际显示内容的地方，它包括文字、图像、链接及其他 HTML 元素。<BODY>标记符包括一些常用的属性，用来格式化整体的版面格式，如设置网页的背景色、背景图像等。

3. 制作一个简单的网页

下面介绍使用记事本创建第一个简单的网页。

例 8-1　创建第一个网页。

启动记事本软件，在记事本中输入如下代码：

```
<html>
    <head>
        <title>我的第一个网页</title>
    </head>
    <body>
<h1 align="center">静夜思</h1>
<font color="green">
<h2 align="center">
床前明月光，<br>
疑是地上霜。<br>
```

举头望明月，

低头思故乡。

</h2></font>

    </body>

    </html>

在保存文件的对话框的"保存类型(T)："中选择"所有文件"，"文件名"设定为"first.htm"，保存到桌面上，然后双击此文件便会看到如图 8-1 所示的结果。

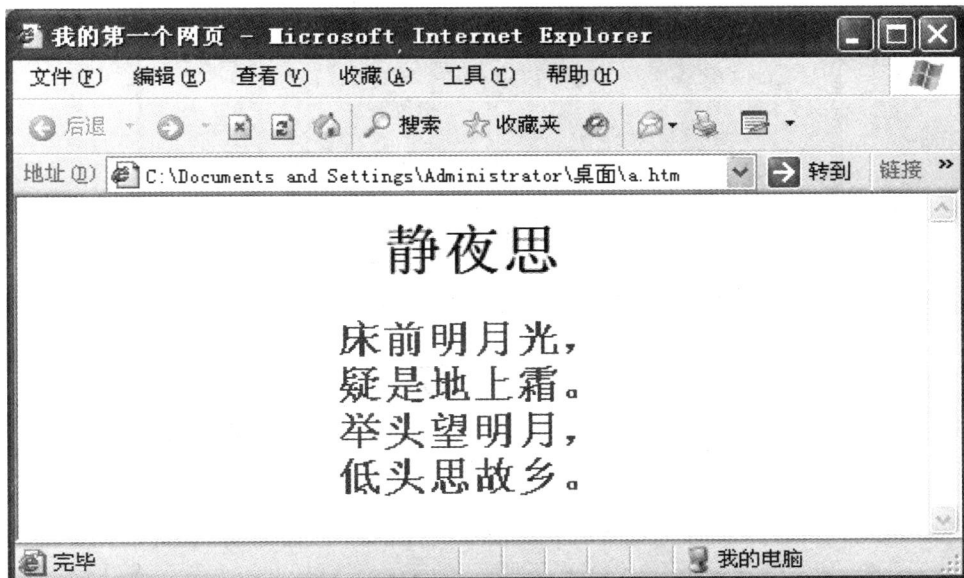

图 8-1 第一个简单网页

8.2.2 HTML 标记

虽然网页专用制作工具可以让不懂 HTML 语言的用户方便地创建网页，但制作工具不是万能的，它只是一个辅助工具，可帮助用户快速简单地编辑网页，而要想把网页制作得更好，还需要学习和掌握 HTML 标记的使用。

1．页面属性设置

页面属性主要指网页的背景颜色或背景图片、网页中整体字体的颜色及超链接的颜色等。这些项目通过<body>标记的属性来设置，具体属性使用方法如下：

(1) Bgcolor=色彩单词或色彩值，用于设置背景的颜色。

(2) Background=图片所在路径及图片名，用于设置背景的图片。

(3) Text=色彩单词或色彩值，用于设置网页中文字的整体颜色。

注意，在 HTML 中表示颜色有两种方法：

(1) 用色彩单词，如 red、green 等；

(2) 用色彩值，格式为"#"后加 6 位十六进制值，每两位为一组，依次表示红、绿、蓝的色彩值分量，如 #FF0000 表示红色。

在设置背景图片后，背景色将不再起作用。背景图片的大小不能控制，当图片较小时，浏览器会在水平和垂直方向重复图片，使其充满整个浏览器的窗口。网页中可以使用的图片格式有 JPG、PNG 和 GIF。如图 8-2 所示的效果由例 8-2 产生，图 8-3 为背景图片。

图 8-2　页面设置

图 8-3　背景图片

例 8-2　页面属性示例。

代码如下：

```
<html>
<head><title>页面属性设置</title></head>
<body background="8-3.jpg" Text="read">
网页页面属性设置。
</body>
</html>
```

注：本例中需要把网页和背景图片保存在同一个文件夹中。

2. 文本标记

(1) 段落标记<p>…</p>。<p>标记用于创建一个段落，在<p>和</p>之间的内容将以段落的格式显示。

(2) 标题标记<hn>…</hn>。<hn>用于在正文中显示不同级别的标题，n 取值为 1～6 的整数表示 6 级标题，<h1>为最大号标题，向下依次递减。每个标题为一个段落。

(3) 水平线标记<hr>。<hr>的作用是在标记所在的位置插入一条水平线，将上下文内容分为两部分。<hr>标记的属性及功能如表 8-1 所示，它用于控制水平线的显示效果。

表 8-1 <hr>标记的属性及功能

属　　性	功 能 说 明	示　　例
Size	设定线条的高度，缺省为 2 个像素	Size=2
Width	设定线条的宽度，可以是绝对值(以像素为单位)或相对值占容器的百分比。缺省为 100%	Width=80%
Color	设定线条的颜色，缺省为黑色	

(4) 对齐属性 align。align 属性用来设定段落<p>、标题<hn>及水平线的对齐方式，其取值为 left(左对齐)、center(居中对齐)和 right(右对齐)，缺省为左对齐。

(5) 行标记
。
的作用是在段内插入一个换行符，产生一个新行。
没有结束标记。

(6) 字体标记<font>…</font>。<font>标记用于设定标记之间的文本的字号(size)、颜色(color)及字体(face)。字号的取值为 1～7 的整数，值越大字越大；字体直接指定字体的名称即可，如"宋体"、"Time New Roman"等。

例 8-3 文本标记及其属性示例。其效果如图 8-4 所示。

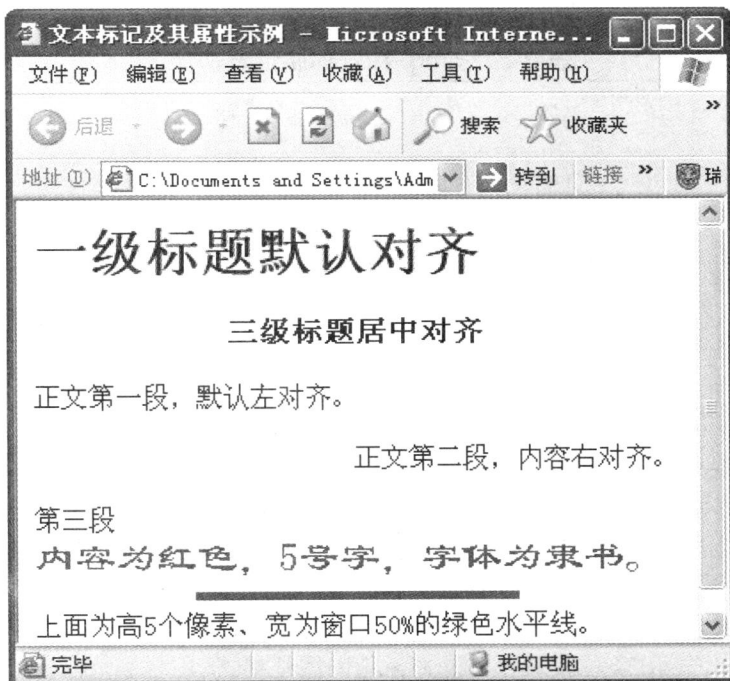

图 8-4 文本标记及属性示例

代码如下：

```
<html>
   <head>
      <title>文本标记及其属性示例</title>
   </head>
```

```
<body>
    <h1>一级标题默认对齐</h1>
    <h3 align="center">三级标题居中对齐</h3>
    <p>正文第一段，默认左对齐。</p>
    <p align="right">正文第二段，内容右对齐。</p>
    <p>第三段<br><font size=5 color=red face="隶书">内容为红色，5 号字，字体
为隶书。</font>
    <hr size=5 color="green" width="50%">
    上面为高为 5 个像素、宽为窗口 50%的绿色水平线。
</body>
</html>
```

3. 使用图像

图像标记<img>的作用是在网页中插入一个图片，它没有结束标记，一般格式为：

```
<img src="图片路径及图片名">
```

src 属性是必选的，它用来指定待插入图片的位置及其名称。其他可选的几个属性如表 8-2 所述。

表 8-2   <img>标记的属性及功能

属　　性	功　能　说　明
Width	设置图片的宽度，可以是绝对值(像素点)或相对值(占所处容器的百分比)
Height	设置图片的高度，取值同 Width
Alt	设置替代文本，当图片不能正确显示时，显示此文字
Align	设置图片的对齐方式，与其后面的文字产生环绕效果，若不设置则没有环绕。取值可为 left 或 right

在网页中可以使用的图像格式有以下三种：

(1) GIF 格式：图形交换格式，采用无损压缩；当保存时可以决定是否保留图片的透明区域；还可以保存动画。它所表示的色彩数较低，只有 16 色或 256 色。

(2) JPEG 格式：联合图形专家组图片格式，使用有损压缩，压缩率很高；但是表示的色彩数很高，可以表示 24 位真彩色，是最常用的图片格式。

(3) PNG 格式：可移植的网络图形格式，可以适应于任何类型、任何颜色深度的图片；采用无损压缩，是现在最好的图片格式，已经开始逐渐流行。

例 8-4   插入图片示例(首先复制一张 jpg 图片，更名为 t.jpg，并和下面的网页保存在同一个文件夹中)。

代码如下：

```
<html>
```

```
<head><title>图片示例</title></head>
<body>
    下面的图片按默认方式插入。<br>
    <img src="t.jpg"><br>
    其后的图片大小被设定为宽 200 像素, 高 300 像素。
    <img src="t.jpg" width=200    height=300><br>
    <img src="t.jpg" width=20%    height=30% align="right">
    上边的图片大小被设定为宽为窗口的 20%, 高为窗口高的 30%。同时设置为
右对齐, 本段文字与此图片形成环绕。
    </body>
</html>
```

4. 超级链接

1) URL 简介

HTML 利用统一资源定位器(Universal Resource Locator, URL)定位 Web 页上的文档信息。一个 URL 包括 3 个部分: 协议代码、所需文件的计算机地址(或一个电子邮件地址或一个新闻组名称)、包含有信息的文件地址和文件名。其中协议表明应使用何种方法获得所需的信息, 常用的协议及 URL 格式如表 8-3 所示。

表 8-3 常用的协议及 URL 格式

协议代码	URL 格式	协议名称
FTP	ftp://www.newhua.net/ma.zip	文件传输协议
HTTP	http://www.nwsuaf.edu.cn/index.htm	超文本传输协议
Mailto	mailto:John@263.net	电子邮件协议

2) 绝对 URL 和相对 URL

绝对 URL 是指 Internet 上资源的完全地址, 包括协议种类、计算机域名和包含路径的文档名。例如, http://www.xaonline.com/index.htm 就表示一个绝对 URL。绝对 URL 一般用于链接本站点以外的文件。

相对 URL 是指 Internet 上资源相对于当前页面的地址, 它包含从当前页面指向目的页面位置的路径。例如, pub/text.htm 就是一个相对 URL, 它表示当前页面所在目录下 pub 子目录中的 text.htm。相对 URL 本身并不能唯一定位资源, 但浏览器会根据当前页面的绝对 URL 正确地理解相对 URL。相对 URL 一般用于链接本站内的文件。

3) 创建超链接

HTML 通过标记<a>来创建超链接, 其格式为:

    <a href="URL">链接触发对象</a>

"触发对象"可以是文本或图片, 当用户单击触发对象时, 浏览器就会打开 URL 指向的文件。通过超链接可以将网页和网页之间、网站和网站之间链接起来。整个 WWW 就是通过超链接连接起来的。

例 8-5　创建两个网页 test1.htm 和 test2.htm，在 test1.htm 中创建超链接指向 test2.htm 及指向"搜狐"网站。在 test2.htm 中创建超链接用于返回 test1.htm。test2.htm 保存到与 test1.htm 相同文件夹中的 pub 子文件夹中。

两个文件代码如下：

test1.htm：

```
<html>
    <head><title>超链接示例</title></head>
    <body>
        <a href="pub/test2.htm">指向本站内的网页</a><br>
        <a href="http://www.sohu.com/">指向搜狐网站的链接</a>
    </body>
</html>
```

test2.htm：

```
<html>
    <head><title>超链接示例</title></head>
    <body>
        <a href="../test1.htm">返回到 test1.htm</a>
    </body>
</html>
```

5. 表格

表格一般是用于组织信息，以便使信息更有条理、更加清晰。表格在网页中的另外一个作用就是进行页面布局，也是最常用的一种布局方法。一般通过单元格的背景色或背景图片来区分网页中的不同区域，并对网页进行美化。

在网页中通过标记<table>…</table>创建表格，然后在<table>和</table>之间用标记<tr>和<td>创建表格的行与列(单元格)。注意：表格中的内容，只能出现在<td>和</td>之间，在其他地方不可以出现。有关表格、行和单元格的属性如表 8-4 所示。

表 8-4　表格、行和单元格的属性

属　性	功　能　描　述
Align	设置表格、整行或单元格的对齐方式。其值有 left(缺省值)、center 和 right
Border	设置表格边框的宽度，单位为像素
Bgcolor	设置表格、行或单元格的背景色
BackGround	设置表格或单元格的背景图片
Width，Height	设置表格或单元格的宽度与高度，可以用像素点或百分比
Valign	设置整行或单元格的垂直对齐方式，其值有 top、middle(缺省值)和 bottom

例 8-6 表格示例，结果如图 8-5 所示。

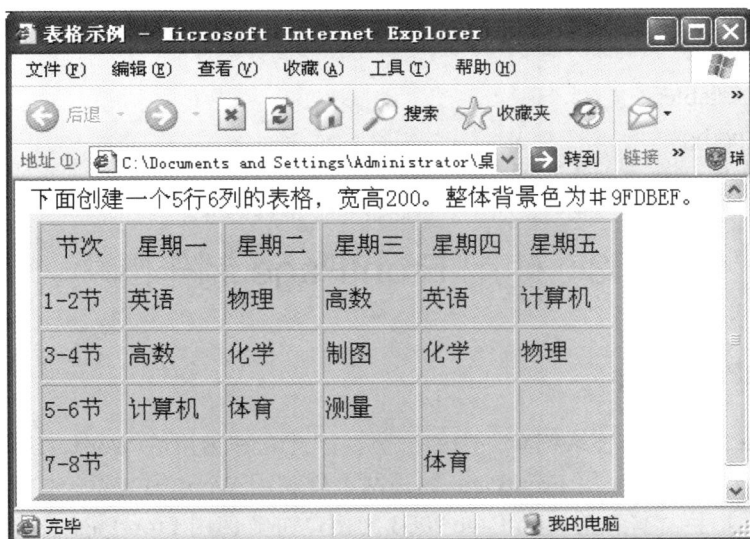

图 8-5 表格示例

<html>

<head><title>表格示例</title></head>

<body>

下面创建一个 5 行 6 列的表格，宽 400，高 200，整体背景色为 #9FDBEF，第一行背景色为蓝色(blue)。

```
<table bgcolor="#9FDBEF"    width=400 height=200 border=5>
<tr align="center">
    <td>节次</td><td>星期一</td><td>星期二</td><td> 星期三</td>
    <td>星期四</td><td>星期五</td>
</tr>
<tr>
    <td>1-2 节</td><td>英语</td><td>物理</td><td> 高数</td>
    <td>英语</td><td>计算机</td>
</tr>
<tr>
    <td>3-4 节</td><td>高数</td><td>化学</td><td>制图</td>
    <td>化学</td><td>物理</td>
</tr>
<tr>
    <td>5-6 节</td><td>计算机</td><td>体育</td><td>测量</td>
    <td>   </td><td>   </td>
</tr>
<tr>
```

```
            <td>7-8 节</td><td> </td><td> </td><td> </td><td>体育</td>
            <td>  </td>
         </tr>
      </table>
   </body>
</html>
```

8.3　使用 FrontPage 制作网页

8.3.1　FrontPage 简介

　　FrontPage 是微软办公系统套件中的一员，因此它和常用的 Word、Excel 有类似的界面和操作。对于用户来说，用 FrontPage 编写网页就和用 Word 写文章一样简单易用，尤其对初学者更容易上手。本节以 FrontPage 2003 为例，讲解使用 FrontPage 来编写网页的一般方法和过程。

　　FrontPage 的工作界面如图 8-6 所示。

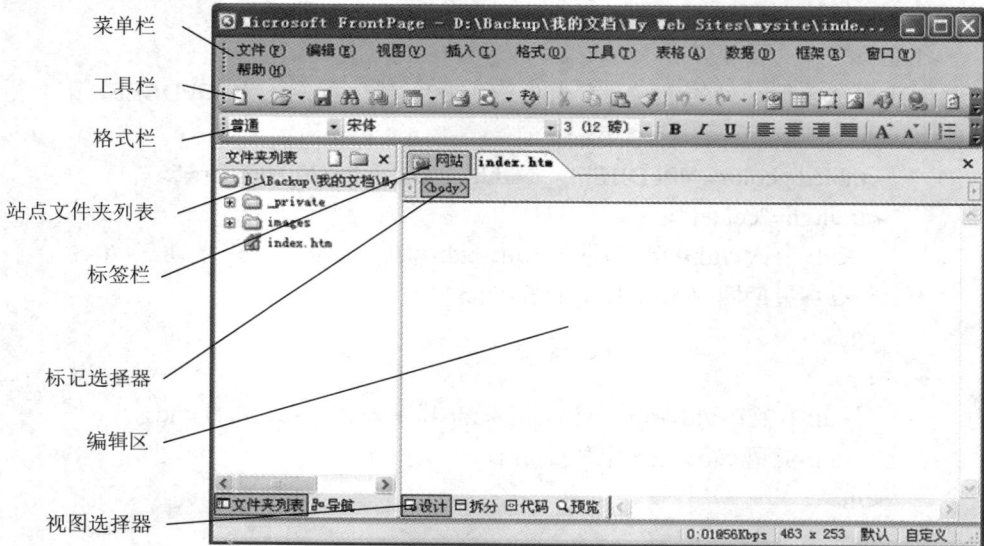

图 8-6　FrontPage 的工作界面

　　其中，"菜单栏"、"工具栏"及"格式栏"与 Word、Excel 功能类似，在此不再赘述。下面简单介绍其他栏目的功能。

1．站点文件夹

　　站点是网页及其资源文件的集合，在计算机中站点的所有资源文件要求存放在同一个文件夹中以便于发布。因此一个站点一般对应一个文件夹，"站点文件夹"就是用来展示和存放站点资源的地方。

2. 标签栏

FrontPage 2003 支持多文件标签页显示，在不同的标签页中显示不同的网页，以便于同时对多个网页进行编辑。通过"标签栏"可以在不同网页之间进行快速切换。

3. 标记选择器

标记选择器是 FrontPage 2003 新增的功能，通过它可以快速选择某个标签所包含的内容或修改标签的属性。

4. 视图选择器

FrontPage 2003 支持四种视图模式来显示网页的内容。

• "设计"视图：供用户以所见即所得的方式编辑网页。若没有对网页元素属性进行具体的设置，网页的显示效果在编辑窗口和浏览器中的显示将会有细微的差别。

• "代码"视图：类似于文本编辑器，用于直接查看和编辑 HTML 代码。

• "拆分"视图：同时显示"设计"视图和"代码"视图。

• "预览"视图：在不启动浏览器的情况下查看网页的大致效果。许多网页特效在"设计"视图中是不能看到结果的，只有在浏览器或"预览"视图中才能看到。

"视图选择器"就是用于在这些视图之间进行快速切换的工具。

5. 编辑区

"编辑区"的功能取决于当前的视图模式，在不同的模式下显示内容不同。具体功能见"视图选择器"中的视图模式介绍。

8.3.2　网页设计流程

网站有大有小，规模不尽相同，内容和表现形式千变万化，但不管规模、内容和表现形式如何，创建一个网站大都应包括以下几个步骤：

(1) 建立概念。

网站的建立开始于一个想法、一些设想或基于某种目的而要将一些信息资源发布到网上。不论基于哪种目的，有了想法以后需要思考以什么样的方式表现这些想法，再列出表现这些想法所需资源的清单，如文字、图片、声音甚至视频等内容。

(2) 资料收集和内容组织。

网页所展现的内容是网站的主要元素，不论技术如何先进、表现形式如何多样，信息内容仍然是网站的主题和核心。一个优秀的网站应该给用户提供一些有价值的内容，无论是可读的或是可用的资源。因此应该按第一步的资源清单尽可能地收集多的、有用的资料。

资料收集完成后，需要对收集的资料按内容进行组织归类，即进行信息设计，以便用户能更方便和直观地访问。对于大型网站，信息设计由一些资深的系统架构师来完成，即使个人网站也要注意信息的分配和组织。

信息设计阶段的成果是一个描述网站总体结构的框图，它可以让网站设计与制作人员了解网站的规模、各模块(网页)的相关性，也为导航设计提供了依据。图 8-7 所示是"我的家乡"网站的结构框图。

图 8-7 "我的家乡"网站结构框图

(3) 建立站点和制作网页。

设计方案确定后，且所需资料已经收集完成，就可以进入网页制作阶段。若使用专业网页制作工具(如 FrontPage、Dreamweaver 等)建设网站，首先要建立站点，创建站点内的目录结构，然后将所需的各种资料文件(主要是图片和视频)复制到站点内相应的文件夹中，最后制作网页并保存到相应的文件夹中。

(4) 本地测试。

在网页的制作过程中或制作完成后，首先在本地计算机上从网站的首页开始依次单击所有的链接，测试所有链接是否可用、是否指向预期的网页、网页是否能正常显示，对存在问题的网页应进行修改后再测试，直到满足设计要求。

(5) 网站上传与远程测试。

当本地测试完成后，就可以将网页上传到 Web 服务器，这样任何人都可以访问你的网站了。但在最终发布网站之前，还要进行最后一轮测试——远程测试，即测试上传到服务器上的网页是否可以像在本地计算机上一样正常访问，并且所有的链接及内容显示是否正确。

8.3.3 以"我的家乡"为例创建一个网站

本节以"我的家乡"为例，介绍使用 FrontPage 2003 制作网页的过程和 FrontPage 2003 的使用方法。

1. 站点结构规划及素材准备

站点结构如图 8-7 所示，网站共包括四个栏目：家乡历史、交通旅游、历史名人和关于自己，其中交通旅游中包括家乡地图及景点介绍两个子栏目。假定已经收集好了相关的资料，包括文字、图片等，如家乡历史资料、景点介绍及图片等。

2. 创建站点

启动 FrontPage 2003，选择"文件"菜单中的"新建"菜单项，然后选择"任务窗格"中"新建网站"下的"其他网站"命令，弹出如图 8-8 所示的"网站模板"对话框。

选择"常规"中的"空白网站"，在"指定新网站的位置(S)："中指定网站位置为"D:\Hometown"，单击"确定"按钮完成站点创建，FrontPage 显示类似于图 8-6 所示的界面。

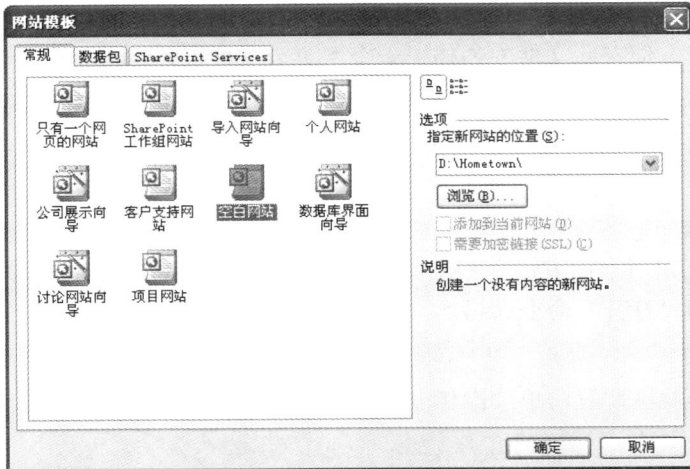

图 8-8 "网站模板"对话框

3. 建立文件夹和新网页

当创建新站点时，FrontPage 会自动创建 _private 和 images 两个文件夹以及一个名为 index.htm 的网页文件。文件夹 _private 是 FrontPage 用来保存一些备份或临时文件的，用户一般不用去管它。对于一个网站来说一般默认约定 index.htm 为网站的首页(主页)。images 用于保存网站中用到的图片。

为了便于管理，可以按设计好的站点结构再创建一些文件夹，将相关的网页及其图片、声音等文件分门别类地放在不同的文件夹中。如图 8-9 所示是"我的家乡"网站的文件夹列表，其中 introduce 保存"家乡历史"栏目的相关文件，tour 保存"交通旅游"栏目的相关文件，aboutme 保存"关于我"栏目的相关文件，celebrity 保存"历史名人"栏目的相关文件。建立好文件夹后，再在各自的文件夹中创建相应的网页。

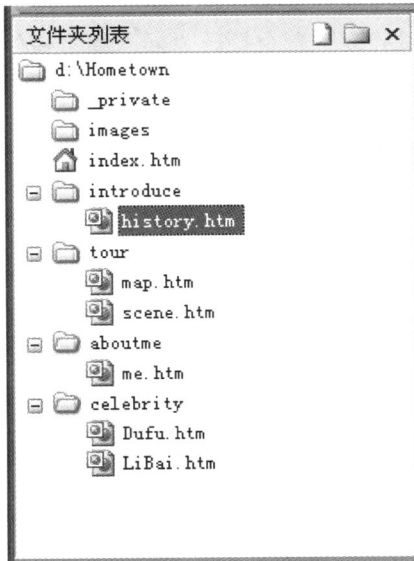

图 8-9 网站文件夹列表

创建文件和网页的方法为：鼠标右击任一文件夹，选择"新建"菜单中的"空白网页"或"文件夹"命令，便在此文件中创建了一个网页或文件夹，然后重命名即可。

注意：网站中所有的文件夹和文件的名称必须用英文字母或数字，不能用其他字符或汉字，否则可能引起网页不能正确显示。

4．编辑网页

进行网页编辑首先必须打开此网页，操作方法是：在文件夹列表中找到要编辑的网页，若网页不存在，首先用上述方法在相应文件夹中创建，然后双击或右键单击此网页文件并选择快捷菜单中的"打开"命令即可。

1）编辑文本

文本的插入和编辑比较简单，操作方法和 Word 基本相同，文字的格式化也和 Word 基本类似，在此不再赘述。

2）插入图片

方法一：首先选择插入位置，然后选择"插入"菜单中的"图片"→"来自文件"命令，在弹出的对话框中选择待插入的图片，最后单击"确定"按钮即可。

方法二：打开"文件夹列表"，在文件列表中选择待插入的图片文件，将其拖到待插入的位置即可。

图片插入完成后，可以对其编辑以达到预期的效果，方法与 Word 编辑图片相同。

3）插入超链接

在 FrontPage 中创建超链接非常容易，首先选择要作为"触发点"的文字或图片，然后选择"插入"菜单中的"超链接"命令或右键单击"触发点"并在快捷菜单中选择"超链接"命令，在弹出的对话框中选择单击此"触发点"时待打开的网页或输入待打开的网址。

下面以在"我的家乡"网站首页的导航栏中建立链接为例，介绍创建超链接的方法。

首先选择"触发点"，这里选择"家乡历史"作为"触发点"创建链接，如图 8-10 所示。然后通过"插入"菜单中"超链接"命令打开"插入超链接"对话框，选择"introduce"文件夹中的"history.htm"网页文件，如图 8-11 所示，单击"确定"按钮后，超链接创建完成。

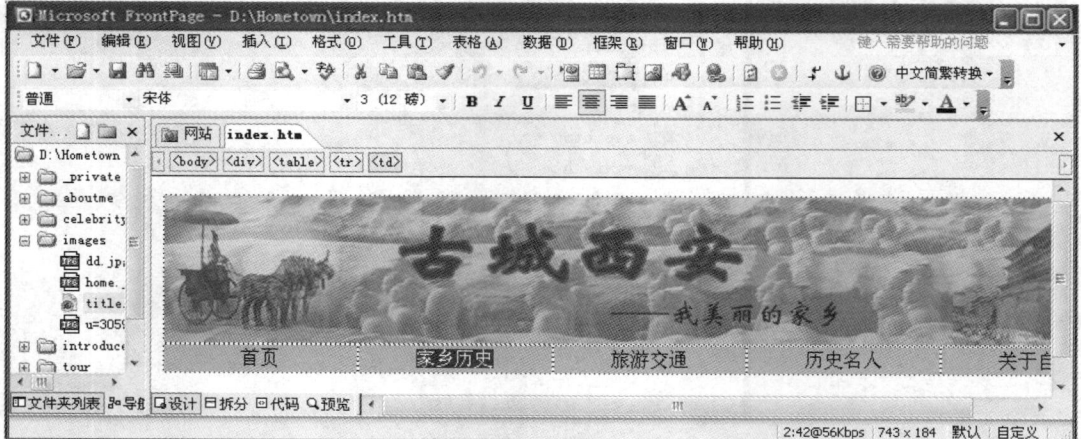

图 8-10 选择"触发点"

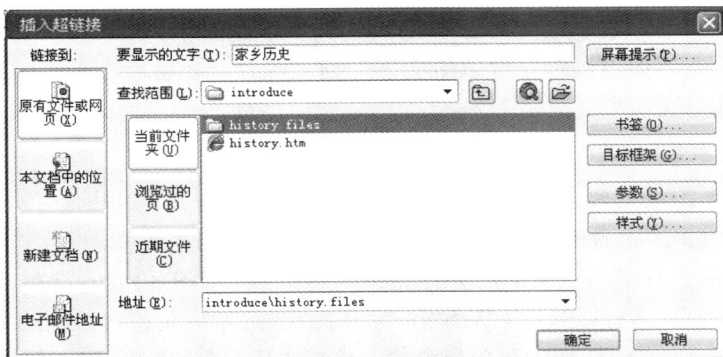

图 8-11 "插入超链接"对话框

若链接的不是本站点文件，则在"地址"栏中输入待打开文件的绝对 URL 地址即可。

4) 设置网页属性

通过"网页属性"可以设置网页自身的一些属性，如网页的标题、网页背景(背景色和背景图片)、背景音乐和字体颜色等。

常见的网页属性设置方法为：在正在编辑的网页中单击右键，在弹出的快捷菜单中选择"网页属性"命令，然后在此对话框中进行相应设置。打开"网页属性"对话框，如图8-12 所示。

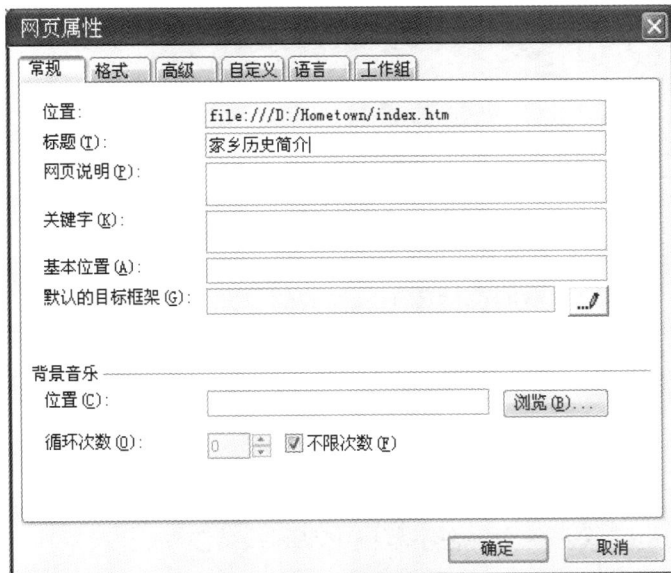

图 8-12 "网页属性"对话框

(1) "常规"选项卡：用来设置网页的标题和背景音乐。

• 标题：设置网页的标题，将来会显示在浏览器的标题栏中。

• 背景音乐/位置：设置打开网页时要播放的音乐文件。注意：指定的文件必须在站点文件夹中。

(2) 格式选项卡：设置网页的背景色或背景图片、文本字体颜色及超链接的颜色。

5．在网页中插入特效

通过 FrontPage 不但可以轻松地编辑文字、插入图片，还可以在网页中插入一些特效，如滚动字幕、交换式按钮等。

1) 插入滚动字幕

滚动字幕是不断滚动或来回振荡的文字，用于显示网站的欢迎词、提示信息或滚动新闻等，不仅可以引起浏览者的关注，而且可以增加网页的动态效果。

插入滚动字幕的方法为：首先将光标定位到待插入字幕的位置，选择"插入"菜单中的"Web 组件"命令，打开"插入 Web 组件"对话框。然后在该对话框的"组件类型"栏中选择"动态效果"，在"选择一种效果"栏中选择"字幕"，单击"完成"按钮，打开"字幕属性"对话框，对字幕进行设置，如图 8-13 所示。

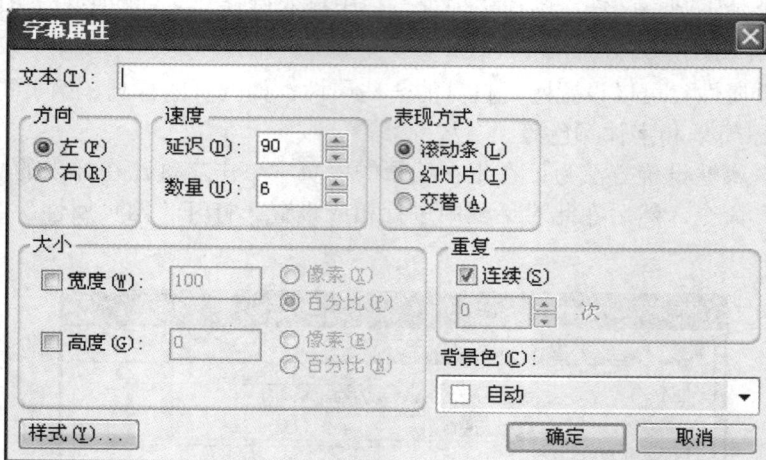

图 8-13　"字幕属性"对话框

属性对话框中各属性含义如下：

- 文本：用于输入要插入的滚动文字。
- 方向：指定文字滚动的方向。
- 速度："延迟"用于设置每次滚动的时间间隔，单位为毫秒；"数量"设置每次滚动的距离，单位为像素。
- 表现方式：设置字幕的滚动方式。有三种滚动方式："滚动条"方式——字幕沿一个方向循环滚动；"幻灯片"方式——字幕文字在碰到边界时自动消失，然后在另一边出现并重新滚动；"交替"方式——文字在字幕框中来回振荡滚动。
- 大小：设置字幕框的大小。
- 重复：设置字幕滚动的循环次数，若选择"连续"选项，则字幕无限制循环滚动。
- 背景色：设置字幕框的背景。

设置完所有属性后，保存网页，在浏览器中就可以看到滚动字幕的效果。

2) 插入交互式按钮

交互式按钮是一种外观可以随用户的不同操作而改变的按钮。使用交互式按钮可以制作很漂亮、具有动感的导航栏。

创建交换式按钮的方法为：单击"插入"菜单中的"交换式按钮"命令，打开"交互式按钮"对话框，如图 8-14 所示。其中包括以下三个选项卡：

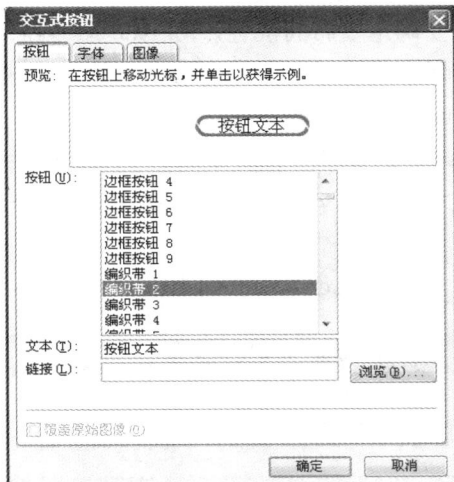

图 8-14 "交互式按钮"对话框

(1)"按钮"选项卡：设置按钮的样式以及在按钮上显示的文字等。

- 预览：用来预览按钮的样式和效果。
- 按钮：用来选择按钮的样式。
- 文本：设置在按钮上显示的文字。
- 链接：设置当用户单击按钮时打开网页的 URL 地址。

(2)"字体"选项卡：设置按钮文本的字体以及文字正常时、鼠标悬停时和鼠标按下时的颜色。

(3)"图像"选项卡：设置创建交互式按钮时所产生的图片的大小及保存时所采用的格式。

下面以为"历史名人"为例，说明创建一个交互式按钮的基本步骤。

(1) 在"交互式按钮"对话框"按钮"选项卡的"文本"栏中输入"历史名人"，"链接"栏中输入"celebrity/LiBai.htm"。

(2) 在"字体"选项卡中设置"初始字体颜色"(正常色)为黑色、"悬停时字体颜色"为绿色、"按下时字体颜色"为红色。

(3) 在"图像"选项卡中的栏目使用默认值，最后单击"确定"按钮，在弹出的"保存"对话框中指定产生的图片保存的位置(最好保存到统一的图片文件夹中)，创建完成，在浏览器中就可以查看效果了。

8.4 网站发布与测试

网站发布就是将已经制作完成的网站，包括涉及到的所有文件及文件夹，即 FrontPage 站点文件夹中的所有文件，复制到 Internet 或 Intranet 中的某台 Web 服务器上，这样网络上的其他用户才能看到。

8.4.1　确认发布位置

在发布网站之前，首先要确定发布的位置，即 Web 服务器的位置，因为对不同位置的 Web 服务器可以采取不同的发布方法。一般发布位置分为以下两类。

1. ISP 提供商提供的 Web 站点空间

在 Internet 中有许多 ISP 提供免费的 Web 空间供初学者使用。通过百度搜索"免费 Web 空间"便可以找到。下面以"常来网免费空间"(http://thec.cn)为例介绍如何申请注册 Web 空间。

在浏览器中输入网址"http://thec.cn"，进入网站首页，如图 8-15 所示。

图 8-15　"常来网免费空间"首页

单击"马上注册"按钮，在新的页面中单击"我同意"按钮，表示同意网站协议。在接下来的页面中输入登录网站的用户名、密码、联系方式等信息按钮，单击"注册"按钮，若没有出错将会进入最后的页面，单击"单击这里激活你的帐号"按钮，即可注册成功。现在便可以回到首页通过刚才注册的帐号登录并管理你的网站了。

2. 自己架设 Web 服务器

具体架设 Web 服务器的方法参见 6.4.1 节"WWW 服务配置与管理"部分的内容。在架设好的 Web 服务器中为将要发布的网站创建一个新的站点或一个虚拟目录，并记录其在文件系统中的位置(路径)，便于下一步进行站点发布。

8.4.2　发布站点

网站设计完成并确认了发布的位置后，就可以选择适合的发布方法将网站发布到 Web 服务器上。通常有两种途径：一是使用 FTP 软件将网站内容上传到 Web 服务器；二是应用 FrontPage 提供的发布网站功能,通过此功能既可以将网站发布到远程 ISP 提供的 Web 空间，也可以将网站发布到本地的 Web 服务器(自己架设的服务器)上。

　　站点发布方法为：选择"文件"菜单中的"发布网站"命令，弹出如图 8-16 所示的"远程站点属性"对话框。通过此对话框就可以将当前编辑的站点发布到 Web 服务器上。

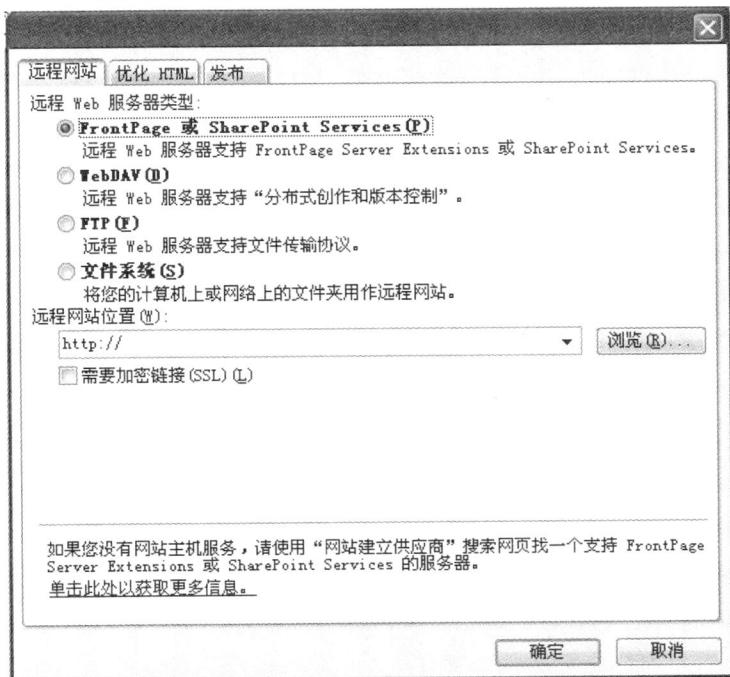

图 8-16 　"远程网站属性"对话框

"远程网站属性"对话框中各选项卡的功能如下：

　　(1) "远程网站"选项卡：选择远程 Web 服务器类型、设置远程网站位置。其中"远程 Web 服务器类型"包括了现在流行的四种 Web 服务器类型：

　　• FrontPage 或 SharePoint Services：指 Web 服务器支持 FrontPage 服务器扩展的 Web 服务器，IIS 支持 FrontPage 扩展。

　　• WebDAV：WebDAV 是 HTTP 1.1 通信协议的扩展，支持 WebDAV 的 Web 服务器就可以通过 WebDAV 客户端应用程序直接对 Web 服务器进行读/写，因此通过此协议就可以将网站发布到 Web 服务器，IIS 也支持 WebDAV 协议。

　　• FTP：这是 Internet 中最为流行的文件传输方法，只要提供正确的用户名和口令就可以将网站上传到服务器上。

　　• 文件系统：用于将网页发布到本地的 Web 服务器(自己架设的 Web 服务器)上。

　　(2) "优化 HTML"选项卡：用于在网站发布时对其中的网页进行优化，如清除网页文件中的注释、网页中的一些无用空格等，减小网页的大小以加速网页的传输。

　　(3) "发布"选项卡：设定发布网站方式，如是全部上传还是只上传被修改的部分等。

8.4.3 　测试站点

　　将网站发布到 Web 服务器上后，并不表示网站建设已经完成而可以为浏览者服务了。在发布站点任务完成后，还有一项重要的工作是对上传的网站内容进行全面测试。这也就是"网页设计流程"中的第 5 步——站点测试。单击所有的链接，看是否可以正确打开，其中的图片是否都可以正确地显示。完成了全面的测试，网站才能正式对外开放。

习　题　8

一、填空题

1. 一个普通 HTML 文件的扩展名为＿＿＿＿＿＿，其内容可分为＿＿＿＿＿＿和＿＿＿＿＿两部分。

2. 在网页中可以直接使用的图片有＿＿＿＿、＿＿＿＿和＿＿＿＿格式文件。

3. URL 分为＿＿＿＿和＿＿＿＿两类；一个完整的 URL 地址包括三部分内容，分别是＿＿＿＿、＿＿＿＿和＿＿＿＿。

4. 在 HTML 中，标记符一般都成对出现，通常标记包括＿＿＿＿和＿＿＿＿；它们定义了标记符所影响的范围。

5. 在网页中实现将"我的家乡"文字显示为红色、7 号隶书的代码是＿＿＿＿。

6. HTML 中常用的两种单位是＿＿＿＿和＿＿＿＿。

7. 创建超链接的标记是＿＿＿＿，要创建一个当用户单击"百度搜索"时，打开百度网页的代码是＿＿＿＿＿＿＿＿＿。

二、选择题

1. 超文本标记语言的简称是(　　)。
   - A．Web Page
   - B．HTML
   - C．WWW
   - D．http

2. 用 FrontPage 制作的网页文件的扩展名是(　　)。
   - A．.htm
   - B．.http
   - C．.ppt
   - D．.doc

3. 网页中可以插入(　　)。
   - A．图片
   - B．动画
   - C．音乐
   - D．以上都可以

4. Front Page 2003 网页视图方式下，单击(　　)标签可以浏览网页。
   - A．普通
   - B．HTML
   - C．预览
   - D．编辑

5. 下列属于电子邮件的超链接类型的是(　　)。
   - A．mailto:class@163.com
   - B．URL:class@163.com
   - C．http:class@163.com
   - D．ftp:class@163.com

三、简答题

1. 简述浏览器的工作原理。

2．写出一个网页的基本结构。

3．简述网页中表格的作用。

4．简述网页设计流程。

四、网页设计题

以"我的母校"为网站主题，收集相关资料，进行内容组织、站点设计和规划，使用网页制作软件建立站点、制作相关网页，完成后建立本地 WWW 服务器，进行网站发布并测试。

第 9 章　网　络　安　全

本章提示：本章主要介绍网络安全的基本概念，网络安全面临的主要问题，常见网络病毒的防范措施，防火墙技术，以及 Windows 安全设置。

基本教学要求：

(1) 了解网络安全的基本概念、面临的主要问题，常见网络病毒识别和防火墙技术。

(2) 理解和掌握病毒网络防范及 Windows 安全设置。

计算机网络是一个开放的环境，为人们的交流提供诸多便利，同时也带来了黑客入侵、计算机犯罪、信息泄密、病毒攻击等一系列问题，这些问题对网络安全构成了极大威胁。随着网络的开放程度越来越高，互联范围越来越广，人们对网络的依赖程度越来越高，网络安全问题也越来越突出。

9.1　网络安全的概念

网络安全是指通过采取各种网络安全技术和网络管理措施，使网络系统的硬件、软件及其系统中的数据资源受到保护，不因人为或其他因素影响而使网络资源遭到破坏、更改和泄露，保证网络系统连续、可靠、正常地运行。

网络安全既包括技术方面的问题，也包括管理方面的问题，两方面相互补充，缺一不可。技术方面主要侧重于防范外部非法用户的攻击，管理方面则侧重于对内部用户的管理。如何更有效地保护重要的信息数据、提高计算机网络系统的安全性已经成为所有计算机网络应用必须考虑和解决的一个重要问题。

计算机网络安全性体现在以下几个方面：

(1) 可靠性。可靠性主要是指网络系统硬件和软件无故障地正常运行，不因各种因素的影响而中断正常工作，是网络系统安全最基本的要求。提高可靠性的措施包括：采用高质量和运行稳定的网络设备，进行必要的资源备份，采取纠错、自愈合容错等技术，强化灾害恢复机制，合理分配负荷等。

(2) 完整性。完整性是指网络信息未经授权不能进行修改的特性，即网络信息在存储和传输过程中不能被删除、修改、伪造、乱序、重放和插入等操作，保持原有信息不变。影响网络信息完整性的主要因素包括：设备故障、误码、人为攻击以及计算机病毒入侵等。

(3) 可用性。可用性是指网络信息可被授权的用户访问、使用和操作等。可用性主要包括两个方面：一是当授权用户访问网络时不被拒绝；二是授权用户访问网络时要进行身份识别与确认，并且对用户的访问权限加以明确的限制。

(4) 保密性。保密性是指网络信息不被泄露的特性，即使泄露，非授权用户在有限的时间内也不能识别真正的信息内容。保密性主要是利用密码技术对软件和数据进行加密处理，保证在存储和传输过程不被非授权用户识别。

(5) 不可否认性。不可否认性也称为不可抵赖性，即保证信息交换的参与者不能否认或抵赖曾进行的操作，主要通过数字签名等技术实现。

9.2　网络安全面临的威胁

网络安全威胁是指对网络安全缺陷的潜在利用，这些缺陷可能导致非授权访问、信息泄露、资源耗尽、资源被盗或者破坏等。

目前，网络安全问题面临的威胁主要有以下几个方面。

1．系统漏洞

计算机网络系统普遍采用 TCP/IP 协议。但 TCP/IP 在设计时以应用为主要任务，许多协议(如 FTP 协议)由于缺乏认证和保密措施而存在系统漏洞。另外，网络操作系统和应用程序设计不缜密也普遍存在漏洞。黑客们常常利用这些系统漏洞，绕过防火墙和杀毒软件等安全保护软件，对安装 Windows 系统的服务器或者计算机进行攻击，达到控制被攻击计算机的目的。

2．网络攻击

网络攻击是利用网络扫描工具发现目标系统的漏洞而发动的攻击。

网络攻击通常采取如下手段：

1) 口令破解

在网络中，广泛应用的身份鉴别方法是用户名/口令。黑客利用黑客程序记录登录过程或用户口令破解器来获取口令，进而在网络上进行身份冒充，从而对网络安全造成威胁。

2) 电子邮件攻击

电子邮件攻击主要表现为两种方式：一是电子邮件炸弹，黑客通过不断地向某邮箱发送电子邮件，从而造成邮箱的崩溃，若接收者为邮件服务器，则可能造成服务器的瘫痪；二是电子邮件欺骗，攻击者发送了加载有病毒或其他木马程序的附件，这类欺骗只要用户提高警惕，一般危害性不是太大。

3) Web 攻击

运行在服务器上的 CGI(Common Gateway Interface，公共网关接口)提供 HTML 页面的接口，其脚本和应用程序在处理用户输入的数据时，会造成对系统安全的威胁。ASP 技术和微软的 IIS 同样存在诸多的漏洞，可能会引起攻击。

4) 拒绝服务攻击

拒绝服务攻击是指攻击者通过制造无用的网络数据，造成网络拥堵或大量占用系统资源，使目标主机或网络失去及时响应访问信道的能力。分布式拒绝服务的危害性更大，黑客首先进入一些易于攻击的系统，然后利用这些被控制的系统向目标系统发动大规模的协同攻击。

5）病毒攻击

网络已成为病毒传播的主要途径，病毒通过网络入侵，具有更高的传播速度和更大的传播范围，其破坏性也很大，有些恶性的病毒会造成系统瘫痪、数据破坏，严重地危害到网络安全。

网络诈骗是近几年来很多违法分子利用网络进行的诈骗，即攻击者利用欺骗性的电子邮件和伪造的 Web 站点来进行的诈骗活动，受骗者往往会泄露自己的财务数据，如信用卡号、帐户名和口令、社保编号等内容。

3．网络配置管理不当

网络配置管理不当会造成非授权访问。网络管理员在配置网络时，可能因为用户权限设置过大、开放不必要的服务器端口，从而造成非授权访问，给网络安全造成危害。

4．管理制度不完善

网络管理中如果管理制度不完善，将会造成网络安全隐患，包括工作责任心不强、保密观念较差和职业道德缺乏。

（1）工作责任心。工作责任心不强表现在往往不履行岗位职责、疏于定期检查和系统维护、不严格执行安全操作规程等，这些行为都可能使非法分子有机可乘。

（2）保密观念。保密观念不强会导致管理中缺乏相应的网络信息安全管理制度，出现随便让闲散人员进入机房重地，随意放置有相关密码和系统口令的工作笔记、存储有重要信息的系统磁盘和光盘等现象。

（3）职业道德。职业道德缺乏的操作人员可能会非法更改、删除他人的信息内容，或者通过专业知识和职务之便窃取他人口令来获取信息。

任何形式的网络服务都会存在安全方面的风险，如何将风险降到最低限度，除了完善和严格执行规章制度，提高管理人员的安全素质外，目前网络安全措施还有病毒的识别与防范、防火墙技术的应用、操作系统的安全设置等。

9.3　常见网络病毒识别与防范

计算机网络病毒是指人为编制的破坏计算机功能、破坏数据、影响计算机使用且能够自我复制的一组计算机指令或者程序代码。网络病毒具有自我复制能力，有很强的感染性、一定的潜伏性、特定的触发性和很大的破坏性。

计算机程序一旦感染网络病毒，可能出现经常性死机、运行速度变慢、打印和通信发生异常、磁盘空间迅速减少或操作系统无法正常启动等问题。

9.3.1　常见网络病毒种类

1．木马病毒与黑客病毒

木马是"特洛伊木马"的简称，它是一种计算机程序，驻留在目标计算机中。当目标计算机系统启动时木马病毒即自动启动，并自动监听通信的某一端口，如果在该端口收到数据，木马程序便对这些数据进行识别，根据识别出的指令，在目标计算机上执行一些操作，比如窃取口令、复制文件、删除文件或重新启动计算机等。

黑客病毒是通过网络或者系统漏洞进入用户系统并隐藏，然后向外界泄露用户信息的。黑客病毒有一个可视的界面，可以对用户计算机进行远程控制。

木马、黑客病毒往往是成对出现的，即木马病毒负责侵入用户的电脑，而黑客病毒则会通过该木马病毒进行控制，这两种病毒发展趋向于整合。

2．蠕虫病毒

蠕虫病毒是一种与传统计算机病毒相仿的独立程序，通常不依赖于其他程序。这种病毒的特性是通过网络或者系统漏洞进行传播，大部分蠕虫病毒都有向外发送带病毒邮件、阻塞网络的特性。比如冲击波(阻塞网络)、小邮差(发带病毒邮件)等。

传统计算机病毒必须激活和运行后才能够发作和传播，而蠕虫病毒不需要激活即可自动发作和传播，通过不停地扫描网络中存在漏洞的计算机，并获取这些计算机的部分或全部控制权来进行传播。

3．邮件病毒

邮件病毒主要是通过电子邮件进行传播，利用网络和操作系统的安全漏洞进行匿名转发、欺骗、轰炸等行为的一种计算机网络病毒。

邮件病毒的发信人通常自称是某某公司、银行、证券或一些知名服务商的管理员，告诉用户在某某地方注册了帐户，现在需要安装此插件，或者需要安装此软件才能访问，或者直接告诉用户安装过程请看附件。总之就是以高级用户的身份欺骗刚刚入行或者刚刚注册过帐户的人。

4．恶意网页

恶意网页是指网页中的"地雷"程序，主要是利用软件或操作系统等存在的安全漏洞，通过执行嵌入在网页内的 JavaApplet 小应用程序、JavaScript 脚本语言程序和 ActiveX 可自动执行的代码程序等，强行修改用户操作系统的注册表、更改系统实用配置程序，或非法控制系统资源、盗取用户文件，或恶意删除硬盘文件、格式化硬盘等。这类病毒发作时，会禁止桌面操作、修改默认首页、使分区不可见等。

5．脚本病毒

脚本病毒是使用脚本语言编写，通过网页进行传播的病毒，如红色代码(Script.Redlof)、欢乐时光(VBS.Happytime)、十四日(Js.Fortnight.c.s)等。脚本病毒通过网络传播，速度快，对联网计算机危害较大。

随着 Internet 的广泛应用，网络病毒也走上了高速传播之路，Internet 已经成为计算机病毒的主要传播途径。因此如何防治计算机病毒，保证网络正常传输和计算机正常工作，是一项重要而艰巨的任务。

9.3.2 网络病毒防范

若要进行规范化的网络病毒防范，就必须了解最新的计算机技术，并结合各种查杀病毒的方法和工具，做到网络病毒的提前预防，早发现早查杀，尽力减少网络病毒带来的损失。网络病毒防范通常包括预防病毒、检测病毒和清除病毒三个过程。

1. 预防病毒

首先，打好操作系统和应用程序补丁，及时修补操作系统和应用程序的漏洞，避免网络病毒利用操作系统和应用软件漏洞进行入侵。

其次，安装防病毒软件和安全监视软件。防病毒软件有江民杀毒软件、瑞星杀毒软件等，主要是对引导区和磁盘中的病毒进行查杀。要经常性地对这些安全软件进行更新升级。监视软件有 360 安全卫士、瑞星卡卡等，主要检测进入计算机的信息是否对计算机进行攻击。通过病毒检测程序，监视和判断网络系统中是否有病毒存在，进而阻止网络病毒进入系统和对系统进行破坏。对用于交换数据的移动存储设备要即时杀毒；对于从网络下载的文件，应杀毒后再使用。

最后，提高病毒防范意识，一般不要通过任何不可靠的渠道下载软件、文件甚至网页，尽可能在一些知名、正规的大型网站上下载和浏览，下载的文件在应用之前要作病毒检查处理。

2. 检测病毒

病毒检测的方法很多，典型的检测方法有以下几种：

1) 直接检查法

感染病毒的计算机系统内部会发生某些变化，并在一定的条件下表现出来，因而可以通过直接观察法来判断系统是否感染病毒。

2) 特征代码法

采集已知病毒样本，抽取的代码比较特殊，一般不大可能与普通正常程序代码吻合。抽取的代码要有适当长度，一方面维持特征代码的唯一性，另一方面尽量使特征代码长度短些，以减少空间与时间开销。

3) 校验和法

计算正常文件内容的校验和，将该校验和写入文件中或写入别的文件中保存。在文件使用过程中，定期检查或每次使用文件前检查文件现在内容计算出的校验和与原来保存的校验和是否一致，从而发现文件是否感染病毒。

4) 行为监测法

通过对病毒多年的观察、研究，有一些行为是病毒的特殊行为，在正常程序中，这些行为比较罕见。当程序运行时，监视其行为，如果发现了病毒行为，则立即处理。

3. 清除病毒

通过防病毒程序检测并标识出病毒后，需要从被感染的程序中清除病毒的痕迹，将程序恢复到原来的正常状态。

9.4　防火墙技术

防火墙(FireWall)是一种特殊编程的路由器，安装在内部网络和外部网络之间，当通信数据进入或离开网络时要执行安全检查(做记录、被丢弃或被转发等)，目的是实施访问控制策略，防止未经授权的通信进、出内部网络，是内部网络和外部网络之间的一道安全屏障。防火墙结构示意图如图 9-1 所示。

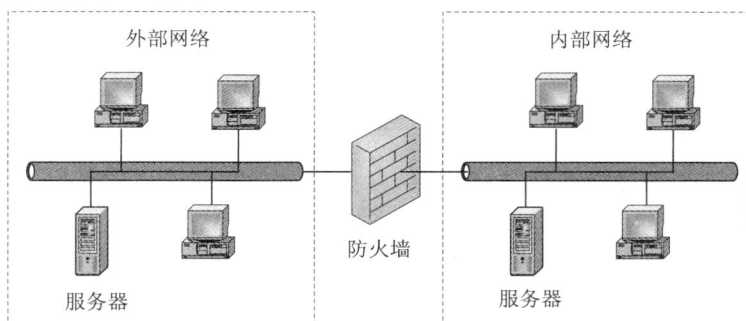

图 9-1 防火墙结构示意图

防火墙可以是非常简单的过滤器，也可以是精心配置的网关，用于监测并过滤所有内部网和外部网之间的信息数据。防火墙保护着内部网络敏感的数据不被偷窃和破坏，并记录内外通信的有关状态信息日志，如通信发生的时间和进行的操作等。新一代的防火墙不仅可以防止外部的入侵，甚至可以阻止内部人员将敏感数据向外传输。

防火墙有多种形式，有以软件形式运行在普通计算机之上的软件防火墙，也有以硬件形式设计在路由器之中或独立硬件设计的硬件防火墙。按功能及工作方式可以将防火墙分为包过滤防火墙和应用网关两种。

9.4.1 包过滤防火墙

包过滤(Packet Filter)防火墙将对每一个接收到的包做出允许或拒绝处理，针对每一个数据包的报头，按照包过滤规则进行判定，与规则相匹配的包依据路由信息继续转发，否则就丢弃。基于 TCP/IP 协议的包过滤是在 IP 层实现的，根据数据包的源 IP 地址、目的 IP 地址、源端口、目的端口等报头信息及数据包传输方向等信息来判断是否允许数据包通过。

包过滤防火墙对收到的所有 IP 包进行检查，依据已经制定的一组过滤规则判断该 IP 包的源地址或目的地址，以决定是否允许该 IP 包通过。符合规定的数据包被正常转发，不能通过检查的则被丢弃。装有包过滤防火墙的系统如图 9-2 所示。

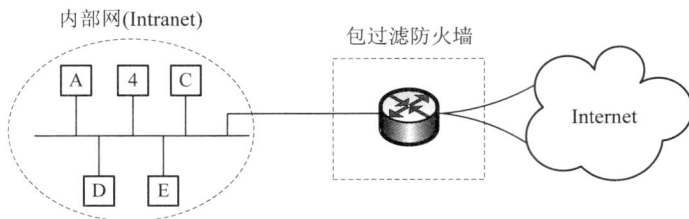

图 9-2 包过滤防火墙

包过滤方法的优点是结构简单、便于管理、造价低。由于包过滤在网络层进行操作，因此这种操作对于应用层是透明的，它不要求客户机与服务器程序做任何修改。包过滤路由器的工作原理示意图如图 9-3 所示。

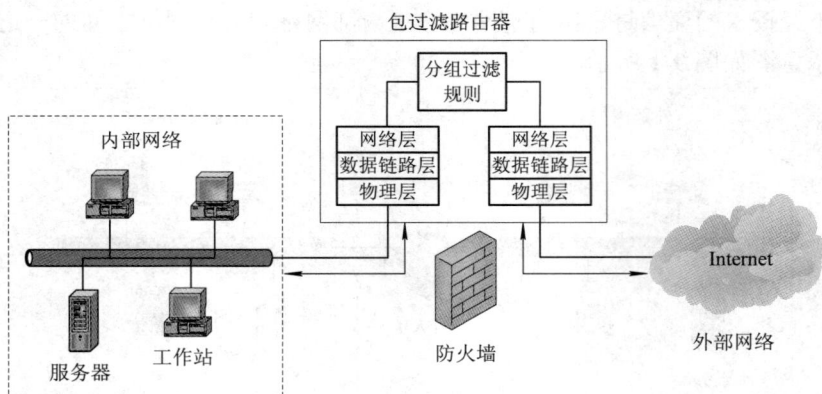

图 9-3　包过滤路由器工作原理示意图

包过滤方法的缺点是：在路由器中配置包过滤规则比较困难。它只能检查流入本网的信息是否符合事先制定好的一套准则，或检查登录的用户是否合法，不涉及包的内容，因此它有很大的局限性。

9.4.2　应用网关

应用网关(Application Gateway)也称为代理服务器(Proxy)。包过滤防火墙根据 IP 数据包的源/目的 IP 地址和端口号来限制通信，而应用网关是代理网络用户从网络获取信息，形象地说，它是网络信息的中转站，如图 9-4 所示。

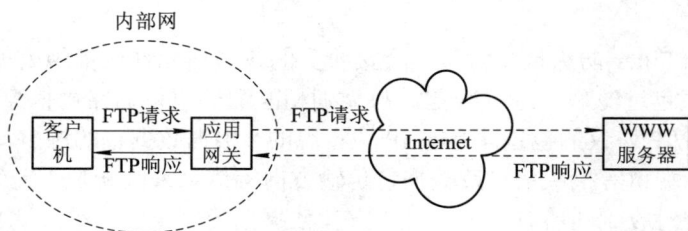

图 9-4　应用网关的模型

代理服务器通常运行在两个网络之间，对于内部网络用户来说它是一台服务器，对于外部网络的服务器来说它又是一台客户机。应用代理服务器的基本工作原理如图 9-5 所示。

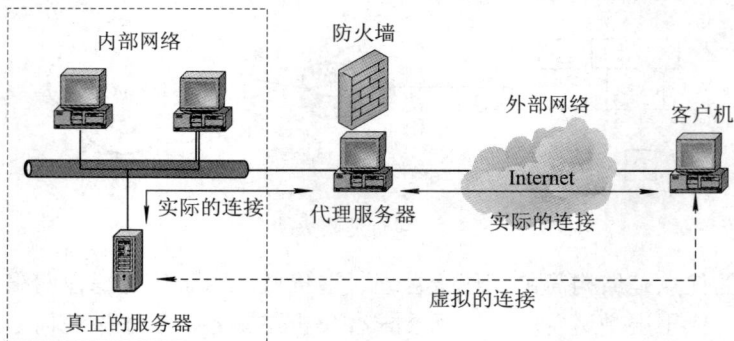

图 9-5　应用代理服务器基本工作原理

通常情况下，用户访问 Internet 站点以获取信息时，直接连接到目的站点服务器上，由目的站点服务器将用户需要的信息传送回来。代理服务器是介于用户客户端应用程序和目的服务器之间的另一台服务器，在用户访问网络时，用户访问不是直接到达服务器，而是向代理服务器发出访问请求，通过代理服务器访问代理实现对目的服务器的访问，服务器将用户所需信息返回给代理服务器，由代理服务器转交给用户客户端程序。

多个应用程序网关可以在同一主机上运行，所有应用程序数据(进入或外出的)都必须经过应用程序网关。每种应用服务(如 FTP、Telnet 等)都需要专门的应用程序网关，实现监视和控制应用通信流的目的。常见的应用程序网关有 Telnet、HTTP、FTP、E-mail 网关。目前市场上有专门完成多种网关功能的代理服务器软件，如 WinRoute、Wingate 等，它们提供统一的用户界面，便于管理员配置和管理各种网关。

9.5　Windows 安全设置

对计算机中存储的数据进行篡改、删除等操作，必须首先攻击桌面操作系统。为了加强安全防范，减少潜在的安全风险，抵御来自网络的各种安全威胁，必须加强用户桌面操作系统的安全设置，主要包括帐号和密码的安全设置、邮件安全设置、浏览器安全设置等。目前用户的桌面操作系统基本上是以 Windows 为主，Windows 操作系统的版本繁多，本节仅以 Windows XP 为例介绍一些基本的安全设置。

9.5.1　帐号和密码安全策略

1. 停用 Guest 帐户

为了方便访问系统，Windows 系统内置了 Guest 帐号，网络用户可直接以 Guest 帐号进行共享资源访问，但是该帐号也容易带来安全隐患，使系统安全程度降低。在计算机管理的用户中，可将 Guest 用户帐号停用，任何时候都不允许 Guest 帐号登录系统；也可以为 Guest 帐号设置一个较复杂的密码，提高系统安全性。

在 Windows 下对帐户进行管理可以通过"控制面板"→"用户帐户"进行。选择用户帐号的界面如图 9-6 所示。

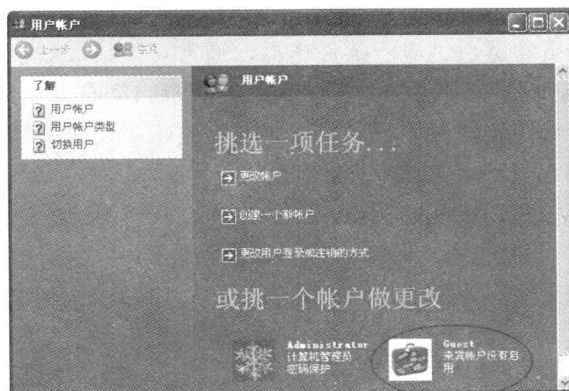

图 9-6　选择用户帐户界面

2．使用安全密码

密码对于操作系统是非常重要的，但也是最容易被忽视的。一些公司的管理员创建帐号的时候往往使用公司名、计算机名或者员工名等作为用户名，然后又把这些帐户的密码设置得很简单，比如"welcome"、"iloveyou"、"123456"或者和用户名相同等。这样的帐户应该要求用户首次登录时更改成复杂的密码，还要注意经常更换密码。

3．使用智能卡来代替密码

密码总是使安全管理员进退两难：如果密码太简单，则容易受到各种黑客工具的攻击；如果密码太复杂，用户为了记住密码，会把密码到处乱写，从而影响密码的安全性。如果条件允许，用智能卡来代替复杂的密码是一个较好的解决方法。

9.5.2　电子邮件安全

E-mail 是目前人们在网络信息交流中使用最广泛的通信方式，它的安全问题也引起了多方面的关注。E-mail 的安全问题主要有以下几个方面。

1．邮件客户端软件使用限制

以 Foxmail 为例，在使用 Windows XP 等安全性较好的操作系统时，可以使用系统本身的加密功能。将 Foxmail 软件安装在 NTFS 分区中，然后右击该图标，在弹出的快捷菜单中选择"属性"命令，切换到"安全"选项卡设置界面后，根据需要，设置有权使用此程序的用户。

2．邮箱密码的安全措施

(1) 使用"足够长度的不规律密码组合 + 定时更换的密码"。

(2) 设置密码提示问题及回答要复杂。在注册邮箱的时候大都需要设置一个密码提示问题，在恢复密码时使用。对于这个提示问题和密码，应该设置一个容易记忆且又不易被黑客猜中的问题密码。

3．邮件加密

邮件加密是一种比较有效的、针对邮件内容的安全防范措施，可以采用 HotCrypt、PGP 等软件对邮件进行加密，以防止邮件在发送过程中被人盗取。

4．邮件病毒防范

为了有效防止计算机病毒通过电子邮件传播，通常可以采取如下措施：

(1) 禁止其他程序暗中发送邮件。为了防止邮件病毒自动查询用户的通讯录，再以用户的名义发给通讯录中的邮件收件人，可以禁止其他程序暗中发送邮件。

(2) 启动 Outlook Express 6.0 的自防毒选项。由于邮件病毒大多是通过加载邮件附件的方式进行传播的，因此可以使用禁止 Outlook Express 打开附件的方法防止此类病毒的侵害。

(3) 修改关联。有些蠕虫通过 .vbs 等格式的邮件附件传播，要减少这类病毒带来的风险，一种简单的办法是修改文件的关联属性，使得打开脚本文件时(例如用户双击一个附件)不会自动运行。

5．邮箱炸弹防范

邮件炸弹的防范比较繁琐，而且很难保证万无一失，可以使用以下方法来尽可能地避免邮件炸弹的袭击和做好善后处理：

(1) 不随意公开自己的信箱地址。

(2) 隐藏自己的电子邮件地址。

(3) 谨慎使用自动回信功能。

6．邮件备份

邮件备份的方法因软件的不同而异，往往可以使用很多的方法，最简单的方法就是为接收的邮件设置一个专门的目录，定期导出邮件和通讯簿中的内容。

9.5.3　浏览器安全设置

如果计算机已经运行 Windows XP SP2，并且使用 IE 作为浏览器来浏览 Web，则 IE 浏览器已经自动设置为防止间谍软件和各种各样的欺骗性或有害的软件。

在 IE 中选择菜单的"工具/Internet"选项，弹出"Internet 选项"对话框，进行相关设置。

1．"常规"选项卡的设置

每次打开网页时，都会将网页中的信息(如页面文件、图片文件等)下载到 IE 临时文件夹中，甚至包括网站为了解用户网上活动情况而记录在本地计算机中的 Cookies。有的网页窗口在关闭后，会自动清除网页信息，但有些信息就会保留在 IE 临时文件夹中。造成在 IE 临时文件夹中存留的信息越来越多，对使用者带来来自互联网的安全隐患，也会大量地占用 IE 缓存空间，使 IE 运行越来越慢。因此，上网后应及时地清除这些垃圾信息，方法如下：

在"Internet 选项"对话框的在"常规"选项卡(见图 9-7)中，单击"删除 Cookies"按钮，清除系统中的 Cookies 文件；单击"删除文件"按钮，删除包括脱机网页在内的所有内容，清空 IE 临时文件夹；单击"清除历史记录"按钮，清除上网痕迹，并将历史记录保留天数设置为 0。如果需要更改 IE 临时文件夹的位置和空间大小，可单击"设置"按钮进行调整。要想快速启动 IE，可将 IE 主页设置为"about:blank"，即"使用空白页"。

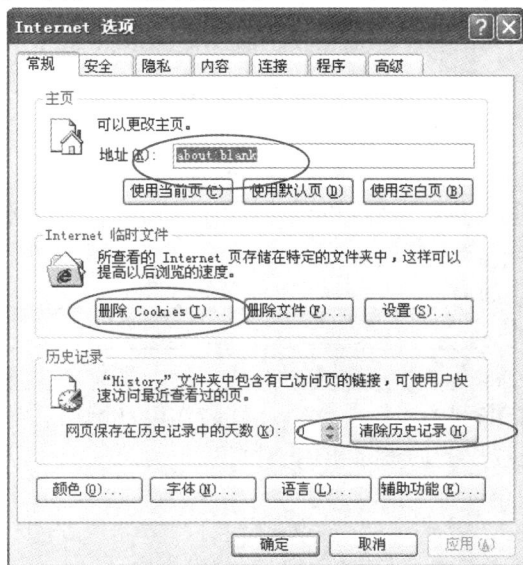

图 9-7　"Internet 选项"对话框的"常规"选项卡

2.“安全”选项卡的设置

在“Internet”选项对话框中，选择“安全”选项卡，如图 9-8 所示。先选择需要设置的区域，然后再设置安全级别。默认的安全级别包括“高”、“中”、“中低”和“低”四种情况，用户可根据实际需要，选择“自定义基本”按钮，对 Internet 安全涉及的内容进行逐项设置。

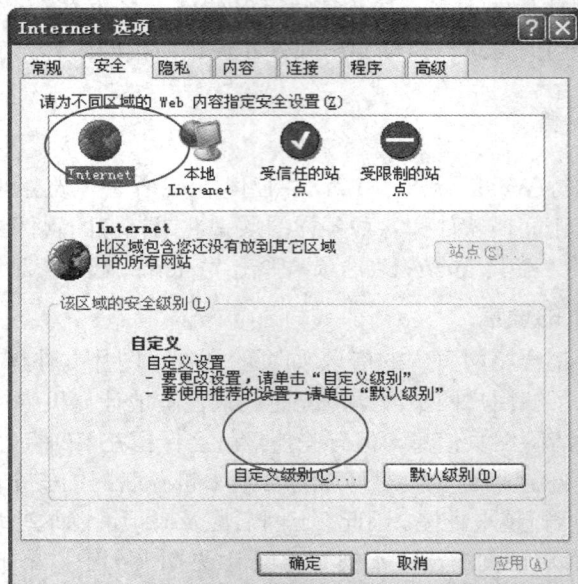

图 9-8　“Internet 选项”对话框的“安全”选项卡

Internet Explorer 描述了每种选项以帮助用户确定要选择的级别，如果用户放松其限制，就会要求进行确认。

习　题　9

一、填空题

1．计算机网络病毒是一种人为编制的破坏计算机功能、破坏数据、影响计算机使用且能够自我复制的_____。

2．网络安全面临的威胁有_____、_____、_____和_____。

3．常见网络病毒种类有_____、_____、_____、_____和_____。

4．网络病毒防范的方法有_____、_____和_____。

5．防火墙是一种特殊编程的_____，安装在内部网络和外部网络之间，目的是实施_____，防止未经授权的通信进出内部网络。

二、简答题

1．网络安全是如何定义的？

2．目前面临的主要网络安全问题有哪些？

3．如何有效防范邮件病毒？

4．防火墙的种类以及工作原理是什么？

5．为什么说包过滤路由器防火墙的安全程度不高？

参考文献与网站

[1]　(美)Kurose J F，Ross K W．计算机网络：自顶向下方法．4 版．北京：机械工业出版社，2008．

[2]　谢希仁．计算机网络教程．2 版．北京：人民邮电出版社，2006．

[3]　吴功宜．计算机网络．北京：清华大学出版社，2003．

[4]　徐祥征，曹忠民．大学计算机网络公共基础教程．北京：清华大学出版社，2006．

[5]　龚尚福．计算机网络技术与应用．北京：中国铁道出版社，2007．

[6]　吴功宜，吴英．计算机网络教程．3 版．北京：电子工业出版社，2003．

[7]　张增良，李生元．计算机网络实用教程．西安：西安交通大学出版社，2004．

[8]　刘海燕．计算机网络安全原理与实现．北京：机械工业出版社，2009．

[9]　江鹰．网页设计与制作．成都：电子科技大学出版社，2005．

[10]　梁晋，阎嘉勋，等．中文 Windows 2000 Server 服务器版实用大全．西安：西安电子科技大学出版社，1999．

[11]　http://support.microsoft.com

[12]　http://baike.baidu.com